# 可再生能源在建筑中的应用

付祥钊　等编著

中国建筑工业出版社

**图书在版编目（CIP）数据**

可再生能源在建筑中的应用/付祥钊等编著．—北京：中国建筑工业出版社，2009

ISBN 978－7－112－10784－1

Ⅰ.可…　Ⅱ.付…　Ⅲ.①再生资源：能源-资源利用②建筑热工-节能
Ⅳ.TK01　TU111.4

中国版本图书馆CIP数据核字（2009）第029648号

责任编辑：张幼平
责任设计：赵明霞
责任校对：李志立　王雪竹

**可再生能源在建筑中的应用**
付祥钊　等编著

*

中国建筑工业出版社出版、发行（北京西郊百万庄）
各地新华书店、建筑书店经销
北京嘉泰利德公司制版
世界知识印刷厂印刷

*

开本：787×1092毫米　1/16　印张：16¾　字数：400千字
2009年6月第一版　2009年6月第一次印刷
印数：1—3000册　定价：**39.00**元

ISBN 978－7－112－10784－1
（18029）

**版权所有　翻印必究**
如有印装质量问题，可寄本社退换
（邮政编码100037）

# 《可再生能源在建筑中的应用》编委会

**编委会主任** 付祥钊

**编委会成员** （排名不分先后）

付祥钊 陈　敏 王　勇

肖益民 孙春华 蒋　斌

刘　勇 王子云 林真国

刘丽莹 余丽霞

# 前言

能源是一个国家国民经济和社会发展的基础，是整个人类社会赖以生存和发展的物质保障。近年来，全球能源需求迅速增长，能源、环境、气候问题日益突出，并成为全世界共同关注的焦点。大力开发利用可再生能源，减少化石能源的消耗，保护生态环境，减缓全球气候变暖，推进人类社会可持续发展已成为世界各国的共识。很多国家都在调整能源结构，提高能源利用效率，并将目光投向可再生能源的利用。可再生能源已成为实现能源结构多样化、应对全球气候变化和实现可持续发展的重要替代能源，可再生能源的利用成为了国际能源领域的热点。

为了实现社会经济可持续发展和全面建设小康社会，我国正在大力提倡可再生能源的利用。2005 年 2 月 28 日，国家主席胡锦涛签署了第 33 号主席令，宣布《中华人民共和国可再生能源法》已由全国人大常委会通过，于 2006 年 1 月 1 日起实施。这是中国在可再生能源方面的第一部法律性文件，从此，我国可再生能源发展进入了一个崭新的历史阶段。2007 年 6 月 7 日，国务院总理温家宝主持召开国务院常务会议，审议并原则通过《可再生能源中长期发展规划》。会议指出，要把发展可再生能源作为一项重大战略举措，切实抓紧抓好。

我国能源消耗中建筑能耗约占 30%，随着经济的发展，建筑能耗在能源消耗中占的比例逐渐增大，可再生能源在建筑中大有用武之地。本书的目的就是为了把可再生能源在建筑中的利用技术和理念浅显易懂地表现出来，让更多的人了解可再生能源在建筑中的利用情况。

全书用较为通俗的语言介绍了我国可再生能源在建筑中利用的现状和相关技术，包括太阳能光热利用，太阳能光伏利用，湖、水库、水塘水体冷热源利用，江河水冷热资源利用，海水冷热资源利用，城市排水冷热资源利用，浅地层岩土冷热资源利用，夜间天空冷资源利用，空气冷热资源利用和生物质能利用。通过阅读本书读者能够了解可再生能源在建筑中的利用的知识。

本书由付祥钊主编。根据可再生能源的类别分为 11 章。第 1 章由付祥钊、陈敏共同编写，第 2 章由孙春华编写，第 3 章由蒋斌编写，第 4 章由刘勇编写，第 5 章由王子云编写，第 6 章和第 8 章由王勇编写，第 7 章由林真国编写，第 9 章由刘丽莹编写，第 10 章由余丽霞编写，第 11 章由肖益民编写。付祥钊、陈敏协调了各章内容和观点。

可再生能源在建筑中的利用意义重大，愿本书能为读者提供帮助，并殷切希望读者对书中的不妥之处提出宝贵意见。

# 目　录

## 第1章　概述：可再生能源及其在建筑中的利用



## 第2章　太阳能光热利用

## 第3章 太阳能光伏利用



## 第4章 湖、水库、水塘水体冷热资源利用

## 第5章 江河水冷热资源利用



## 第6章 海水冷热资源利用

## 第7章　城市排水冷热资源利用



## 第8章　浅地层岩土冷热资源利用

## 第9章 夜间天空冷资源利用



## 第10章 空气冷热资源利用

## 第11章　生物质能应用

# 第1章　概述：可再生能源及其在建筑中的利用

能源是一个国家国民经济和社会发展的基础，是整个人类社会赖以生存和发展的物质保障。回顾人类历史的发展进程，我们会发现人类文明的每一次重大进步都与能源的改进和更替有着密切的联系。100多年前，以煤炭为燃料的蒸汽机的问世拉开了工业革命的序幕。20世纪70年代，石油危机的出现使人类首次面临能源危机的严峻形势，能源问题引起了国际社会的广泛关注，很多国家都开始将目光投向可再生能源的利用。目前，可再生能源已成为实现能源结构多样化、应对全球气候变化和实现可持续发展的重要资源，成为国际能源领域的热点。预计到21世纪中叶，随着能源需求的进一步增长和化石能源资源的逐渐枯竭，可再生能源将更加突显出其重要性和优越性，成为人类生存与发展最重要的物质基础。

20世纪50年代，水电站建设的蓬勃发展标志着我国走上了可再生能源利用之路。从“六五”计划开始，可再生能源发展就被列入了国家科技攻关计划中。在“七五”期间，为了推动可再生能源的发展，建立了新能源和可再生能源领导小组。经过几十年的努力，我国在小水电、小风电、太阳能热水器、农村沼气等可再生能源技术和产业方面已经走在了世界的前列。进入新世纪后，我国的可再生能源利用技术更是突飞猛进。2003年，国务院开始组织制定《国家中长期科学和技术发展规划纲要（2006~2020年）》。在该规划纲要中，能源被列为第一优先领域，可再生能源的规模化利用技术被选定为重点攻关、研究的主题，同时还作为863计划能源领域和973基础研究计划中的重要内容。2005年2月28日，国家主席胡锦涛签署了第33号主席令，宣布《中华人民共和国可再生能源法》已由全国人大常委会通过，于2006年1月1日起实施。这是中国在可再生能源方面的第一部法律性文件，从此，我国可再生能源发展进入了一个新的历史阶段。到2007年年底，我国水电站装机容量达到1.4亿千瓦，约占全部技术可开发量的30%；估计风电2007年完成340万千瓦，截至2007年年底累计吊装完成装机容量可能超过600万千瓦，超过2010年国家发展目标；太阳能光伏发电生产能力达到创纪录的100万千瓦，成为世界第二生产大国；太阳能热水器年生产能力达到2300万平方米，累计使用量超过1.2亿平方米，占世界使用量的60%；生物质能开发利用也有较大发展，其中户用沼气池达到2200多万口，大中型沼气设施3000多处，沼气使用量超过100亿立方米。

近年来，随着我国建筑节能的发展，可再生能源在建筑中的利用正在迅猛发展，本篇以下内容主要介绍什么是可再生能源、建筑可再生能源及其评价指标并进行建筑可再生能源利用的可行性分析。

## 1.1 可再生能源及其形式

可再生能源是指在自然界中可以不断再生、永续利用、取之不尽、用之不竭的资源，主要包括太阳能、风能、水能、生物质能、地热能和海洋能等。可再生能源资源分布广泛，数量往往随时间变化，适宜就地开发利用。

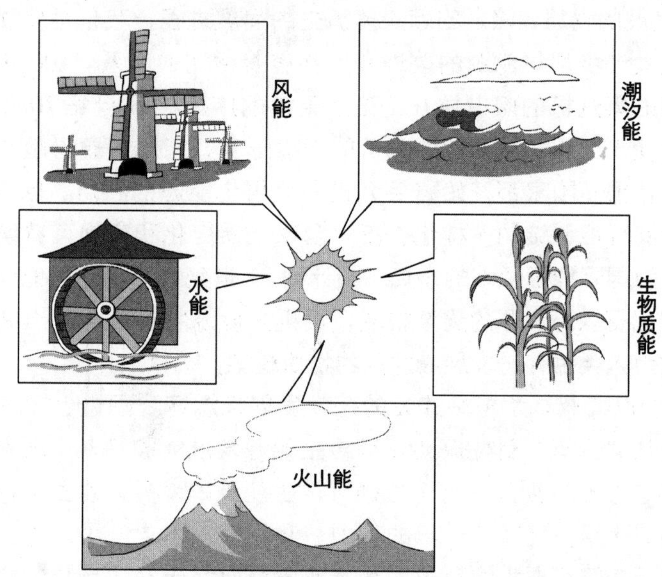


图1-1 可再生能源形式

太阳能是各种可再生能源中最重要的基本能源，资源总量大且分布广泛。这里的太阳能，是指太阳所负载的能量以阳光形式，照射到地面的辐射总量。辐射总量包括太阳直接辐射和天空散射辐射的总和。太阳能的利用方式主要有：光伏（太阳能电池）发电系统，将太阳能直接转换为电能；太阳能聚热系统，利用太阳的热能产生电能；被动式太阳房；太阳能热水系统；太阳能取暖和制冷。

风能是太阳辐射造成地球各部分受热不均匀，引起各地温差和气压不同，导致空气运动而产生的能量。我国风能资源约为16亿千瓦，可开发利用的风能资源约2.5亿千瓦。风能主要用于风力发电，目前，小型和微型风力发电机在我国已经有较为成熟的技术。

水的流动可以产生能量，水能可以用于水力发电。我国河流众多，落差大，水能资源总量居世界前列，已有大量已建和在建的水电站。除此之外，水的热能资源还能作为天然的冷热源，为暖通空调设备提供冷热量，地下水和地表水源热泵技术已经得到了快速的发展。目前我国水能资源开发利用率仅为24%，开发潜力很大。

生物质能是以生物质为载体的能量。地球上的绿色植物、藻类和光合细菌等通过光合作用贮存化学能，因此生物质能的根本来源是太阳。生物质能包括自然界可用作能源的各种植物、人畜排泄物以及城乡有机废物转化成的能源，如薪柴、沼气、生物柴油、燃料乙醇、林业加工废弃物、农作物秸秆、城市有机垃圾、工农业有机废水和其他野生植物等。我国是一个农业大国，有着丰富的生物质能，秸秆等农业废弃物的资源量每年约有 3.1 亿吨标准煤，薪柴资源量为 1.3 亿吨标准煤，加上城市垃圾等其他生物质能资源，总量可达 6.5 亿吨标准煤。近年来，生物质能的开发利用得到了世界各国的广泛关注，生物质发电技术已经成为生物质能研究和利用的热点。生物质能发电技术就是利用生物质本身的能量，将其转化成诸如燃油、燃气、乙醇等可用于驱动发电机发电的能量形式，通过发电机发电并入电网或直接给用户提供电能。目前，我国生物质能主要应用于农村地区，在城市中较少使用。

地热能是来自地球深处的可再生热能，贮存在地下岩石和流体中。我国地热资源丰富，总能量为 $1.12\times10^{10}$ 焦/年，占全球的 7.9%。根据不同的温度，地热能可分为三种：高温地热能（>150℃）、中温地热能（90～150℃）和低温地热能（<90℃）。高温地热资源主要分布在藏南、滇西、川西和台湾省地区，常用于发电；中温地热资源分布广泛，在全国各地均有分布，可直接应用，常用于供热、温室、洗浴等。

海洋能是潮汐能、波浪能、温差能、盐差能和海流能的统称。海洋通过各种物理过程接收、储存和散发能量，这些能量以潮汐、波浪、温度差、海流等形式存在于海洋之中。潮汐的形成源于太阳和月亮对地球的吸引力，潮涨和潮落之间所负载的能量称之为潮汐能；潮汐和风又形成了海洋波浪，从而产生波浪能；太阳照射在海洋的表面，使海洋的上部和底部形成温差，从而形成温差能。我国海洋能资源丰富，主要用于发电，可开发装机容量为 200 千瓦以上的潮汐能资源坝址共有 424 处，总装机容量为 2179 万千瓦。我国温差能资源蕴藏量大，在各类海洋能中占首位，据估计我国南海温差能资源实际可利用装机容量达 13.21～14.76 亿千瓦。目前，我国对海水温差能、波浪能、盐差能和海流能的开发利用仍处于研究阶段。

当今人类社会对能源的消耗主要发生在物质生产、交通运输和建筑使用三大过程中，分别称为生产能耗、交通能耗和建筑能耗。建筑能耗与生产能耗、交通能耗不同，它与建筑的总数量、建筑的使用状况、建筑设备能效性和建筑使用过程中的管理水平有关。目前，建筑能耗在能源消耗总量中的比例在逐渐增大。建筑消耗的能源大多是热能，其中采暖、空调、卫生热水等热能的消耗占主要部分。自然界中存在着丰富的天然冷热源，如太阳辐射、天空辐射、空气、水体、岩土等都能提供建筑所需的冷热量。建筑可以通过使用空气源、水源、岩土源热泵等冷热源设备来充分有效地利用这些自然冷热源。

## 1.2　建筑可再生能源评价与提取

随着经济迅速发展，人民生活水平有了很大的提高，我国建筑业得到了突飞猛进的发展，建筑能耗约占总能耗的30%，成为用能大户，且呈现逐年上升的趋势，因此开发和利用各种可再生能源来满足建筑的能源需求已成为节能减排工作的一个重要任务。可再生能源在建筑中的应用具有十分重大的意义，既可提供建筑所需的电力，又可作为冷热源提供暖通空调系统和卫生热水系统等所需的冷热量。建筑中常见的可再生能源利用主要有太阳能光热利用，太阳能光伏利用，湖、水库、水塘水体冷热源利用，江河水冷热源利用，海水冷热源利用，城市排水冷热源利用，浅地层岩土冷热源利用，夜间天空冷热源利用，空气冷热源利用和生物质能利用。

### 1.2.1　建筑可再生能源的评价

合理利用建筑可再生能源，使其成为清洁的、可持续的能源，首先必须充分认识其特性，正确评价其工程实用价值。因此，建立评价指标尤为重要。根据不同的需要，可以对可再生能源作出不同的评价。本书将从建筑可再生能源利用的气候适应性、社会适应性和整体协调性出发，从环境友好性和社会允许性、容量、品位、可靠性和稳定性、获得的技术难度、经济性等方面来评价利用于建筑的可再生能源。

1. 环境友好性与社会允许性

目前我国正在大力推进可再生能源的利用，利用太阳能、地热能、生物质能等可再生能源来满足建筑的能源供应需求，已成为我国节能建筑的发展方向。虽然可再生能源的利用是可持续发展的必由之路，但在建筑可再生能源利用的可行性分析阶段，必须充分考虑到可再生能源在建筑中的利用是否会带来环境问题和社会问题。建筑可再生能源的大规模利用可能会破坏自然生态的平衡。例如，随着水源热泵的推广，越来越多的水源热泵工程投入使用，这样大规模的利用是否会引起水体、水温、水质的变化并影响水中生物的生长，研究者需要慎重考虑。同时可再生能源的大规模利用还可能引起社会纠纷问题。由于城市和农村的社会背景存在差异，经济发展状况不同，可再生能源在城市建筑和农村建筑中的利用也存在着差异。例如可再生能源中的生物质能能够在农村建筑中发挥重大的作用，却不适宜于在城市建筑中使用。只有不影响环境、不违背社会规律，建筑可再生能源的利用才能取得最大的效益。

总而言之，环境友好性与社会允许性主要包括以下几点：①从可再生能源中提取冷热量时，温度的上升和下降可能改变自然环境的原生态，必须高度重视可能产生的负面效应。在进行环境影响评价时，要本着对人类社会可持续发展负责的态度进行，应明确保持环境友好的冷热量提取规模和时空范围的警戒线。②遵守现行的国家和政府法规，包括城市规划、建设、管理、能源等方面的政策法规，并且不应与今后的法规建设与发展产生矛盾和冲突。③尊重社会文化风俗，注意当地社会文化风俗的允纳性和可变性。④可再生能源是全社会的共同财富，动用它时，要关心相关群体的利益协调，注重公平性和公正性，尤其不应伤害弱势群体的利益，要重视大规模开发利用引发的环境问题和社会问题。

2. 可再生能源作为建筑冷热源的容量

容量作为基本评价指标之一，是指在环境友好、社会和谐的前提下，冷热源在确定时间内能提供的冷热量。当可再生能源作为建筑冷热源，具备一定的容量时，就意味着该能源能够作为独立的冷热源来提供建筑所需的冷热量，否则还需配备其他的辅助冷热源。容量反映的是可再生能源能够提供的冷热量的大小，虽然是一个基本的评价指标，却具有十分重要的工程意义。只有具备一定容量的可再生能源才有利用的价值，因此在可再生能源利用的可行性研究阶段，应重视这一指标。容量评价指标分为两种，一种是总容量 $Q$（单位：瓦·时或千瓦·时），指可再生能源所能提供的总冷热量；另一种是时刻容量 $q$（单位：瓦或千瓦），指可再生能源在一定的工况下单位时间内提供的冷热量。

3. 可再生能源作为冷热源的品位

品位反映了可再生能源的可利用程度。分别定义可再生能源作为热源的品位 $\Delta T_1$ 和作为冷源的品位 $\Delta T_2$：

$$\Delta T_1 = T_H - T_0 \tag{1.1}$$

$$\Delta T_2 = T_0 - T_C \tag{1.2}$$

式中　$T_H$——作为热源的可再生能源的温度；

$T_C$——作为冷源的可再生能源的温度；

$T_0$——接受冷热量的空间或物体的温度。

$\Delta T_1$、$\Delta T_2$ 越大，则品位越高，能量输送和利用就越容易。可再生能源作为冷热源时按品位可分为 3 类：$\Delta T_1>0$ 时为正品位热源，$\Delta T_2>0$ 时为正品位冷源；当 $\Delta T_1=0$ 时为零品位热源，$\Delta T_2=0$ 时为零品位冷源；当 $\Delta T_1<0$ 时为负品位热源，当 $\Delta T_2<0$ 时为负品位冷源。建筑物需要冷量的时候，当可再生能源的温度低于建筑物内的温度时可直接使用低温的可再生能源供冷，也就是说正品位能源利用的过程中可以实现冷热量的直接传递，无需消耗额外的能量。由于能量不可能自发地从低品位转移到高品位，所以当能源品位为零或者为负值时，则需要消耗其他的能量，通过能量之间的转化来实现能量从低品位到高品位的转移。例如当建筑物需要热量而可再生能源的温度低于建筑物内的温度时，不能直接将可再生能源用于供热，而是要通过热泵等装置消耗电能或其他形式的能量与热能之间的转化来吸收低温能源中的热量来达到制热的目的。

4. 可靠性和稳定性

可靠性是从可再生能源存在的时间角度来评价的。可靠性按程度可分为 3 个等级：1 级——任何时间都存在，处于该等级的冷热源可靠性最高，任何时间都可提供冷热量；2 级——在确定的时间存在，处于该等级的冷热源虽然不能保证任何时间都能提高冷热量但其存在时间上具有一定的规律性；3级——存在的时间不确定，处于该等级的可再生能源提供冷热源的时间具有很大的随机性，可行性很差。

稳定性用于评价可再生能源的容量和品位随时间的变化。定义冷热源容量稳定性参数 $C_q$ 如下：

$$C_q = 1 - \frac{q_0 - q}{q_0} \tag{1.3}$$

式中 $q_0$——冷热源初始时刻的容量（千瓦）；

$q$——冷热源提供冷热量后该时刻的容量（千瓦）。

定义冷热源的品位稳定性参数 $C_{\Delta T}$ 如下：

$$C_{\Delta T} = 1 - \frac{\Delta T_0 - \Delta T}{\Delta T_0} \tag{1.4}$$

式中 $\Delta T_0$——冷热源的初始品位（℃）；

$\Delta T$——提供冷热量后的冷热源品位。

稳定性可分为 2 个等级：1 级——$C_q$、$C_{\Delta T}$不随使用时间变化，即 $C_q = 1$、$C_{\Delta T} = 1$，属极端稳定性；2 级——$C_q$、$C_{\Delta T}$随使用时间变化，$C_q$、$C_{\Delta T}$值越大越稳定。

判断某种可再生能源能否作为冷热源提供建筑所需的冷热量时，不仅要考虑其容量的大小、品位的高低，还要考虑其容量和品位是否稳定以及该能源利用的可靠性。长期存在可供利用、可靠程度高、容量大、品位高且保持稳定的可再生能源能持续提供所需的冷热量，是建筑冷热源的最佳选择。但是并非所有的可再生能源都具备如此理想的特点，有些可再生能源的容量和品位是不断变化的。对于容量和品位不断变化的可再生能源，必须认真分析其变化特点，寻找最佳利用时间和最合适的利用途径。可靠性和稳定性极差的可再生能源则没有在建筑中利用的价值。

5. 获得可再生能源冷热量的技术难度

在可再生能源在建筑中的利用的可行性论证阶段，不仅要考虑可再生能源作为冷热源的容量、品位问题，还要考虑从可再生能源中获取冷热量的技术难度。技术难度是指从可再生能源中获取冷热量并向需求的空间输配和释放的难易程度，包括3个方面：冷热源换热设备、冷热品位调节设备、冷热源输配系统、末端冷热量提交设备的技术难度，输送距离的长短，系统运行和维护的难易程度。建筑在使用可再生能源之前，必须解决好这些技术难题。例如在使用海水源热泵、污水源热泵时，换热器的防腐蚀和堵塞问题是关键，只有解决了换热器的技术难题才能使海水源热泵、污水源热泵充分发挥其优势。同时，技术难度也存在着一定的可变性。技术难度的可变性体现在两方面。一方面是指技术难度与地域、经济条件、社会背景等有关，同样的技术，由于地理条件、社会条件的不同可能导致难度上存在差异，例如干旱地区使用水源热泵的技术难度远大于水资源丰富的地区。另一方面是指随着科技水平的发展，一些技术难题会逐渐解决，今天我们眼中的技术难题也许会在某天迎刃而解，某种能源也就有了用武之地。

6. 建筑可再生能源利用的经济性

建筑可再生能源的经济性受其设备要求、输送距离、投资与运行维护费用等因素的影响。定义可再生能源经济性指标 $E$：

$$E=\frac{\sum Q}{\sum F} \tag{1.5}$$

式中　$\sum Q$——全寿命周期提供的冷热量（千瓦·时）；

$\sum F$——全寿命周期的费用（元）。

上式中，$\sum F$ 包括技术投入使用的全过程中的费用，如能源使用的费用、设备初投资费用、预期的寿命周期内的运行费用、维护费用以及废弃后回收的费用。计算运行费用时要合理确定系统运行时段的部分负荷系数，能源的价格按现行能源价格计算，将各项费用相加得到全寿命周期总费用。$E$ 值越大，表明该能源利用的经济性越好，在较少的资金投入下能获取更多的能源使用效益，反之则经济性越差。

### 1.2.2　冷热量提取设备

根据冷热源的品位，建筑可再生能源冷热量提取设备可分为两类：对于高品位的可再生能源，当直接向冷热需求空间输送具有技术可行性和经济合理性时，冷热提取设备仅起着输配作用，将冷热量从可再生能源输送并分配到建筑内使用冷热源的末端设备。对于低品位，甚至是零、负品位的可再生能源，无法直接向需求空间提供冷热量，因此需要采用具有采集冷热量和提升冷热量品位两种功能的设备，如热泵。

**参考阅读：泵与热泵**

“泵”是人们熟悉的一种可以提高位能的机械设备，正如水泵是将低位的水抽到高位一样，热泵是一种能从空气、水、土壤中获取低品位热能，经电力做功后提供建筑可用的高品位热能的装置。热泵在工作时，需要消耗一定的能量才能把自然环境中贮存的冷热量挖掘出来，通过传热介质提高温度加以利用，但热泵装置消耗的功仅为其输出功中的一小部分，热泵具有高能效，可以节约大量高品位能源。

冷热提取设备的主要性能指标包括环境友好性、提供的热量、提高热量的品位、能效性能、经济性和社会允许性等。

第一类冷热提取设备的能效性能用集热（冷）效率 $\eta$ 评价。

$$\eta=\frac{Q_1}{Q_0} \tag{1.6}$$

式中 $Q_1$——采集到的冷热量（千瓦·时）；

$Q_0$——冷热源具有的可采集的冷热量（千瓦·时）。

第二类冷热提取设备的能效性能用能效比 *EER*（*COP*）评价。

$$EER=\frac{Q_{c1}}{E};\quad COP=\frac{Q_{H1}}{E} \tag{1.7}$$

式中 $Q_{c1}$——获得的品位满足要求的冷量（千瓦·时）；

$Q_{H1}$——获得的品位满足要求的热量（千瓦·时）；

$E$——获得 $Q_{c1}$ 和 $Q_{H1}$ 所消耗的能源。

当第一类冷热提取设备在采集过程没有耗费额外能源时，其能效比和能源利用率可达无穷大。第二类冷热提取设备起着传递冷热量和提高品位的作用，无热量交换，因此获得的冷热量可能大于消耗的能量，其利用率可能大于1。

## 1.3 建筑利用可再生能源的分析与评价

### 1.3.1 建筑利用太阳能

太阳表面辐射温度约为5760开尔文，地球大气层上界接受到的太阳辐射约1.73 $\times 10^{17}$瓦，其中30%通过反射短波辐射返回太空，47%通过大气、地表长波辐射返回太空，23%在成为水、气循环动力形成气候和天气的过程中最终重新辐射回太空，还有0.02%被地球蓄留。太阳辐射强度受地理纬度、太阳高度角、大气透明度、天气、海拔等因素影响，因此太阳能利用过程中要注意气候适应性。

太阳能是清洁能源，然而建筑密度和高度对建筑表面的太阳辐射强度有着显著影响。城市中，高层建筑数量多且建筑密度大，高层住户使用太阳能可能会影响到低层建筑对太阳能的利用。太阳能大规模利用时就可能由此引起社会纠纷，需要制定相关的政策法规来规范城市规划和建筑设计过程中的太阳能利用。同时，太阳能利用过程中要注意与建筑的整体协调性，要求太阳能利用设备尽量不影响建筑的使用和美观。太阳辐射作为热源，不同的国家和地区其容量差异很大。我国太阳能资源丰富，每年地表吸收的太阳能相当于17万亿吨标准煤的能量，约等于上万个三峡工程发电量的总和。而欧洲大部分地区的太阳能年辐射总量明显低于我国。在我国重庆、贵州等地区，太阳能年辐射总量明显低于其他地区。太阳能的品位很高，$\Delta T=6000$ 开尔文左右，可直接送入需要热量的空间。太阳辐射在确定的时间存在，品位保持定值，不随时间发生变化，容量受到天气、地理位置等因素影响而稳定性差，其可靠性属于2级，品位稳定性属于1级，容量稳定性属于2级。

太阳能利用主要包括太阳能光热利用和光伏利用。太阳能光热利用技术包括太阳能热水、太阳房、太阳灶、采暖和空调、制冷等技术。目前在我国，发展最快、技术最成熟的是家用太阳能热水系统。与光热利用相比，太阳能

图 1－2　联排别墅太阳能屋顶

光伏利用在我国起步较晚，太阳能光伏技术在建筑中的应用才刚刚开始。2007 年 1 月，浙江慈溪市某小区采用的屋顶太阳能发电系统拉开了国内住宅小区屋顶太阳能光伏并网发电系统应用的序幕。总体来讲，太阳能利用的技术难度不高且经济性好（图 1－2）。

### *1.3.2　水的热能资源*

水是一种不可压缩、具有粘滞性的流体，常态下水的密度为 1000 千克/立方米，比热 4.18 千焦/千克·开尔文，单位体积的水所蓄存的冷热量是空气的 3545 倍，单位质量的水所蓄存的冷热量是空气的 4 倍。

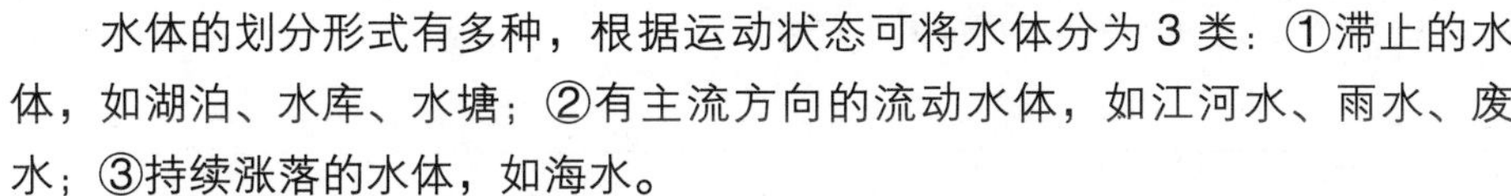

水体的划分形式有多种，根据运动状态可将水体分为 3 类：①滞止的水体，如湖泊、水库、水塘；②有主流方向的流动水体，如江河水、雨水、废水；③持续涨落的水体，如海水。

1. 湖泊、水库、池塘水

水库、水塘水体的量有限，冬季受气温、天空辐射影响，表层散热严重，水体上冷下热，温度不稳定，冷热混渗强烈，上下温差小，到冬季末整个水体温度均匀，接近冬末气温。夏季受气温和太阳辐射影响，表层吸热升温，水体上热下冷，温度稳定，冷热混渗难，靠导热向下传热，上下温差大，下层水温一直保持冬末时的温度。释放到湖泊、池塘、水库中的冷热量会蓄积在水体中，对水体中的生物造成一定的影响。利用湖泊、水库、池塘水这类滞止水体作为冷热源时，不仅要考虑气候对水温的影响，更需考虑水体承担的冷热负荷及提取冷热量的方式对水温分布的影响。从整体上看，湖泊、池塘、水库等是滞止的，但在日照、夜空冷辐射、气温及风雨等因素作用下，水体仍然存在明显的内部流动，风雨作用下的强迫流动和热不均匀下的自然对流对水体温度及其分布有着明显的影响。除此之外，支撑水体的岩土、结构体等的热传导对水温及其分布也有着不容忽视的影响。阳光照射到水面上，除了一部分被水面吸收外，其余部分均能透射到水体内部。这部分辐射随着深入水体深度的增加不断被吸收。水体水深增加，冷容量（单位水面供冷量）显著增大，品位明显提高。测试某水塘表明，5 米水深水体的最大供冷量只有 10 瓦/平方米（水面面积），7 米水深水体的最大供冷量有 45 瓦/平方米（水面面积），且水温低 2～3℃（图 1－3）。

图 1－3　地表水源热泵系统在建筑中的利用

2. 江河水

上游降雨时的地表温度和降雨温度、融雪水所占比例都会影响江河水的温度。从上游到下游，水温一般会升高。由于湍流作用，主流断面上温度分布均匀，上、下层水温差小。江河水作为流动水体，释放到水体的冷热量会及时被水流带走，不会在当地的水体中聚集，温度的月平均变化相对平缓，水体的冷热源能力主要受外界气候的影响，需掌握水温自然分布状况的资料。以长江水为例，长江水作为冷热源的容量、可靠性、稳定性都优于空气、滞止水体和浅层岩土。提取江河水中的冷热量时应该考虑江河水的综合利用、取水、输水和水处理费用及能耗。利用江河水时，需用热泵装置提高品位。直接利用江河原水，必须解决泥沙堵塞冷凝器和蒸发器的问题。选用江水作为冷热源必须慎重考虑其环境友好性和社会允许性，单个的水源热泵工程不会对江水水质、水中生物造成影响，但是江水源热泵的大量使用是否会引起环境问题需要全面而缜密的论证。

3. 海水

我国有较长海岸线，海水资源丰富。利用海水作为冷热源是指在不同的深度设置深入海中的吸入口，大径量抽取温度足够低的次表层海水，经处理后由绝热的通道输送到城市的储水库。

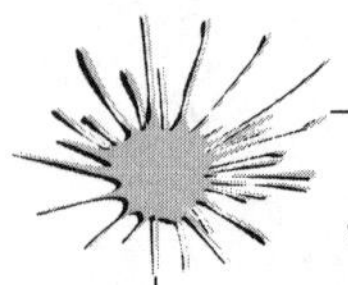

**参考阅读：海水的分层**

根据垂直深度上的温度差异，海水可以分为三层：表层、次表层和深水层。由于受太阳辐射、气候、潮汐、海流等因素的影响，冬季表层海水的温度一般偏低而夏季则偏高。而深层海水深度太大，取用不便，一般不作为空调系统的冷热源。次表层海水的温度变化不大且深度有限，取用方便，目前经常直接将次表层海水作为冷热源。我国海洋次表层水深度在10～300米范围内，冬季温度高于5℃，夏季温度在12～22℃之间，是良好的天然冷热源。

海水是清洁能源，利用海水作为冷热源可以大大减少不可再生能源的使用量。海水作为冷热源的容量、品位、可靠性和稳定性均很高。在环境友好性和社会允许性方面，同江水一样，在可行性研究阶段需要进行严密的分析论证。

利用海水作为冷热源，需要解决好以下问题：（1）海水硬度大，换热器受腐蚀严重；（2）不同规模的取热和排热对海洋环境的影响。

4. 城市排水

城市排水主要包括工业废水、工业冷却水及生活污水等。城市污水利用分为原生污水利用和二级出水利用。原生污水利用是指将未经处理的污水作为污水源热泵的冷热源，就近利用污水泵站的污水。这种方式减少了从污水处理厂到各用户长距离输送的冷热量损失，但原生污水水质较差，水处理装置和换热器十分复杂。经过污水处理厂的二级出水水量集中，水质较好，处理过程简单，水量稳定。

城市排水作为冷热源的容量和品位较高。以重庆地区为例，重庆地区冬季城市生活污水温度一般为15℃，最低不低于13℃，夏季污水温度一般为25～28℃，最高不超过30℃，是合适的冷热源。城市排水作为冷热源具备良好的环境友好性和社会允许性，具有极大的经济价值。

利用城市排水作为冷热源，需要解决好以下问题：(1) 城市排水尤其是原生污水中含有大量的悬浮物、油脂类污物、硫化氢等，会堵塞、腐蚀换热器；(2) 在我国北方严寒地区，污水水源热泵机组的热水出水温度一般为 45～55℃，仅适用于地板采暖系统和风机盘管系统的水温要求，污水源热泵系统要想代替传统的锅炉采暖系统，其出水温度不能低于 70℃，需要开发出水温高于 70℃的高温热泵。

### 1.3.3　浅地层岩土热资源

岩土是固体，不具备流动性，依靠导热进行热量传输，传热能力逊于空气和水，热交换难度大。同时也正因为无法流动，传热不易，岩土的蓄热性能好。受太阳辐射、天空辐射和气温的影响，地表温度形成白天高、夜晚低，夏季高、冬季低的温度波，地表温度波向地下传播时，会产生衰减和延迟。研究表明，大约在 0.5 米深度以下，日周期温度波已不明显；大约 5 米深度以下，年周期温度波已可忽略不计。在无其他扰动情况下，5 米深度以下的地表浅层岩土温度稳定在当地年平均气温水平上，该温度即为岩土的原始温度。

岩土作为冷热源使用过程中品位衰减明显且需要较长的恢复时间。由于不流动和蓄热作用，当从岩土提取冷热量时，岩土的原始温度会发生变化并且不再稳定，停止提取冷热量后，需要很长的时间才能基本恢复原始温度。即使只是钻孔（打井），孔（井）周围相当范围内的岩土的温度场都将受到破坏。利用岩土作为冷热源时，要充分注意这一特性，不能只从岩土的原始温度评价岩土作为冷热源的可行性，要分析整个使用寿命周期内岩土温度的变化，合理确定工程设计和运行调节方案。岩土作冷热源的品位随使用时间而下降。取冷时，岩土温度持续上升，会导致冷凝温度上升，使制冷机的能效比降低；取热时，岩土温度持续下降，会导致蒸发温度下降，使热泵的能效比降低。以岩土作冷热源的系统季节（全年）能效比与运行模式相关，长期连续运行的季节能效比较低。大规模利用岩土作冷热源时，必须对地下生态系统和地质稳定性的影响进行谨慎的评价（图 1－4）。

利用浅地层岩土作为冷源，需要解决好以下问题：系统连续运行时，热泵的蒸发温度和冷凝温度随岩土温度变化而发生波动，运行效率下降；地下换热器的换热性能受岩土质影响较大；岩土传热性能不及空气和水，因此地下换热器的换热面积较大。

图 1－4　地源热泵系统在建筑中的利用

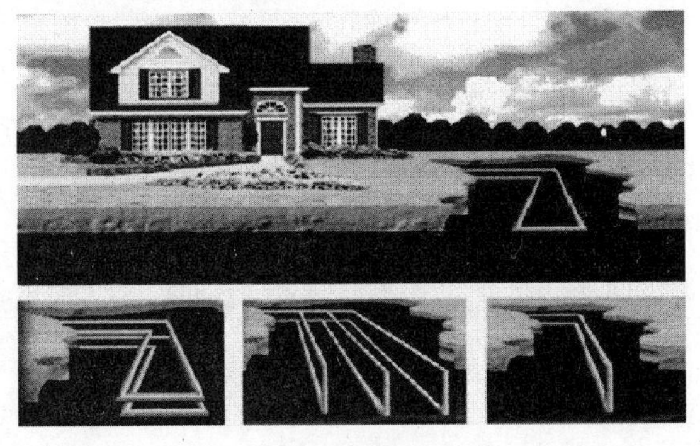

### 1.3.4　夜间天空作为冷热源

夜空定义为室外 180°空间角度的天穹范围。由于城市建筑相对密集，低矮建筑屋顶被高建筑遮挡，乡村建筑的夜空资源比城市丰富。夜空温度定义为：

$$T_s = \sqrt[4]{0.51 + 0.208\sqrt{P_a}}\,T_a \tag{1.8}$$

或

$$T_s = \sqrt[4]{0.741 + 0.0062 t_1}\,T_a \tag{1.9}$$

式中 $P_a$——大气中水蒸气分压力（千帕）；

$t_1$——夜间空气的为露点温度（℃）；

$T_a$——空气温度（开尔文）。

水蒸气含量越少，夜空温度越低。当空气中水蒸气分压力 $P_a=0$ 千帕时，$T_s=0.845T_a$；若空气气温 $T_a=303$ 开尔文（$T_a=30$ ℃），则 $T_s=256$ 开尔文（$T_s=-17$ ℃），夜空温度远远低于夜间气温，是优良的天然冷源。当空气中水蒸气饱和时，$P_a=3.16\sim5.5$ 千帕（$T_a=25\sim35$℃即 $T_a=298\sim308$K），$T_s=(0.968\sim0.999)\ T_a$。这表明，在夜间空气潮湿的地区，夜空的温度接近于夜间气温，此时夜空提供冷量的能力非常弱。

夜空作冷源，其容量大小与所具有的夜空空间角有关，品位取决于夜间的晴朗程度。如在重庆，夏季连晴高温天气，夜间气温 28℃，相对湿度 70%，即水蒸气分压力 2.52 千帕，夜空温度为 15℃，26℃的室内设计温度，品位 $\Delta T_2=26-15=11℃>0$，是正品位冷源，有很大的利用价值。夜空存在的可靠性很好。夜空冷源品位的稳定性取决于太阳辐射，在天气稳定的情况下，品位不会因提取冷量而下降，相反随着水蒸气的凝结，品位会越来越高。夜空作为冷源持续性好，在获得冷源的难易程度上，低层建筑难于高层建筑。单项工程的环境友好性和社会允许性好，但在城市大规模使用时，应当谨慎评价。

利用夜空作为冷源，需要解决好以下问题：只能通过辐射换热的方式从夜空获得冷量（类似太阳辐射的散射），要有足够的表面敞向夜空；夜间获取的冷量蓄存与调节供白天使用；建筑内部如何向夜空散热，如何将建筑内翻向外；如何避免白天太阳辐射的反向热作用；白天阻挡太阳辐射（遮阳），夜间向天空散热的双功能装置。

### 1.3.5 空气作为冷热源

地球上的空气是含有水蒸气的湿空气。湿空气状态变化过程多，包括等湿升温过程、等湿降温过程、加湿升温过程、降温除湿过程等。这些过程不仅揭示了结露成霜的机理，同时也是获得舒适的空气环境的技术手段，还可以利用这些过程从空气中提取冷热量。从空气中提取冷热量必然会引起空气显热、潜热和全热量的变化，具体表现为空气温湿度发生变化，然而空气具有良好的流动性，当通风良好时，空气可以顺利地离开空气源热泵，尚未被提取冷热量的空气会及时补充，保持进入空气源热泵的空气状态稳定。

冬季空气作热源会带来一定的环境负效应，具体表现为周围一定范围内气温会下降，若这一范围属于公共区域时，必然涉及社会允许性问题。由于整个供暖季节室外温度低于室内，作为冬季热源的空气其热量品位始终都是负值，是负品位的热源。夏季空气作为冷源带来的环境负效应不仅表现为周围一定范围内温度会上升、环境热舒适性降低，而且还会加剧城市热岛效应，因为采用冷却塔排热的常规水冷冷水机组，实质上也是以空气为冷源的。冷却塔会加快微生物繁殖传播，使得夏季空气作为冷源的环境友好性进一步降低，同时风机运行产生的噪声会降低社会允许性。由于夏季室外空气温度与室内温度的大小关系比较复杂，空气冷源的品位是变化的。当室外温度低于室内温度时，为正品位，可直接利用通风技术向室内供冷，利用自然通风供冷时，其一次能源利用效率为无穷大。当室外温度高于室内温度时，为负品位，必须提升品位才能获得可用的冷量。

空气作为热源的存在可靠性好，在通风良好的情况下，容量不会因热量的提取而下降，但必须依靠空气源热泵提升品位才能利用，且品位会随冬季的持续和寒潮的来去而变化。通常建筑需要热量最多的时候，也正是空气热源的品位最低的时候。气源热泵在最高负荷时，对空气热源进行品位的最大提升，此时气源热泵的运行能效比最低，供热能力下降，必须配备辅助热源。

从空气中获取冷热量的技术难度较低。

利用空气作为冷热源，需要解决好以下问题：品位低，甚至是负品位，空气源热泵要有适应冷热源品位变化造成的品位提升幅度显著变化的能力；空气源热泵供冷、供热能力、能效比都与建筑需用冷、热量的变化规律相反，要合理地配制空气源热泵容量；城市建筑密度越来越大，空气源热泵数量越来越多，热泵处的空气容易形成局部涡流，空气源品位下降不但影响能效和出力，甚至使热泵不能运行；冬季室外气温 5℃左右、湿度大时，热泵室外换热器容易结霜，影响连续性供热；要重视解决噪声扰民问题，以保证社会允许性。

### *1.3.6　生物质能的开发与利用*

在可再生能源中，生物质能具有可储存、可运输、资源分布广、对环境影响小等特点，是目前应用最广泛的可再生能源，消费总量位于第四，仅次于煤炭、石油和天然气。生物质能的利用主要体现在以下几个方面：

1. 生物质发电

生物质发电的重点是农业生物质发电、林业生物质发电、沼气工程发电和垃圾发电。我国生物发电产业正在快速发展，2007 年，全国共有 10 家生物发电厂投入运营。

2. 生物液体燃料

由于受粮食产量和更低资源制约，《可再生能源发展“十一五”规划》中鼓励今后以甜高粱茎秆、薯类作物等非粮生物质为原料的燃料乙醇生产，以及以小桐籽、黄连木、棉籽等油料作物为原料的生物柴油的生产。

3. 沼气

《可再生能源发展“十一五”规划》中鼓励充分利用沼气和农林废弃物气化技术，提高农村地区生活用能中的燃气比例，并把生物质气化技术作为解决农村有机废弃物和工业生产有机废弃物环境治理的重要措施。

4. 生物质固体成型燃料

生物质固体成型燃料是指通过专门设备将生物质压缩成储存、运输、使用方便、清洁环保、燃烧效率高的成型燃料。《可再生能源发展“十一五”规划》中规定生物质固体成型燃料发展的重点是：①利用农作物秸秆加工成型燃料，主要用作农村居民的炊事和取暖燃料，剩余作为商品燃料出售，增加农民收入。②在粮棉主产区，建设大型生物质固体成型燃料加工厂，实行规模化生产，为城镇居民和工业用户提供生物质商品燃料。③在天然林保护区和重点林区，利用林木抚育和采伐废弃物，加工固体成型燃料，为居民提供炊事、取暖等生活燃料，减少当地燃料消耗对林木的破坏。

5. 燃池供暖

燃池供暖技术是一种利用生物质能供暖的技术。燃池也称为地坑，燃池取暖就是将植物的碎根、茎、叶、壳以及锯末、稻壳、苇花等放在池内，经厌氧燃烧产生热量，经散热面通过传导、辐射、对流等方式提高室内温度的一种取暖方法。

生物质能在建筑中的利用可以在我国广阔的农村中发挥作用，合理的生物质能利用具备良好的环境友好性和社会允许性，《可再生能源中长期发展规划》中明确提出，到2020年，我国生物质发电装机容量达到3000万千瓦，生物质能利用占一次能源消费量4%的目标。

总而言之，上述各种可再生能源在建筑中的利用过程中，一定要结合实际情况，注意该项技术的使用是否符合当地的气候条件、社会背景以及与建筑的整体协调性等问题，否则不仅不能实现节能减排的目标，还会引起能源的浪费甚至引发社会问题。

## 1.4 建筑可再生能源利用的可行性分析

《可再生能源发展“十一五”规划》提出，到2010年，我国可再生能源在能源消费中的比重将达到10%，全国可再生能源年利用量将达到3亿吨标准煤，比2005年增长近1倍。随着建筑节能的深入发展，可再生能源在建筑中的利用将越来越普遍。下面从5个方面来分析可再生能源在建筑中利用的可行性。

1. 可再生能源丰富

我国太阳能、水能、地热能和生物质能资源丰富。全国700多个气象台站长期观测积累的资料显示，全国各地的太阳辐射年总量大致在$3.35\times10^9$~$8.40\times10^9$焦/平方米之间，平均值约为$5.86\times10^9$焦/平方米，理论储量达每年1.7万亿吨标准煤。丰富的太阳能为太阳能热水器的利用、太阳房、太阳能空调和太阳能采暖提供了有利的条件，太阳能光热利用和光伏利用也具有广阔的前景。我国水资源和地热资源丰富，地热资源占全球的 7.9%，总能量为 $1.12 \times 10^{10}$ 焦/年，可以为建筑提供充足的冷热源。在农村，虽然由于经济条件的制约，很多可再生能源利用技术无法实现，但生物质能的利用却大有用武之地。我国可开发为能源的生物质资源到 2010 年可达 3 亿吨，随着农林业的发展和炭薪林的推广，生物质资源将越来越丰富。丰富的生物质能能够为农村建筑提供采暖所需的热量并制备生活热水。我国主要沉积盆地储存的地热能量为 736 亿亿千焦，相当于标准煤 2500 亿吨。全国地热可开采资源量为每年 68 亿立方米，所含低热量为 973 万亿千焦，折合每年 3284 万吨标准煤的发电量。

2. 应用技术成熟

我国可再生能源在建筑中的应用正在不断的发展进步。目前太阳光热利用主要包括太阳能热水系统、太阳房、太阳灶、采暖、空调与制冷等领域。其中家用太阳能热水器技术最为成熟，已经实现了产业化发展。太阳能光电利用技术在我国起步较晚，但电力是供应建筑物的主要能源，太阳能发电在我国势在必行。而利用地热能、水能的各种热泵技术的发展也正趋于成熟，已经在很多实际工程中得到了应用。生物质能的利用还处于起步阶段，而且多用于农村建筑中，但随着可再生能源利用的不断发展，生物质能发电和利用生物质能提供建筑生活热水、采暖空调以及其他能源的技术也将不断完善。

3. 节能环保

在国家大力提倡建筑节能的大背景下，可再生能源的开发利用是一项有着明显实效和光明前景的事业。随着可再生能源在建筑中的不断利用，化石燃料的使用量将不断减少，这将对优化我国能源结构、缓解化石能源的枯竭、减少环境污染及温室气体排放作出重大的贡献。随着科学技术的进步，可再生能源利用也将更加普遍，建立低碳甚至是无碳的建筑能源体系也终将实现。

4. 强有力的政策法规保障

可再生能源的利用得到了政府的重视，2006 年 1 月 1 日，《中华人民共和国可再生能源法》开始全面贯彻实施，在《可再生能源中长期发展规划》中明确规定了可再生能源消费的目标，各级政府都非常重视对可再生能源的利用。

5. 广阔的需求市场

近年来，我国建筑事业迅猛发展，建筑能耗持续增加。住房和城乡建设部提供的有关资料显示，我国既有建筑近 400 亿平方米，95% 属不节能建筑。我国每年新建建筑量达 20 亿平方米以上，其中大量建筑为高能耗建筑，建筑能耗占全国总能耗的比例将从目前的 27.8% 上升到 33%。由于新建建筑中对能耗有着严格的要求，同时既有建筑在逐步实现节能改造，建筑可再生能源利用具有广阔的需求市场。

# 第2章　太阳能光热利用

太阳能资源是一种巨大的、无尽的、非常宝贵的可再生能源。太阳表面的有效温度为5762开尔文，而中心区的温度高达$8\times10^{6}\sim40\times10^{6}$开尔文，内部压力有3400多亿标准大气压。由于太阳内部的温度极高、压力极大，物质早已离子化，呈等离子状态，不同元素的原子核相互碰撞，引起了一系列核子反应，从而构成太阳的能源。因此它的热量主要来源于氢聚变成氦的聚合反应。太阳一刻不停地发射着巨大的能量，每秒有$657\times10^{9}$千克的氢聚变成$657\times10^{9}$千克的氦，连续产生$391\times10^{21}$千瓦的能量。这些能量以电磁波的形式向空间辐射，尽管只有22亿分之一到达地球表面，但已高达$173\times10^{12}$千瓦，是地球上最多的能源。地球上的风能、水能、海洋温差能、波浪能和生物质能以及部分潮汐来源于太阳；即使是地球上的化石燃料（如煤、石油、天然气等）从根本上说也是远古以来贮存下来的太阳能，所以广义的太阳能所包括的范围非常大，狭义的太阳能则限于太阳辐射能的光热、光电和光化学的直接转换。

## 2.1　太阳能资源特点与光热性能

### 2.1.1　太阳能资源特点

太阳辐射能作为一种能源，与煤炭、石油、天然气及核能等比较，在能源开发利用中具有独特的优势，主要表现在以下几个方面：

1. 可再生性。根据天文学的研究结果，可知太阳系已存在大约150亿年。根据目前对太阳辐射的总功率以及太阳中氢的总含量进行估算，尚可继续维持1000亿年之久。对于人类存在的年代来说，太阳辐射完全可以是源源不断地供给地球，因此利用太阳能作为能源，可以说是取之不尽、用之不竭。

2. 容量巨大性。太阳每秒钟辐射达到地球表面的能量高达$8\times10^{13}$千焦，相当于$6\times10^{6}$吨标准煤，按此计算，一年内达到地面的太阳能总量折合成标准煤共约$1.892\times10^{13}$吨，是目前世界主要能源探明储量的一万倍。

3. 普遍性。阳光普照大地，处处都有太阳能，太阳能不像其他能源那样具有分布的偏集性。无论在陆地或海洋、高山或平原、沙漠或草地，都可以就地取用，无须开采和运输，能解决偏僻边远地区及交通不便的农村、海岛的能源供应。

4. 环境友好性。利用太阳能作为能源，没有废渣、废料、废水、废气排出，没有噪声，不产生对人体有害的物质。并且在能量转换和消耗的过程中，得到的热量又耗散在地球周围的空间，所以利用太阳能不会像利用矿物燃料那样改变地球的热能平衡。太阳能是一种生态资源，具有环境友好性。

5. 经济性。太阳能可以就地取用，无需开采和运输；太阳能的热利用虽然初投资高，但在使用过程中不需要或较少需要另外耗能。随着科技的发展以及人类开发利用太阳能的技术突破，太阳能利用的经济性会更加明显。

6. 安全性。与核能相比，太阳能利用要安全得多，不必担心核泄漏、核辐射对人体的危害，不必担心核电站废墟的掩埋问题。

当然，太阳能资源也具有如下缺点：

1. 分散性。太阳辐射的能量密度较低。一般在夏季阳光较好时，在太阳能资源较丰富的地区，地面上接受的太阳辐照度约为 500 ~1000 瓦/平方米。因此，在开发利用太阳能时，需要较大的采光面积。

2. 不稳定性和间断性。太阳能随季节、气候、昼夜的变化而变化。

3. 效率低。目前大部分太阳能利用设备的效率还较低，虽然节电但不节能。

4. 初投资大。由于夜晚或阴天得不到太阳辐射或太阳辐射很少，需要考虑配备储能设备，或增设辅助热源，才能供全天应用，且目前太阳能光热转换设备成本高，所以利用太阳能，系统初投资大。

总之利用太阳能，目前在技术上、经济上还有许多课题需要努力研究探索。随着人类的进步，科学技术的发展，将来太阳能必定会作为一种巨大而廉价的可再生能源，为人类作出更大的贡献。

### 2.1.2 我国的太阳能资源

太阳能资源的分布与各地的纬度、海拔高度、地理状况和气候条件有关，资源丰富，一般以全年总辐射量（单位为千卡/平方厘米·年或千瓦/平方米·年）和全年日照总时数表示。我国幅员广大，有着十分丰富的太阳能资源。从全国太阳年辐射总量的分布来看，西藏、青海、新疆、内蒙古南部、山西、陕西北部、河北、山东、辽宁、吉林西部、云南中部和西南部、广东东南部、福建东南部、海南岛东部和西部以及台湾西南部等广大地区的太阳辐射总量很大。尤其是青藏高原地区最大，那里平均海拔高度在 4000 米以上，大气层薄而清洁，透明度好，纬度低，日照时间长。例如被人们称为“日光城”的拉萨市，1961 年至 1970 年的平均值，年平均日照时间为 3005.7 小时，相对日照为 68%，年平均晴天为 108.5 天，阴天为 98.8 天，年平均云量为 4.8，太阳总辐射为 816 千焦/平方厘米·年，比全国其他省区和同纬度的地区都高。四川和贵州两省的太阳年辐射总量最小，其中尤以四川盆地为最，那里雨多、雾多，晴天较少。例如素有“雾都”之称的成都市，年平均日照时数仅为1152.2小时，相对日照为26%，年平均晴天为24.7天，阴天达244.6天，年平均云量高达8.4。其他地区的太阳年辐射总量居中。

我国太阳能资源分布的主要特点有：太阳能的高值中心和低值中心都处在北纬22°~35°这一带，青藏高原是高值中心，四川盆地是低值中心；太阳年辐射总量，西部地区高于东部地区，而且除西藏和新疆两个自治区外，基本上是南部低于北部；由于南方多数地区云雾雨多，在北纬30°~40°地区，太阳能的分布情况与一般的太阳能随纬度而变化的规律相反，太阳能不是随着纬度的增加而减少，而是随着纬度的增加而增长。

我国按接受太阳能辐射量的大小，大致可分为四类资源带，四类资源带的年辐射总量如表2-1所示。

**中国太阳能资源分布**　　**表2-1**

| 地区类型 | 年日照时数（小时/年） | 年辐射总量（$10^6$ 焦/平方米·年） | 包括的主要地区 | 国外相当地区 | 备注 |
|---|---|---|---|---|---|
| 一类 | 3200~3300 | ≥6700 | 宁夏北部，甘肃北部，新疆南部，青海西部，西藏西部 | 印度，巴基斯坦 | 太阳能资源最丰富地区 |
| 二类 | 3000~3200 | 5400~6700 | 河北西北部，山西北部，内蒙南部，宁夏南部，甘肃中部，青海东部，西藏东南部，新疆南部 | 印度尼西亚的雅加达 | 较丰富地区 |
| 三类 | 2000~3000 | 4200~5400 | 山东，河南，河北东南部，山西南部，新疆北部，吉林，辽宁，云南，陕西北部，甘肃东南部，广东南部 | | 一般地区 |
| 四类 | 1400~2000 | ≤4200 | 湖南，广西，江西，浙江，湖北，福建北部，广东北部，陕西南部，安徽南部 | 意大利的米兰 | 贫乏地区 |

一、二、三类地区，年日照时数大于2000小时，辐射总量高于600千焦/平方厘米·年，是我国太阳能资源丰富或较丰富的地区，面积较大，约占全国总面积的2/3以上，具有利用太阳能的良好条件。四类地区虽然太阳能资源条件较差，但仍有一定的利用价值。而四川大部分地区和贵州是太阳能资源最差的地区，与巴黎、莫斯科地区相当。

### *2.1.3　太阳能资源光热性能评价*

太阳能资源光热性能评价可以用品位、容量、稳定性、可再生性、经济性、环境友好性等几个指标来评价。

品位反应太阳能的有效利用程度，关系到提供冷热量的技术难度和能耗水平，用太阳能的温度与接受冷热量空间温度（室温）的差值表示。很显然太阳能的品位很高，为6000开尔文左右，可以直接送入所需空间。

容量是衡量冷热源的另一个指标，如果冷热源的容量小于所需要的冷热量，则该冷热源不能单独承担冷热量的任务。太阳能的容量相对很大，但因时因地差别很大。

稳定性包含太阳能作为热源存在的稳定性、品位的稳定性及容量的稳定性。太阳辐射作为热源只在确定的时间存在；品位不随时间变化，保持恒定；容量随时间无规律地变化，随机性很大。

太阳辐射热的获得技术难度小、经济性好，主要困难是其能量密度小，需要采集面积大，要求很大的空间设置太阳能集热器。这在建筑密集的城市是有难度的，甚至由此而影响了本来良好的社会允许性和环境友好性。

## 2.2 太阳能光热利用

太阳能光热利用是通过转换装置把太阳辐射能转换成热能的技术，目前这项技术应用广泛，如太阳能采暖、太阳能热水供应、太阳能制冷、太阳灶、太阳能温室及太阳能干燥等。

### 2.2.1 太阳能采暖

太阳能采暖根据是否利用机械设备的方式获取太阳能，分为主动式采暖和被动式采暖。需要借助机械设备获取太阳能的采暖技术称为主动式采暖技术；通过适当的建筑设计，无需借助机械设备获取太阳能的采暖技术称为被动式采暖技术。

1. 主动式采暖

主动式采暖与常规能源采暖的区别在于它是以太阳能集热器作为热源，替代以煤、石油、天然气、电等常规能源作为燃料的锅炉。主动式太阳能采暖系统主要设备包括：太阳能集热器、储热水箱、管道、风机、水泵、散热器及控制系统等部件。太阳辐射受季节、气候和昼夜的影响很大，为保证室内能稳定采暖，比较大的住宅和办公楼通常还需配备辅助热源装置。

根据承担室内热负荷的介质不同，主动式太阳能采暖分为太阳能空气采暖和太阳能热水采暖。

(1) 太阳能空气采暖

太阳能空气采暖包括热水集热—热风采暖和热风集热—热风采暖两种形式。前者的特点是热水集热后，再用热水加热空气，然后向各房间送暖风；后者采用太阳能空气集热器，由太阳能集热器加热空气直接用来采暖，要求热源的温度比较低（50℃左右），集热器有较高的效率。热风采暖的缺点是送风机噪声大，功率消耗高。

太阳能空气采暖根据集热器的位置不同可分为空气集热器式、集热屋面式、窗户集热板式、墙体集热式等方式。

① 空气集热器式。此方式是在建筑的向阳面设置太阳能空气集热器，用

风机将空气通过碎石蓄热层抽进建筑物内，并与辅助热源配合，如图2－1所示。由于空气的比热小，从集热器内表面传给空气的传热系数低，所以需要大面积的集热器，该形式热效率低。

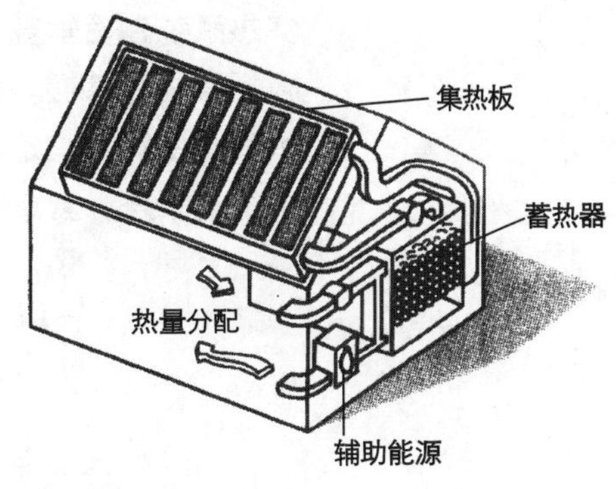

图2－1 空气集热器形式

② 集热屋面式。此方式是把集热器放在坡屋面、用混凝土地板作为蓄热体的系统。冬季，室外空气被屋面下的通气槽引入，积蓄在屋檐下，被安装在屋顶上的玻璃集热板加热，上升到屋顶最高处，通过通气管和空气处理器进入垂直风道转入地下室，加热屋内厚水泥地板，同时热空气从地板通风口流入室内，如图2－2所示。夏季夜晚系统运行与冬季白天相同，但送入室内的是冷空气，起到降温作用。夏季白天集聚的热空气能够加热生活热水，如图2－3所示。此种系统若在室内上空设风机和风口，可以把室外新鲜空气送到屋面集热器下进行加热（冬季）或冷却（夏季）然后送到室内。

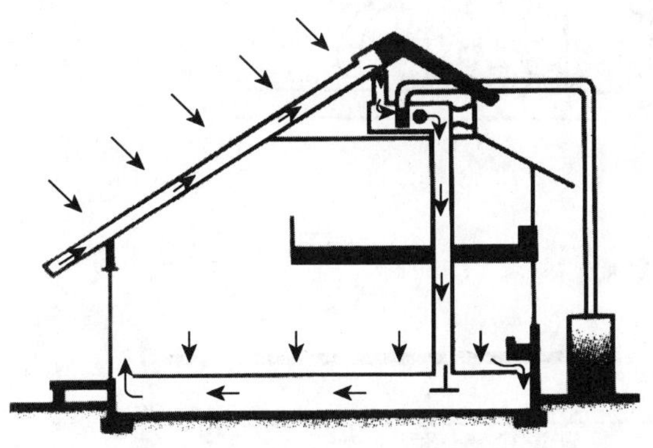
图2－2 冬季白天加热室外空气

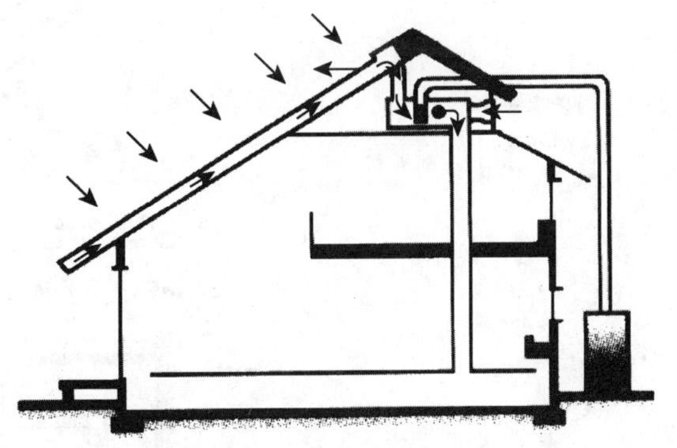
图2－3 夏季白天热空气送入热水箱

③ 窗户集热板式。由玻璃盒子单元、百叶集热板、蓄热单元、风扇和风管等组合而成，如图2－4所示。玻璃夹层中的集热板把光能转换成热能，加热空气，空气在风扇驱动下沿风管流向建筑内部的蓄热单元。在流动过程中，加热的空气与室内空气完全隔绝。集热单元安装在向阳面，空气可加热到30～70℃。集热单元的内外两层均采用高热阻玻璃，不但可以避免热散失，还可防止辐射过大时对室内造成的不利影响。不需要集热时，集热板调整角度，使阳光直接入射到室内。夜间集热板闭合，减少室内热散失。蓄热单元可以用卵石等蓄热材料水平布置在地下，也可以垂直布置在建筑中心位置。集热面积约占建筑立面的1/3，最多可节约10%的供热能量，与日光间的节能效果相似，适用于太阳辐射强度高、昼夜温差大的地区内低层或多层居住建筑和小型办公建筑。

④ 墙体集热式。系统由集热和气流输送两部分系统组成，房间是蓄热器，

集热系统包括垂直墙板、遮雨板和支撑框架，如图2－5所示。气流输送系统包括风机和管道。太阳墙板材覆于建筑外墙的外侧，上面开有小孔，与墙体的间距由计算决定，一般在200毫米左右，形成的空腔与建筑内部通风系统的管道相连，管道中设置风机，用于抽取空腔内的空气。

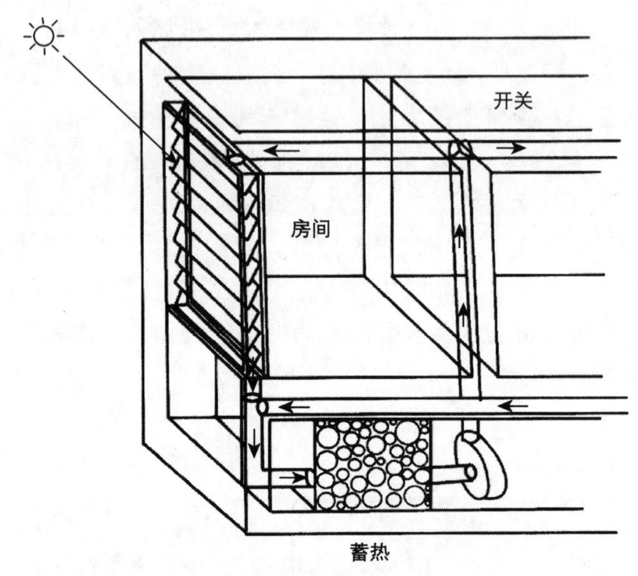


图2－4 窗户集热板系统示意

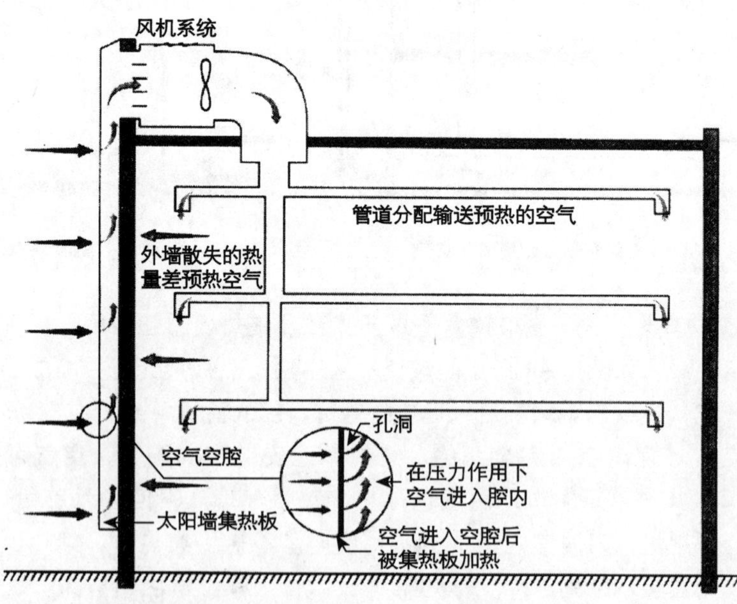


图2－5 太阳墙系统工作原理

（2）太阳能热水采暖

太阳能热水采暖通常是指以太阳能为热源，通过集热器吸收太阳能，以水为热媒进行采暖的技术。因为辐射采暖的热媒温度要求在30～60℃，这就使得利用太阳能作为热源成为可能。按照使用部位的不同，太阳能辐射采暖可分为太阳能顶棚辐射采暖、太阳能地板辐射采暖等，在此介绍使用普遍的太阳能地板辐射采暖。

太阳能地板辐射采暖是通过敷设在地板中的盘管加热地面进行采暖的系统，该系统是以整个地面作为散热面，传热方式以辐射为主，其辐射换热量约占总换热量的60%以上。典型的太阳能地板辐射采暖系统由太阳能集热器、控制器、集热泵、蓄热水箱、辅助热源、供回水管、止回阀、三通阀、过滤器、循环泵、温度计、分水器、加热器组成，如图2-6所示。

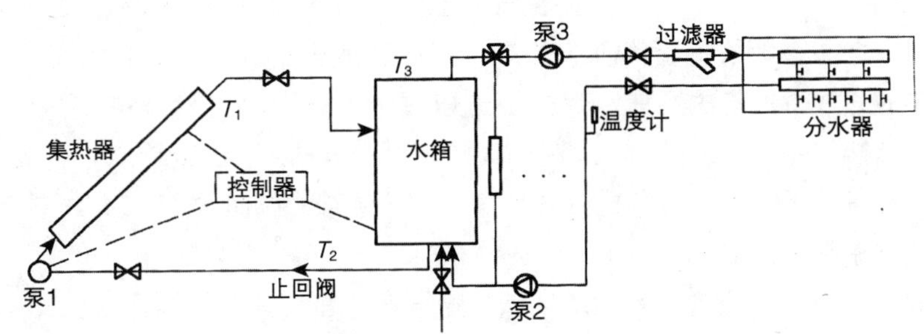


图2-6 太阳能地板辐射采暖系统图

当 $T_1>50$℃时，控制器就启动水泵1，水进入集热器进行加热，并将集热器的热水压入水箱，水箱上部温度高，下部温度低，下部冷水再进入集热器加热，构成一个循环。$T_1<40$℃时水泵停止工作，为防止反向循环及由此产生的集热器的夜间热损失，则需要一个止回阀。当蓄热水箱的供水水温 $T_3>45$℃时，可开启泵3进行采暖循环。当阴雨天或是夜间太阳能供应不足时，开启三通阀，利用辅助热源加热。当室温波动时，可根据以下几种情况进行调节：如果可利用太阳能，而建筑物不需要热量，则把集热器得到的能量加到蓄热水箱中去；如果可利用太阳能，而建筑物需要热量，把从集热器得到的热量用于地板辐射采暖；如果不可利用太阳能，建筑物需要热量，而蓄热水箱中已储存足够的能量，则将储存的能量用于地板辐射采暖；如果不可利用太阳能，而建筑物又需要热量，且蓄热水箱中的能量已经用尽，则打开三通阀，利用辅助能耗对水进行加热，用于地板辐射采暖。尤其需要指出，蓄热水箱存储了足够的能量，但不需要采暖，集热器又可得到能量，集热器中得到的能量无法利用或存储，为节约能源，可以将热量供应生活用热水。

2. 被动式采暖

被动式采暖设计是通过建筑朝向和周围环境的合理分布、内部空间和外部形体的巧妙处理以及建筑材料、结构构造的恰当选择，使其在冬季能集取、储存、分布太阳能，从而解决建筑物的采暖问题。被动式太阳能建筑设计的基本思想是控制阳光和空气在恰当的时间进入建筑并储存和分配热空气。其设计原则是要有有效的绝热外壳和足够大的集热表面，室内布置尽可能多的储热体，以及主次房间的平面位置合理。

被动式采暖应用范围广、造价低，可以在增加少许或几乎不增加投资的情况下完成，在中小型建筑或住宅中最为常见。

被动式太阳能采暖从太阳热利用的角度，分为直接受益式、集热蓄热墙

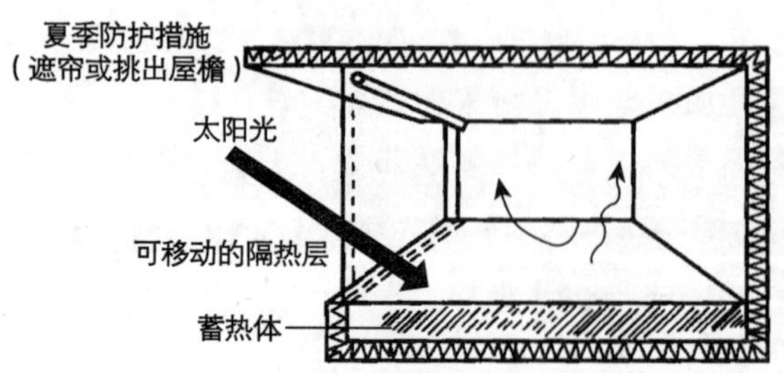


图2-7 直接受益式工作原理

式、附加阳光间式、屋顶蓄热池式、对流环路式等五种类型。

（1）直接受益式

这是较早采用的最简单的一种方式，原理见图2-7，南立面是单层或多层玻璃的直接受益窗，利用房间本身的集热蓄热能力，而使室内空气升温。在日照阶段，太阳光透过南向玻璃窗进入室内，地面和墙体吸收热量，表面温度升高，所吸收的热量一部分以对流的方式供给室内空气，另一部分以辐射的方式与其他围护结构内表面进行热交换。还有一部分则由地板和墙体的导热作用把热量传入内部蓄存起来。当没有日照时，被吸收的热量释放出来，主要加热室内空气，维持室温，其余则传递到室外。

采取该种形式应该注意以下几点：建筑朝向在南偏东、偏西30°以内，有利于冬季集热和避免夏季过热；根据传热特性要求确定窗口面积、玻璃种类、玻璃层数、开窗方式、窗框材料和构造；合理确定窗格划分，减少窗框、窗扇自身遮挡，保证窗的密闭性；最好与保温帘、遮阳板相结合，确保冬季夜晚和夏季的使用效果。

直接受益式的优点是：构造简单，易于制作安装和日常管理维修；形式灵活，与建筑功能配合紧密，便于建筑立面处理，有利于设备与建筑的一体化设计；有利于自然采光。缺点是：室温上升快，一般室内温度波动幅度稍大，可能引起过热现象；易引起眩光，需要采取相应的构造措施。非常适合冬季需要采暖且晴天多的地区，如我国的华北内陆、西北地区等。

（2）集热蓄热墙式

最早著名的集热蓄热墙是1956年法国学者特朗勃等提出的一种集热蓄热方案，即在直接受益式太阳窗的后面筑起一道重型结构墙，利用重型结构墙的蓄热能力和延迟传热的特性获取太阳的辐射热。集热蓄热墙的形式如图2-8所示，此种形式在供热机理上不同于直接受益式，属于间接受益式太阳能采暖系统。阳光透过玻璃射在集热墙上，集热墙外表面涂有吸收涂层以增强吸热能力，其顶部和底部分别开有通风孔，并设有可开启活门。阳光透过透明盖板照射在重型集热墙上，墙的外表面温度升高，墙体吸收太阳辐射热，一部分通过透明盖层向室外损失；另一部分加热夹层内的空气，从而使夹层内空气与室内空气密度不同，通过上下通风口而形成自然对流，由上通风孔将热空气送进室内；还有一部分则通过集热蓄热墙体向室内辐射热量，同时加热墙体内表面空气，通过对流使室内升温。

图2-8 集热蓄热墙式工作原理

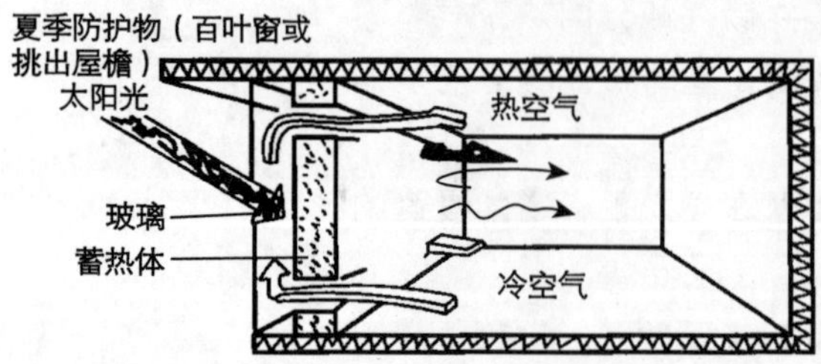


对于利用结构直接蓄热的墙体，墙体结构的主要区别在于通风口。按照通风口的有无和分布情况，分为三类：无通风口、在墙顶端和

底部设有通风口和墙体均布通风口。通常把前两种称为“特朗勃墙”，后来在实用中，建筑师米谢尔又作了一些改进，所以也在太阳能界称之为“特朗勃—米谢尔墙”。后一种称为“花格墙”。把花格墙用于局部采暖，是我国的一项发明，理论和实践均证明了其优越性。根据我国农村住房的特点，清华大学在北京郊区进行了旧房改建为太阳房的试验，得到了较好的效果。具体做法是：先对原有房屋的后墙、侧墙和屋顶进行必要的保温处理，然后将南窗下的 37 坎墙改成当地农民使用的低强度等级 37 毫米混凝土块砌筑的花格墙，表面涂无光黑漆，外加玻璃—涤纶薄膜透明盖板，并设有活动保温门。这种墙体在日照下能较多地蓄存热量，夜晚把保温门关闭，吸热混凝土块便向室内放热。

集热蓄热墙式采暖具有如下优点：在充分利用南墙面的情况下，能使室内保留一定的南墙面，便于室内家具的布置，可适应不同房间的使用要求；与直接受益窗结合使用，既可充分利用南墙集热又能与砖混结构的构造要求相适应；用砖石等材料构成的集热蓄热墙，墙体蓄热在夜间向室内辐射，使室内昼夜温差波动小，热舒适程度相对较高；在顶部设置夏季向室外的排气口，可降低室内温度；利于旧建筑的改造。但缺点是玻璃窗较少，不便观景和自然采光，阴天时效果不好。

（3）附加阳光间式

此种方式是在向阳侧设透光玻璃构成阳光间接受日光照射，阳光间与室内空间由墙或窗隔开，蓄热物质一般分布在隔墙内和阳光间底板内。从向室内供热来看，其机理完全与集热墙式太阳房相同，是直接受益式和集热蓄热式的组合。随着对建筑造型要求的提高，这种外形轻巧的玻璃立面普遍受到欢迎。阳光间的温度一般不要求控制，可结合南廊、入口门厅、休息厅、封闭阳台等设置，用来养花或栽培其他植物，所以附加阳光间式太阳房有时也称附加温室式太阳房。

附加阳光间式具有如下优点：集热面积大、升温快，与相邻内侧房间组织方式多样，中间可设砖石墙、落地门窗或带槛墙的门窗。缺点是透明盖层的面积大，散热面积增大，降低了所收集阳光的有效热量；围护费用较高；对夏季降温要求很高。只有解决好冬季夜晚保温和夏季遮阳、通风散热的问题，才能减少因阳光间自身缺点带来的传热方面的不利影响。

（4）屋顶蓄热池式

屋顶蓄热池式太阳能兼有冬季采暖和夏季降温两种功能。从向室内的供热特征上看，这种形式类似于不开通风口的集热墙式被动式太阳房，蓄热物质放在屋顶上，是具有吸热和储热功能的贮水塑料袋或相变材料，其上设可开闭的隔热盖板，冬夏兼顾。冬季采暖季节，晴天白天打开盖板，将蓄热物质暴露在阳光下，吸收太阳热；夜晚盖上隔热盖板保温，使白天吸收了太阳能的蓄热物质释放热量，并以辐射和对流的形式传到室内。夏季，白天盖上隔热盖，阻止太阳能通过屋顶向室内传递热量；夜间移去隔热盖，利用天空

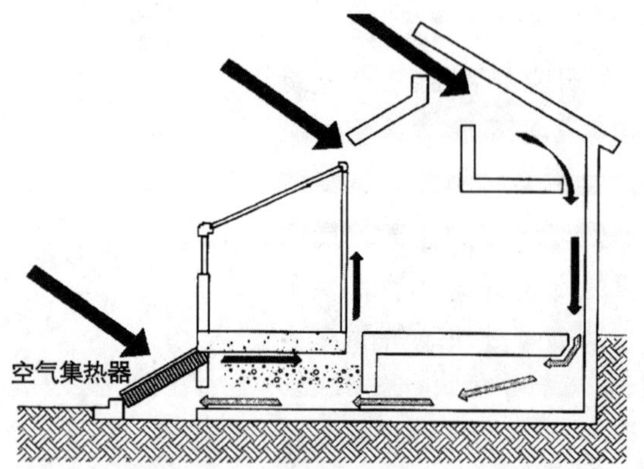


图2-9 对流环路式被动太阳房原理图

辐射、长波辐射和对流换热等自然传热过程降低屋顶池内蓄热物质的温度，从而达到夏季降温的目的。系统中的盖板热阻要大，蓄水容器密闭性要好。

该形式适用于冬季不太寒冷、夏季较热的地区。但由于屋顶需要有较强的承载能力，隔热盖的操作也比较麻烦，构造复杂，造价较高，实际应用比较少。

（5）对流环路式

这种太阳能采暖方式由集热器（大多数为空气集热器）和蓄热物质（通常为卵石地床）构成，因此也被称为卵石床蓄热式被动太阳房，原理如图2－9所示。安装时，集热器位置一般要低于蓄热物质的位置。在太阳房南墙下方设置空气集热器，用风道与采暖房间及蓄热卵石床相通。集热器内被加热的空气，借助于温差产生的热压直接送入采暖房间，也可送入卵石床蓄存，而后需要时再向房间供热。

该方式的特点是：构造较复杂，造价较高；集热和蓄热量大，且蓄热体的位置合理，能获得较好的室内温度环境；适用于一定高差的南向坡地。

目前，在所有的太阳能采暖方式中，用空气作介质的系统相对而言技术简单成熟、应用面广、运行安全、造价低廉。

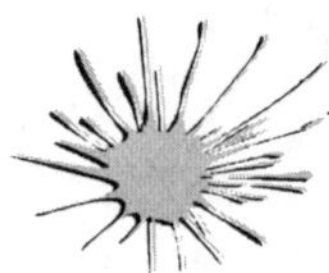

**知识阅读：太阳能采暖应用**

目前在中国，太阳能采暖目前仍处于工程试点阶段，面临投资大、回报慢的问题。

太阳能采暖投入的成本过高是太阳能推广的难点之一。例如目前在北京的几个太阳能供热采暖项目，均属于政府投资建设的试点项目，如平谷区的新农村建设项目。简单算下账，在农村的一户200平方米的普通人家，如果安装太阳能采暖及辅助设施，需投入4～5万元，如果没有政府部门的任何补助，将远远高于比起使用锅炉或烧煤节约下来使用的费用。因此，现阶段投资回收周期非常长的太阳能供热采暖，仍然是以政府试点为主要推导。

除投资成本高以外，目前我国所在的自然条件也不利于太阳能采暖在城市中全面推广。太阳能利用度最高的时候是每年3～7月，除了如西藏太阳能四季辐射都很强的区域，在北方地区利用太阳能冬季采暖除了需要配备辅助采暖设备以外，还必须安装相当大面积的太阳能集热器才能达到功效。太阳能本身产生的热能比较小，在安装辅助能源的情况下，目前5平方米到7平方米的建筑面积，需要用到1平方米的集热器，也就是意味着100平方米的房间需要安装20平方米的集热器。而在城市的多层建筑中，为每户安装如此大面积的集热器几乎是不可能实现的。目前在城市中，太阳能采暖主要适用群还是6层以下的低层建筑。因此除了一些采用集中供热采暖的公建项目，如酒店、政府单位、医院和学校等地方能够推行太阳能采暖，在一般的高层住宅小区很难实现太阳能供热采暖。

3. 太阳能热泵

在太阳辐射强度小、气温较低、对供热要求较高的地区，普通太阳能供热系统的应用受到很大限制，存在诸多问题。如白天集热板板面温度的上升导致集热效率下降，在夜间或阴雨天，没有足够的太阳辐射，无法实现连续供热等。为克服太阳能利用中的上述问题，人们不断探索各种新的、更高效的能源利用技术，热泵技术在此过程中受到了相当的重视。将热泵技术与太阳能装置结合起来，充分利用两种技术的优势，可有效提高太阳能集热器集热效率和热泵系统性能，解决全天供热问题，同时实现使用一套设备解决冬季采暖和夏季制冷的问题，节省设备初投资，在工程实践中已取得非常好的使用效果。

太阳能热泵采暖系统就是利用集热器进行太阳能低温集热（10 ~ 20℃），然后通过热泵，将热量传递到温度为 30 ~50℃的采暖热媒中去。冬季太阳辐射量较小，环境温度很低，集热器中流体温度一般为 10 ~ 20℃，直接用于采暖是不可能的。使用热泵则可以直接收集太阳能进行采暖。按照太阳能和热泵系统的连接方式，太阳能热泵系统分为串联系统、并联系统和混合连接系统，其中串联系统又可分为传统串联式系统和直接膨胀式系统。

（1）传统串联式系统

在该系统中，太阳能集热器和热泵蒸发器是两个独立的部件，它们通过储热器实现换热，储热器用于存储被太阳能加热的介质（如水或空气），热泵系统的蒸发器与其换热使制冷剂蒸发，通过冷凝器将热量传递给热用户，这是最基本的太阳能热泵的连接方式，如图 2 –10 所示。

（2）直接膨胀式系统

该系统将太阳能集热器作为热泵系统中的蒸发器，换热器作为冷凝器。这样，就可以得到较高温度的采暖热媒。最初使用常规的平板式太阳能集热器，后来又发展为没有玻璃盖板，但有背部保温层的平板集热器，甚至还有结构更为简单的，既无玻璃盖板又无保温层的裸板式平板集热器。有人提出采用浸没式冷凝器（即将热泵系统的冷凝器直接放入储水箱），这会使得该系统的结构进一步简化。目前直接膨胀式系统因其结构简单、性能良好，已逐渐成为人们研究关注的对象，并已经得到实际的应用，如图 2 – 11 所示。

（3）并联式系统

该系统如图 2 –12 所示，是由传统的太阳能集热器和热泵共同组成，它们各自独立工作，互为补充。热泵系统的热源一般是周围的空气。当太阳辐射足够强时，只运行太阳能系统，否则，运行热泵系统或两个系统同时工作。

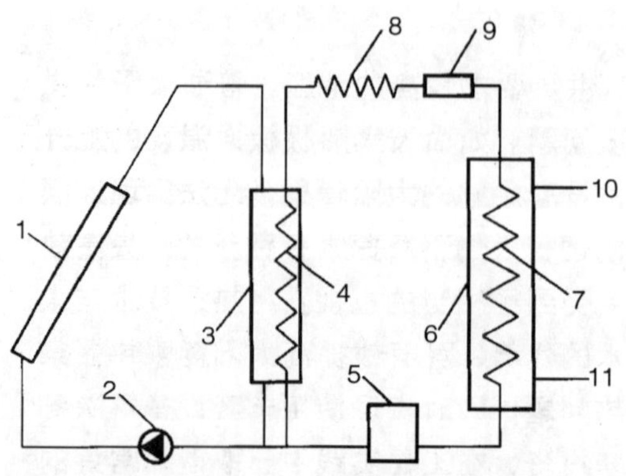


图 2－10 串联式太阳能热泵系统

1. 平板式集热器 2. 水泵 3. 换热器 4. 蒸发器 5. 压缩机 6. 水箱 7. 冷凝盘管 8. 毛细管 9. 干燥过滤器 10. 热水出口 11. 冷水入口

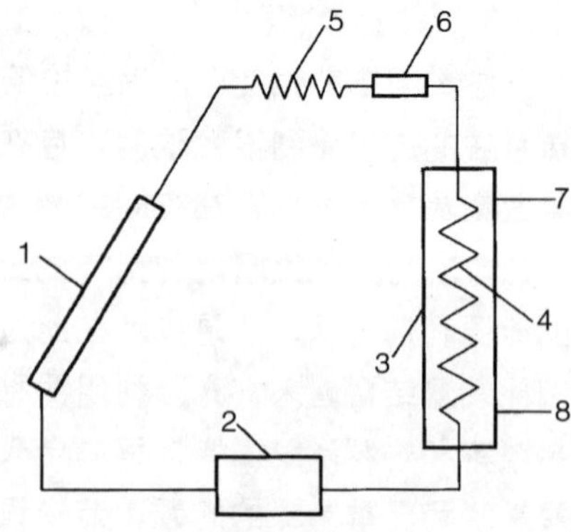


图 2－11 直接膨胀式太阳能热泵系统

1. 平板式集热器 2. 压缩机 3. 水箱 4. 冷凝盘管 5. 毛细管 6. 干燥过滤器 7. 热水出口 8. 冷水入口

（4）混合连接系统

此系统是串联和并联的组合，如图 2－13 所示，混合式太阳能热泵系统设两个蒸发器，一个以大气为热源，另一个以被太阳能加热的介质为热源。当太阳辐射强度足够大时，不需要开启热泵，直接利用太阳能即可满足要求；当太阳辐射强度很小，以至水箱的水温很低时，开启热泵，使其以空气为热源进行工作；当外界条件介于两者之间时，使热泵以水箱中被太阳能加热的工质为热源进行工作。

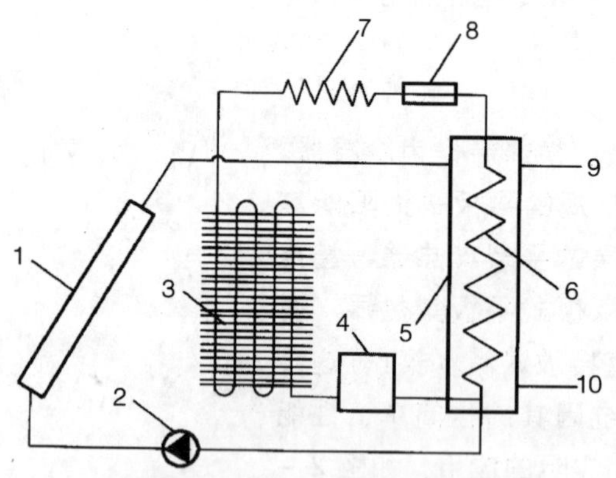


图 2－12 并联式太阳能热泵系统

1. 平板式集热器 2. 水泵 3. 蒸发器 4. 压缩机 5. 水箱 6. 冷凝盘管 7. 毛细管 8. 干燥过滤器 9. 热水出口 10. 冷水入口

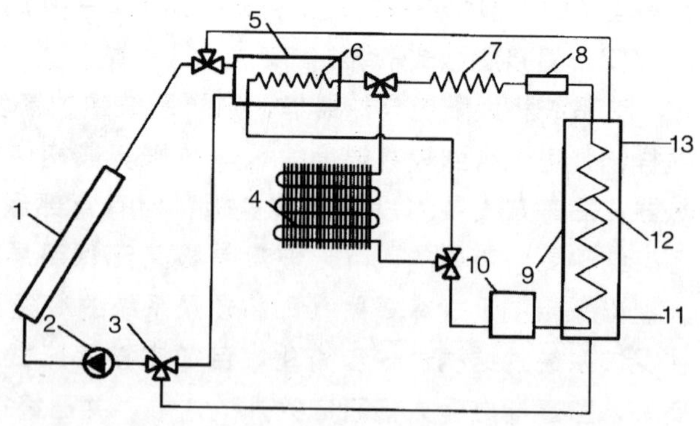


图 2－13 混合式太阳能热泵系统

1. 平板式集热器 2. 水泵 3. 三通阀 4. 空气源蒸发器 5. 中间换热水箱 6. 以太阳能加热的水或空气为热源的蒸发器 7. 毛细管 8. 干燥过滤器 9. 水箱 10. 压缩机 11. 冷水入口 12. 冷凝盘管 13. 热水出口

### 2.2.2 太阳能热水供应

太阳能热水系统是利用温室原理，将太阳辐射转变为热能，并向冷水传递热量，从而获得热水的一种系统。以太阳能热水系统实际用途划分，有为小容量家庭使用的太阳热水系统，通常称太阳热水器或太阳热水装置，有供大型浴室、集体住宅及商务使用的大容量的太阳能热水系统，又称为太阳热水工程。

太阳热水系统由太阳能集热元件（平板集热器、玻璃真空管、热管真空管及其他形式的集热元件）、蓄热容器（各种形式水箱、罐）、控制系统（温感器、光感器、水位控制、电热元件、电器元件组合及显示器或供热性能程序电脑）以及完善的管道保温、防腐部分等有机地组合在一起。在阳光的照射下，太阳的光能充分转化为热能，辅以电力和燃气能源，就成为非常稳定的能源设备，提供中温热水供人们使用。

1. 太阳热水器

太阳热水器的基本类型有：闷晒式太阳热水器、平板太阳热水器、紧凑式全玻璃真空管太阳热水器和紧凑式热管真空管太阳热水器。

（1）闷晒式太阳热水器

闷晒式太阳热水器是一种结构比较简单的太阳热水器。如图2－14所示。其特点是集热器和水箱是一体的，工作温度低，成本低廉，全年太阳能量利用率为20%。由于结构笨重，热水保温问题不易解决，目前应用较少。

（2）平板式太阳热水器

除了闷晒式太阳热水器，平板式太阳热水器制造成本最低，但每年只有6～7个月的使用时间，冬季不能有效使用。在夏季多云和阴天时，太阳能吸收率低。平板式太阳热水器的工作原理是：在一块金属片上涂以黑色，置于阳光下，以吸收太阳辐射而使其温度升高，如图2－15所示。金属片内有流道，使流体通过并带走热量。在板的背后衬垫保温材料，在其阳面加上玻璃罩盖，以减少板对环境的散热，全年太阳能量利用率可达50%。

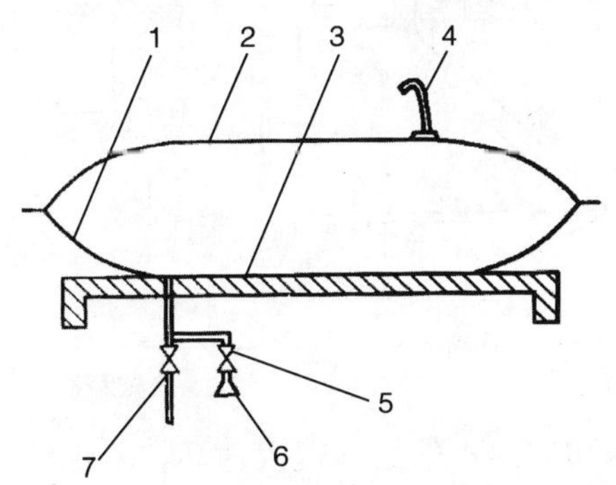


图2－14 闷晒式太阳能集热器

1. 下部黑色塑料 2. 上部透明塑料 3. 支撑 4. 溢流口 5. 阀 6. 喷头 7. 阀

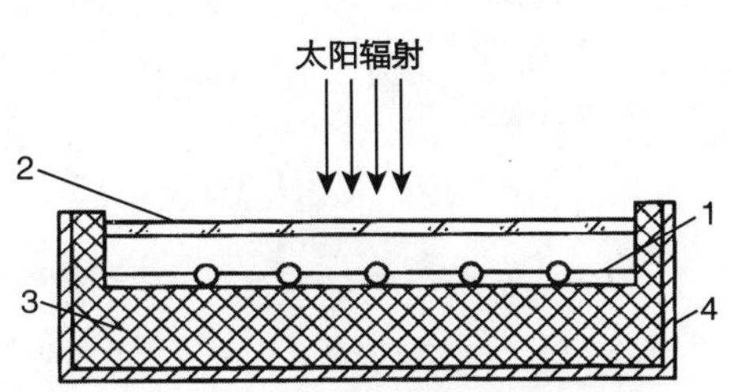


图2－15 平板式太阳能集热器

1. 吸热板 2. 透明盖板 3. 隔热层 4. 外壳

(3) 真空管式太阳热水器

平板式太阳热水器的集热器虽然采用了选择性吸收表面，但其热损失系数还很大，这就限制了平板太阳热水器在较高的工作温度下的有效得热。为了减少平板集热器的热损，提高集热温度，国际上20世纪70年代成功研制了真空集热管，其吸热体被封闭在玻璃真空管内，充分发挥了选择性吸收涂层的低发射率及降低热损失的作用。在内层玻璃外表面，利用真空镀膜机沉积选择性吸收膜，再把内管与外管之间抽成真空，这样就大大减少了对流、辐射与传导造成的热损失，使总热损失降到最低，最高温度可以达到120℃，这就是真空集热管的基本思路。将若干支真空集热管组装在一起，即构成真空管集热器。为了增加太阳光的采集量，有的真空集热管的背部还加装了反光板及复合抛物面镜聚光板。

2. 太阳能热水系统

太阳能热水系统是应用太阳能集热器组成集中式或分户式太阳能热水系统为用户提供生活热水。太阳能热水系统按照运行方式可分为自然循环系统、强制循环系统和直流式系统。

(1) 自然循环系统

自然循环式热水系统中水的循环动力是靠管路内冷热水密度不同和液位差而产生的热虹吸压头来维持的。如图2-16所示，热水器中的水被太阳能加热后体积膨胀、密度减小、压强降低而上升。水箱下部的冷水由上循环管流入集热器，将被加热的水顶入水箱，不断循环。经过一段时间，整个水箱内的水就被加热到可以使用的温度。由于循环依赖于虹吸压头，所以热水箱必须高于集热器的上集管。能运行自然循环式系统的热水器包括平板式热水器、全玻璃真空管热水器和热管真空管热水器等。

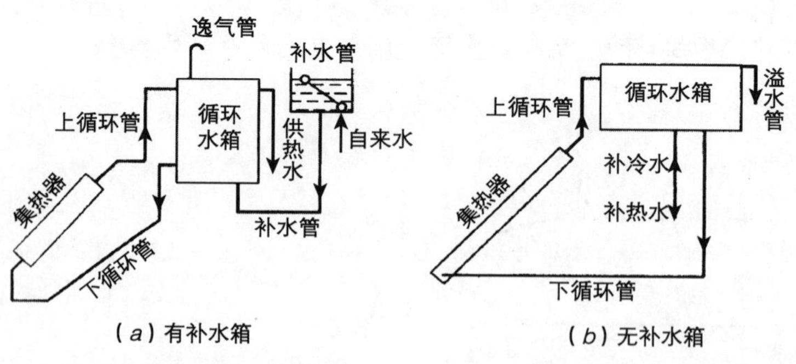


图2-16 自然循环热水系统

(2) 强制式循环系统

强制式循环系统是利用水泵在集热器和储热水箱之间建立循环，系统结构如图2-17所示。水泵将水箱中的水通过循环水管1打入集热器的下集管。水经过排管到上集管，然后通过循环水管2回到水箱，水泵使水不断循环。

这种方式的优点是：笨重的水箱可以设置在任意地方甚至低于集热器的位置，安装方便；管径可以相对小些，降低成本；水的循环速度增加，提高了集热器效率。其缺点是集热器承受一定压力，系统比较复杂，有少量的电耗，适于大面积应用。

(3) 直流式系统

直流式太阳能热水系统由集热器、蓄热水箱、补给水箱（可用自来水代替）和管道等组成，如图 2－18 所示。安装时，补给水箱的水位略高于集热器出口热水管顶部。装置运行时，由于补给水箱的水位与出口热水管顶部存在高差，于是水就不断地从补给水箱流入集热器，经加热器加热后汇集到贮水箱中，这种系统并不循环，所以称为直流式。为使从集热器出来的水具有足够大的温升，水的流量应较小。通过冷水补给管上的阀门可调节其流量。补给水管可用自来水直接通过阀门流入集热器代替。

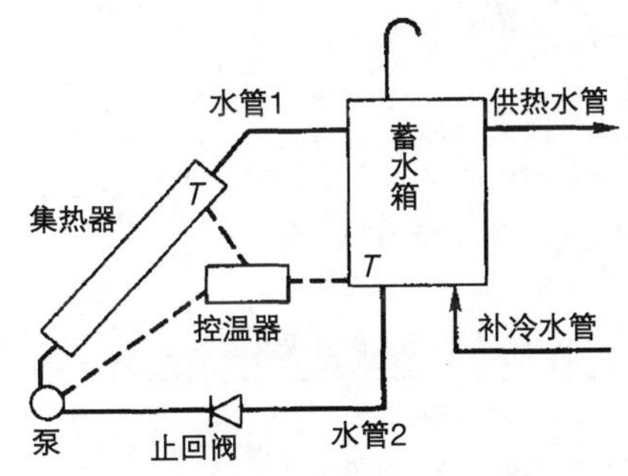


图 2－17　强制式循环热水系统

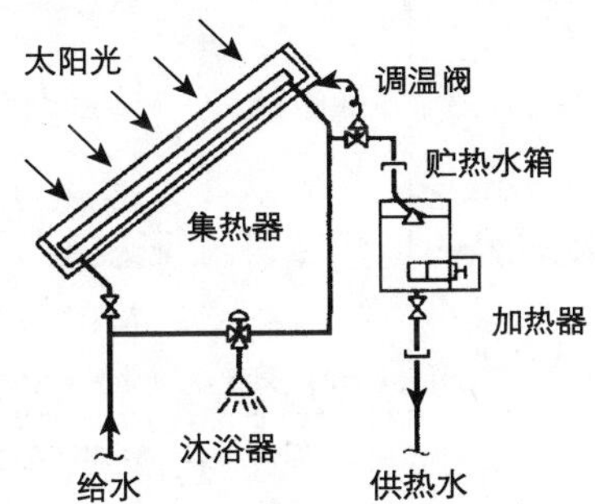


图 2－18　直流式热水系统

直流式太阳能热水系统的优点是：贮水箱不必高于集热器之上，它可以置于室内，水箱保温容易；贮水箱的热水已具有足够的温度，箱中热水可随时取用。如果用户是连续取水，则贮水箱可做得很小，热损失也能进一步减少。

### 2.2.3　太阳能制冷

因太阳辐射和空调制冷用能在季节分布规律上高度匹配，所以太阳能空调制冷是夏季太阳能有效利用的最佳方案。近年来，国内外学者对太阳能制冷进行了大量的试验研究，并进行了实际工程应用，主要包括太阳能吸收制冷、太阳能吸附制冷、太阳能喷射制冷等。

1. 太阳能吸收制冷

(1) 吸收式制冷原理

吸收式制冷机组是一种以热能为驱动能源，以溴化锂溶液或氨水溶液等为工质对的吸收式制冷或热泵装置。它利用溶液吸收和发生制冷剂蒸汽的特性，通过各种循环流程来完成机组的制冷、制热或热泵循环。吸收式机组种类繁多，可以按其用途、工质对、驱动热源及其利用方式，低温热源及其利用方式，以及结构和布置方式等进行分类。简单的分类见表 2－2。目前常用的机组有水—溴化锂机组和氨—水机组。

**吸收式制冷机组的种类** **表 2－2**

| 分类方式 | 机组名称 | 分类依据、特点和应用 |
| --- | --- | --- |
| 用途 | 制冷机组<br>冷水机组<br>冷热水机组<br>泵机组 | 供应0℃以下的冷量<br>供应冷水<br>交替或同时供应冷水和热水<br>向低温热源吸热，供应热水或蒸汽，或向空间供热 |
| 工质对 | 氨—水<br>水—溴化锂<br>其他 | 采用 $NH_3/H_2O$ 工质对<br>采用 $H_2O$/LiBr 工质对<br>采用其他工质对 |
| 驱动热源 | 蒸汽型<br>直燃型<br>热水型<br>余热型<br>其他型 | 以蒸汽的潜热为驱动热源<br>以燃料的燃烧热驱动热源<br>以热水的显热为驱动热源<br>以工业和生活余热为驱动热源<br>以其他类型的热源为驱动热源，如太阳能、地热等 |
| 驱动热源的利用方式 | 单效<br>双效<br>多效<br>多级发生 | 驱动热源在机组内被直接利用一次<br>驱动热源在机组内被直接或间接的利用二次<br>驱动热源在机组内被直接或间接地多次利用<br>驱动热源在多个压力不同的发生器内被多次直接利用 |
| 低温热源 | 水<br>空气<br>余热 | 以水冷却散热或作为热泵的低温热源<br>以空气冷却散热或作为热泵的低温热源<br>以各类余热作为热泵的低温热源 |
| 低温热源的利用方式 | 第一类热泵<br>第二类热泵<br>多级吸收 | 向低温热源吸热，输出热的温度低于驱动热源<br>向低温热源吸热，输出热的温度高于驱动热源<br>吸收剂在多个压力不同的吸收器内吸收制冷剂，制冷机组有多个蒸发温度或热泵机组有多个输出热温度 |
| 机组结构 | 单筒<br>多筒 | 机组的主要热交换器布置在一个筒内<br>机组的主要热交换器布置在多个筒内 |
| 筒体布置方式 | 卧式<br>立式 | 主要筒体的轴线按水平布置<br>主要筒体的轴线按垂直布置 |

① 溴化锂吸收式制冷循环

在溴化锂吸收式冷水机组中，以水为制冷剂（以下称冷剂水），以溴化锂溶液为吸收剂，可以制取 7～15℃的冷水供冷却工艺或空气调节过程使用。为此，冷剂水的蒸发压力必须保持在 0. 87～2. 07 千帕。故而，在溴化锂吸收式冷水机组中，冷剂水在真空压力下蒸发制冷，通过溶液的质量分数在吸收和发生过程中的变化，来实现冷剂水的制冷循环。溴化锂吸收式制冷循环如图 2－19 所示。在吸收器中溴化锂溶液吸收来自蒸发器的制冷剂蒸气（水蒸气，以下称冷剂蒸气），溶液被稀释。溶液泵将稀溶液从吸收器经溶液热交换器提升到发生器，溶液的压力从蒸发压力相应地提高到冷凝压力。在发生器中，溶液被加热浓缩并释放出冷剂蒸气。流出发生器的浓溶液经溶液热交换器回到吸收器。来自发生器的冷剂蒸气在冷凝器中冷凝成冷剂水。冷剂水经过节流元件降压后进入蒸发器制冷，产生冷剂蒸气，冷剂蒸气进入吸收器，这样完成了溴化锂吸收式制冷循环。可见，溴化锂溶液的吸收过程相当于制冷压缩机的吸气过程；溶液的提升和发生过程相当于制冷压缩机的压缩过程。因此，吸收—发生过程是吸收式制冷循环的特征。它也被称为热压缩过程。在溶液热交换器的回热过程中，流出发生器的浓溶液把热量传递给流出吸收器的稀溶液，可以减少驱动热能和冷却水的消耗。上述吸收、发生、冷凝、蒸发和回热过程构成了单效溴化锂吸收式制冷循环。

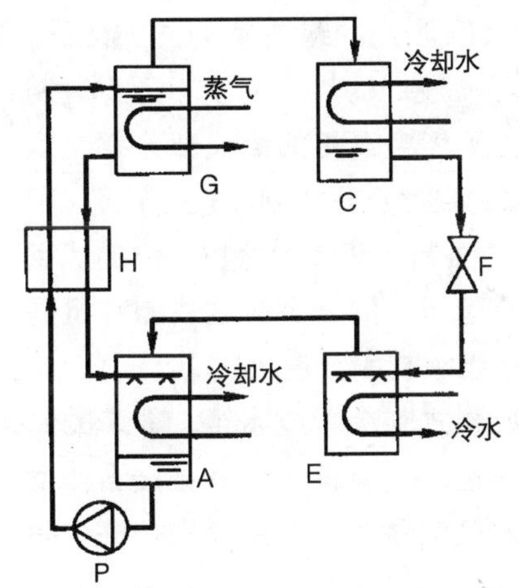


图2-19 溴化锂吸收式制冷循环

A. 吸收器 C. 冷凝器 E. 蒸发器 F. 节流阀 G. 发生器 H. 溶液热交换器 P. 溶液泵

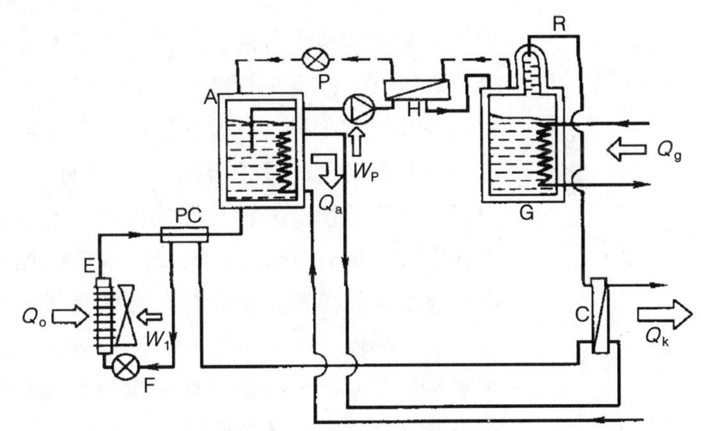


图2-20 氨水吸收式制冷循环

A. 吸收器 C. 冷凝器 E. 蒸发器 F. 节流阀 G. 发生器 H. 溶液热交换器 P. 溶液泵 PC. 预冷器 R. 精馏器

② 氨水吸收式制冷循环

在氨水吸收式制冷机中，以氨为制冷剂，以氨水溶液为吸收剂，可以制取冷水供冷却工艺或空气调节过程使用，也可以制取低达-60℃的冷量供冷却或冷冻工艺过程使用。当氨的蒸发温度大于-34℃时，机组的压力保持在大气压力之上。

氨水吸收式制冷循环如图2-20所示。在吸收器中氨水溶液吸收来自蒸发器的氨蒸气成为浓溶液。溶液泵将浓溶液从吸收器经溶液热交换器提升到发生器，溶液的压力从蒸发压力相应地提高到冷凝压力。在发生器中，溶液被加热释放出蒸气。流出发生器的稀溶液经溶液热交换器回到吸收器。来自发生器的蒸气在精馏器中被提纯为氨蒸气。氨蒸气在冷凝器中冷凝成氨液。氨液经预冷器、再经节流元件降压后进入蒸发器制冷，产生氨蒸气。氨蒸气经预冷器进入吸收器。这样完成了氨水吸收式制冷循环。上述吸收、发生、精馏、冷凝、预冷、蒸发和回热过程完成了单级氨水吸收式制冷循环。

吸收式制冷技术，从所使用的工质对角度看，应用最广泛的有溴化锂—

水和氨—水，其中溴化锂—水由于能效比高、对热源温度要求低、没有毒性和对环境友好，因而占据了当今研究与应用的主要地位。从吸收式制冷循环角度看，目前有单效、双效、两级、三效以及单效/两级等复合式循环。

单效、两级制冷机，热力系数较低，三效乃至四效等更复杂的制冷循环机型，仍处于试验研究阶段，目前在市场上应用最广泛的是双效型机组。但是由于双效制冷机的能源利用率仍然不及传统的蒸气压缩式制冷机，而三效制冷机由于 COP 值较高，能源利用率已经可以超过传统的蒸气压缩式制冷机，因而三效以及多效机组将是今后吸收式制冷技术发展的一个重要方向。

（2）太阳能吸收式制冷系统

太阳能驱动的吸收式制冷机是目前应用太阳能制冷最成功的方式之一，也是较容易实现的方法，因为吸收式制冷机可在较低的热源温度下运行，制冷效率较高，而且有希望小型化。目前用作太阳能空调机的绝大部分都是溴化锂吸收式制冷机，有较小型的采用无溶液泵的自然循环式制冷机［1.5～10冷吨（1冷吨＝3.5169千瓦）］。也有大容量的强制循环式制冷机，它的优点是即使热源温度有某种程度的变化，也能稳定运行。另一类吸收式制冷机是氨吸收式（$NH_3+H_2O$）制冷机，它的优点是能够制取低温（0℃以下）、溶液不会发生结晶等。因此，有可能用氨—水吸收式制冷做成冰箱、冷库的制冷机。太阳能吸收式制冷系统不需要真空操作运行，能将集热器直接当作发生器用，可以简化系统结构和运行，其缺点是氨的泄漏会产生危害，整个系统设置在室内有一定的困难。

太阳能吸收式制冷，主要包括两大部分：太阳能热利用系统以及吸收式制冷机。太阳能热利用系统包括太阳能收集、转化以及贮存等构件，其中最核心的部件是太阳能集热器。适用于太阳能吸收式制冷领域的太阳能集热器有平板集热器、真空管集热器、复合抛物面聚光集热器及抛物面槽式等线聚焦集热器。

① 太阳能驱动的水—溴化锂吸收式制冷系统

单效溴化锂吸收式制冷机的热力系数约为0.6，其驱动能源如果采用0.03～0.15兆帕的蒸气，即为蒸气型单效溴化锂吸收式制冷机组；如果采用85～150℃的热水作为驱动热源，即为热水型单效溴化锂吸收式机组。

单效溴化锂吸收式制冷机的能效比不高，产生相同数量的冷量，所消耗的一次能源大大高于传统压缩式制冷机。但是其优势在于可以充分利用低品位能源，比如废热、余热、排热等作为驱动热源，从而可以充分有效地利用能量，这是压缩式制冷机无法比拟的。从低品位能源充分利用的角度看，单效机组是节电而且节能的。而采用低温太阳能驱动的集热器，所产生的太阳能热水正可以用来驱动单效吸收式制冷机，从而组成太阳能驱动的单效溴化锂吸收式制冷系统。

适用于这一系列的太阳能集热器类型有平板集热器、复合抛物面镜聚光集热器以及在国内占据较大市场的真空管集热器。在国际上，由于真空管集热器造价昂贵，为降低系统成本，应用的主要还是各种形式的平板集热器（单层盖板，双层盖板，或盖板与吸热板之间加透明隔热填充材料等），而在国内，由于真空管集热器价格已经较为低廉，平板集热器的高温集热效率太低，真空管集热器已经占据越来越多的市场。

图 2－21 是太阳能驱动的单效溴化锂吸收式制冷系统的示意图。太阳能驱动的溴化锂—水吸收式制冷系统，最核心部分是溴化锂—水吸收式制冷机。根据实际系统的需要，选择合适的制冷机，然后根据制冷机的驱动热源选择与之匹配的太阳能集热器。另一方面，太阳能集热器的技术对于太阳能吸收式制冷的发展也有限制。目前平板集热器在超过 90℃的高温下效率过低，真空管集热器与复合抛物面聚光等聚焦集热器，在国际上普遍成本较高，因此太阳能驱动的溴化锂吸收式制冷系统，目前比较成熟、应用广泛的仍然是单效溴化锂吸收式制冷系统。

②太阳能驱动的氨—水吸收式制冷系统

国外对太阳能驱动氨—水吸收式制冷系统的研究多集中在 20 世纪 70～90 年代。在此期间，美国、加拿大、埃及、墨西哥等国的学者对该系统进行了研究，但多停留在理论研究和经济性分析的阶段。我国的天津大学、北京师范学院、华中工学院等从 20 世纪 70 年代起也开始了太阳能驱动氨—水吸收式制冷系统的研究，但也是停留在理论研究和经济性分析的阶段。

连续式太阳能驱动氨—水制冷系统通常以太阳能集热器来提供制冷所需的热源，利用太阳能直接或者间接加热发生器中的氨—水制冷溶液，驱动制冷系统制冷。整个系统包括太阳能集热器、发生器、冷凝器、蒸发器、吸收器、热交换器、膨胀阀和溶液泵。太阳能集热器中的氨水溶液被太阳能加热（或者利用加热后的载热介质——油、热水或蒸汽加热发生器中的氨—水溶液使得其中的氨受热蒸发），解吸出的氨蒸气流经冷凝器，向外界放出流量，变成高温高压的液体，再经过膨胀阀，压力和温度都得到降低。低温低压的氨液进入蒸发器蒸发成为低温低压的蒸气，同时吸收外界的热量，达到制冷的目的。氨蒸气回到吸收器，为稀溶液吸收溶解，变成高浓度的氨—水溶液，如此完成一个制冷循环。

图 2－21　太阳能驱动的单效溴化锂吸收式制冷系统

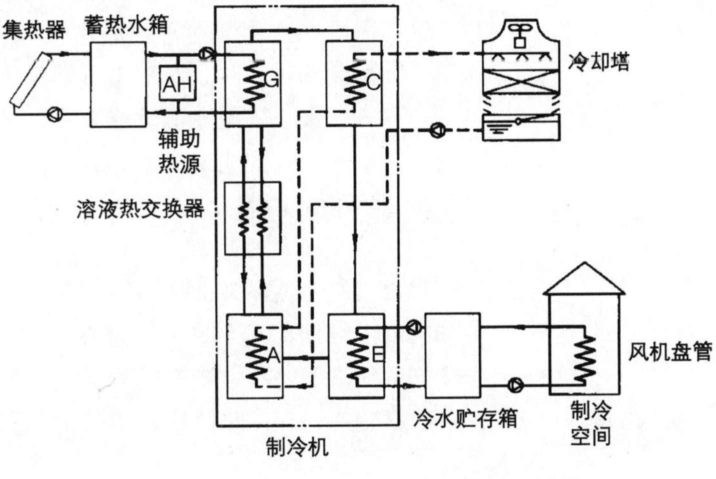

图 2－22 是太阳能驱动的间歇式氨—水制冷系统的结构简图。整个系统由太阳能集热器，发生器/吸收器、精馏器、冷凝/蒸发器组成。太阳能集热器可以使用平板型集热器或者真空管/热管集热器；发生器/吸收器中贮存空调系统制冷所需要的氨水溶液，并通过自然对流来实现氨水溶液在集热器和发生器/吸收

器之间循环；精馏器用来提高从贮液罐中蒸发出来的氨气的浓度；冷凝/蒸发器在再生过程中起到冷凝器的作用，而在制冷过程中则起到蒸发器的作用。系统的运行过程分为再生过程、冷凝过程和制冷过程三部分，首先阀门B、C、D关闭，阀门A打开，利用太阳能直接加热发生器/吸收器中的氨水溶液，使氨蒸发并进入冷凝器，这一过程称为再生过程。当再生过程结束时，关闭阀门A。氨气经过空冷或水冷的方式向周围环境放热并冷凝成液体贮存在冷凝/蒸发器中。冷凝过程结束后，打开阀门B，冷凝/蒸发器中的氨液开始蒸发并顺着管道流入发生器/吸收器被其中的稀溶液所吸收，同时吸收外界的热量开始制冷。这样就完成了一个制冷循环。

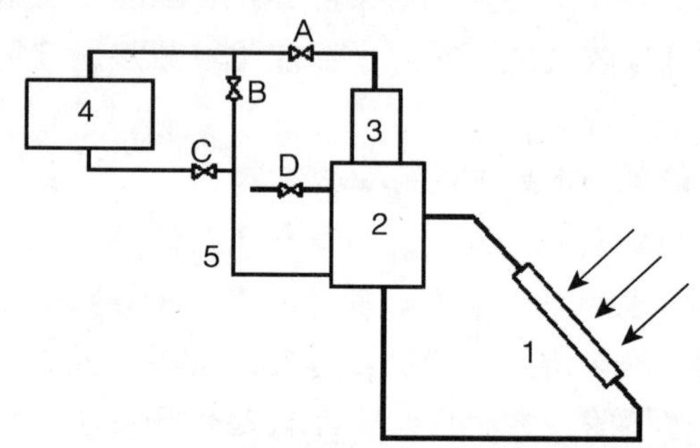


图2-22 太阳能驱动的间歇式氨—水空调系统结构简图

1. 太阳能集热器 2. 发生器/吸收器 3. 精馏器

4. 冷凝/蒸发器 5. 制冷剂回流管 A、B、C、D. 阀门

太阳能驱动的氨—水吸收式制冷系统的重点应该放在小型化上，使用对象应该是热带地区的国家。在热带发展中国家的村庄中，针对其电力供应不足而太阳能十分丰富的情况，利用太阳能驱动的小型氨—水吸收式制冷系统可以有效地解决当地制冰和食品冷藏的问题。

太阳能驱动氨—水吸收式制冷系统的研究主要集中在20世纪70~90年代之间，几乎均处在理论或实验研究阶段。相比近年来太阳能驱动的溴化锂—水吸收式空调系统的发展，太阳能驱动的氨—水吸收式制冷系统明显滞后，这和国内外企业致力于发展溴化锂—水吸收式空调系统有一定的关系，毕竟太阳能制冷系统的效率是由太阳能集热器的效率和制冷机的效率共同决定的。氨—水吸收式制冷机发展的落后使得其制冷系数不高，也限制了太阳能驱动的氨—水吸收式制冷系统的发展。

2. 太阳能吸附制冷

(1) 吸附式制冷原理

吸附式制冷循环关键是利用合适的吸附剂和制冷剂作为工质对，经过吸附和解附过程使制冷剂在冷凝器中冷凝成液体，然后在蒸发器中蒸发制冷。一个好的制冷系统不但要有好的循环方式，而且要有在工作范围内吸附性能强、吸附速度快、传热效果好的吸附剂和汽化潜热大、沸点满足要求的制冷剂。制冷机是否适应环境要求，是否满足工作条件，在很大程度上都取决于吸附工质对的选择。常用的工质对有活性炭—甲醇、活性炭—氨、氯化钙—氨、沸石分子筛—水、金属氢化物—氢、硅胶—水等。

吸附剂的吸附性能是由其化学组成及微孔结构决定的。沸石分子筛—水的等温吸附曲线比较平坦，而且水的汽化潜热比较大，这是该工质对的最大优点。但是沸石分子筛对水的吸附容量随温度变化不是很敏感，而且水在0℃以下易结冰。因此，沸石分子筛—水比较适合于高温热源（120℃以上）驱动、0℃以上蒸发温度的空调系统。活性炭—甲醇的等温吸附曲线不太平坦，但是活性炭对甲醛的吸附容量比较大，而且吸附容量对温度变化比较敏感，甲醇的汽化潜热大，冰点低，沸点比室温高，对铜、钢等金属材料不腐蚀。因此，该工质对适合太阳能或其他低温热源驱动的一般制冷系统。由于甲醇在150℃左右将分解，因而活性炭—甲醇制冷系统的工作温度应低于150℃。活性炭用作吸附式制冷时的性能优劣，除要考虑制冷循环能效比及单位活性炭产冷量外，还需要考虑吸附/解附时间问题。一般来说，粉末型活性炭吸附比表面积（单位质量粉体颗粒外部表面积和内部孔结构的表面积之和）大但热导率小，因而吸附/发生器中活性炭床的吸附/解析时间长，为此活性炭常做成颗粒状或在其中掺杂金属粉末以提高热导率。

吸附式制冷的特点：与蒸汽压缩式制冷系统比，吸附式制冷具有结构简单、一次投资少、运行费用低、使用寿命长、无噪声、无环境污染、能有效利用低品位热源等一系列优点；与吸收式制冷系统比，吸附式制冷不存在结晶问题和分馏问题，且能用于振动、倾颠或旋转的场所。但吸附式制冷也存在循环周期太长、制冷量相对较小、相对蒸汽压缩式制冷 COP 偏低等缺陷。

太阳能驱动的活性炭—甲醇吸附式制冷机已成为商品，而且被国际卫生组织推荐在第三世界无电力设施或缺电的地方用来保存疫苗。

（2）太阳能吸附式制冷系统

太阳能吸附式制冷系统，实际上是将太阳能集热器与吸收式制冷机结合应用，系统可把吸附器和发生器结合为一体，结构比较简单，这种形式多用于冰箱或冷藏箱。太阳能吸附式制冷系统也可能通过太阳集热器获得的热水加热吸附器和冷却水冷却吸附器而得到热波型（连续回热）吸附式制冷机。

太阳能吸附式制冷系统主要由太阳能吸附集热器、冷凝器、储液器、蒸发器、阀门等组成。白天太阳辐射充足时，太阳能吸附集热器太阳辐射能后，吸附床温度升高，使吸附的制冷剂在集热器解附，太阳能吸附器内压力升高。解附出来的制冷剂进入冷凝器，经冷却介质（水或空气）冷却后凝结为液态，进入储液器。夜间或太阳辐射不足时，环境温度降低，太阳能吸附集热器通过自然冷却后，吸附床的温度下降，吸附剂开始吸附制冷剂，由于蒸发器内制冷剂的蒸发，温度骤降，通过冷媒水获得制冷的目的，也可以直接制冰。

3. 太阳能喷射式制冷

(1) 喷射式制冷原理

与吸收式制冷机相类似，蒸汽喷射式制冷机也是依靠消耗热能而工作的，但蒸汽喷射式制冷机只用单一物质为工质。虽然从理论上讲可应用一般的制冷剂，如氨、氟利昂12、氟利昂11、氟利昂113等作为工质，但到目前为止，只是以水为工质的蒸汽喷射式制冷机得到实际应用。用水为工质所制取的低温必须在0℃以上，故蒸汽喷射式制冷机目前只用于空调装置或用来制备某些工艺过程需要的冷媒水。

图2-23为蒸汽喷射式制冷机的系统原理图，它的工作过程如下：锅炉$A$提供参数为$P_1$、$T_1$的高压蒸气，称为工作蒸气。工作蒸气被送入喷射器(它是由喷嘴$B$、混合室$C$及扩压管$D$组成)，在喷嘴中绝热膨胀，达到很低的压力$P_0$并获得很大流速(可达800~1000米/秒)。在蒸发器中由于制取冷量$Q_0$而产生的蒸汽便被吸入喷射器的混合室中，与工作蒸汽混合，一同流入扩压管中，并借助于工作蒸汽的动能被压缩到较高的压力$P_k$，然后进入冷凝器$H$中冷凝成液体，并向环境介质放出热量$Q_k$。由冷凝器引出的凝结水分为两路：一路经节流阀$G$节流降压到蒸发压力$P_0$后进入蒸发器$E$中制取冷量，而另一路则经水泵$F$被送入锅炉中，于是便完成了工作循环。

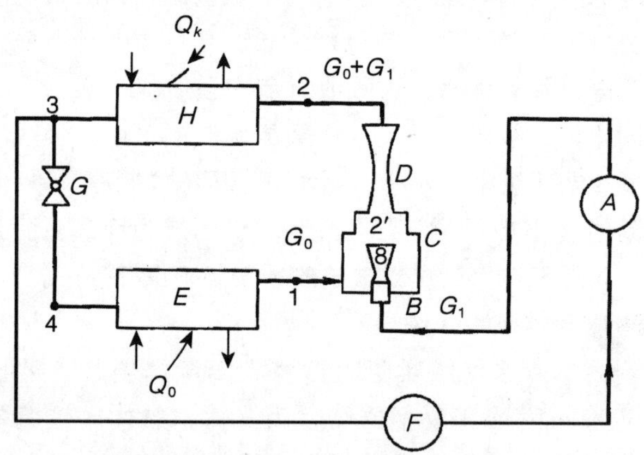


图2-23 蒸汽喷射式制冷机原理图

A. 锅炉 B. 喷嘴 C. 混合室 D. 扩压管

E. 蒸发器 F. 泵 G. 节流阀 H. 冷凝器

蒸汽喷射式制冷具有如下特点：喷射器没有运动部件，结构简单，运行可靠；相当于蒸气压缩机的喷射器利用低品位热源驱动，从而系统电能消耗少，又充分利用了废热/余热和太阳能；可以利用水等环境友好介质作为系统制冷剂；喷射器结构简单，可与其他系统构成混合系统，从而提高效率而不增加系统复杂程度；系统能效比偏低。

(2) 太阳能喷射式制冷系统

典型的太阳能喷射制冷系统如图2-24所示。该系统由太阳能集热—蓄热子系统、蓄热—发生子系统与喷射式制冷子系统组成。

太阳能集热—蓄热子系统中，集热介质一般为水，水在太阳能集热器中被加热后，进入蓄热水箱放热，而后被水泵送入集热器，完成集热循环。蓄热—发生子系统中，载热剂从蓄热水箱提取热量，在发生器中加热制冷工质，使其变为高温、高压蒸气，供制冷循环使用。

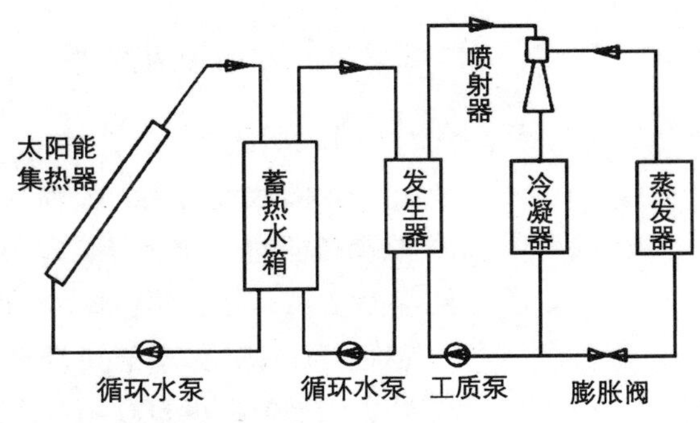


图2-24 太阳能喷射式制冷原理图

喷射式制冷系统中，来自蓄热水箱的热水加热发生器中的制冷剂后，回到蓄热水箱，继续从太阳能集热器中的热水获取热量。而发生器中的制冷剂液体被加热后，高温高压的制冷剂蒸气进入喷射器，从喷嘴高速喷出形成低压，将蒸发器中的蒸气吸入喷射器。经过在喷射器中的混合和增压后，混合气体进入冷凝器凝结，成为制冷剂液体。一部分冷凝液进入蒸发器蒸发完成制冷负荷，另一部分经过工质泵增压后回到发生器，完成喷射制冷循环。

太阳能喷射制冷的研究者提出了许多系统形式，按照制冷系统是否为单纯的喷射制冷可归纳为两类：单纯的太阳能喷射制冷系统与复合式太阳能喷射制冷系统。单纯的太阳能喷射制冷系统，其制冷子系统按喷射与压缩制冷或喷射与吸收制冷循环方式运行。

① 带回热器的太阳能喷射制冷系统，由太阳能集热—蓄热子系统、蓄热—发生子系统、喷射制冷子系统构成。太阳能由太阳能集热—蓄热子系统收集并储存在蓄热器中，而后利用蓄热器中的能量加热发生器中的制冷工质，产生高温、高压的制冷剂蒸气，高压蒸气进入喷射器，抽吸蒸发器出来的低压蒸气，并使其升压，达到设计的冷凝压力；从喷射器出来的工质蒸气经回热器出来后，进入冷凝器冷凝成饱和液体；而后，制冷剂液体分为两支，一支经膨胀阀膨胀后进入蒸发器蒸发，另一支经工质泵输送，经回热器后，去发生器发生高压蒸气，进入蒸发器的液体在蒸发器中低温蒸发制冷，而后进入喷射器完成循环。

② 喷射与压缩复合式太阳能喷射制冷系统。这种系统在单纯太阳能喷射制冷系统的基础上，在蒸发器出口增加了增压器，提高了喷射器入口蒸气压力，从而提高了喷射制冷系统性能。但这种系统需要注意喷射器与增压器的协调性能，同时应采用喷射与压缩性能俱佳的制冷剂。

③ 喷射与吸收复合太阳能喷射制冷系统，由太阳能集热系统与喷射、吸收复合式制冷系统组成。喷射器从蒸发器中吸收一部分蒸气，从而增加了吸收制冷系统中蒸发器的蒸发量，提高了单效吸收制冷系统的性能系数，其复杂程度比双效吸收制冷系统低许多。但这种系统对太阳能集热器温度要求较高，一般要达到190～205℃，同时应考虑腐蚀、结晶等问题。

### 2.2.4 其他利用方式

1. 太阳灶

太阳灶是利用太阳辐射，通过聚光、传热、储热等方式获得热量，进行炊事烹饪的一种装置。太阳灶作为炊事烹饪的一种装置，应能满足烧开水、煮饭及煎、炒、蒸、炸的功能。根据太阳灶的不同功能，对它所能提供的温度也有区别，如蒸煮或烧开水，要求温度为 100～150℃，如果需要煎、炒、炸，则需要提供500～600℃的高温。

根据太阳灶收集太阳能量的不同，基本上可分为箱式太阳灶、聚光太阳灶和综合型太阳灶三种类型。

（1）箱式太阳灶

箱式太阳灶箱体上面有1~3层玻璃（或透明塑料膜）盖板，箱体四周和底部采用保温隔热层，其内表面涂以太阳吸收率比较高（应大于0.90）的黑色涂料，此外还有外壳和支架。蒸、煮食物可以放在箱内预制好的木架或铅丝弯成的托架上。使用时，将箱体盖板与太阳光垂直方向放置、预热一定时间后，使箱内温度达 100℃时，即可放入食物，箱子封严后即开始进行蒸煮食物，使用时要进行几次箱体角度的调整，一般1~2小时后即熟。为了提高箱式太阳灶的热性能，人们又在箱式太阳灶朝阳玻璃面四周加装1~4块平面反射镜，这样太阳光照射到反射镜后，有很大一部分能量会进入玻璃面，使箱式太阳灶有效能量提高1~2倍。

此类太阳灶的优点是结构简单、成本低廉、使用方便。但由于聚光度低，功率有限，箱温不高，只能适合于蒸煮食物和医疗器械，而且时间较长，使用受到很大的限制。

（2）聚光太阳灶

聚光太阳灶是利用抛物面聚光的特性，大大提高了太阳灶的功率和聚光度，使锅圈温度可达500℃以上，大大缩短了炊事作业时间。根据聚光方式不同，聚光式太阳灶分为旋转抛物面太阳灶、球面太阳灶、抛物柱面太阳灶和菲涅耳聚光太阳灶等。由于旋转抛物面太阳灶具有较强的聚光特性、能量大，可获得较高的温度，因此使用最广泛。

（3）综合型太阳灶

综合型太阳灶是利用箱式太阳灶和聚光太阳灶所具有的优点加以综合，并吸收真空集热管技术、热管技术研发的不同类型的太阳灶。

热管真空管太阳灶是利用热管真空管和箱式太阳灶的箱体结合起来形成。储热太阳灶是利用聚光器将光线聚集照射到热管蒸发段，热量通过热管迅速传导到热管冷凝端，通过散热板再将它传给换热器中的硝酸盐，再用高温泵和开关使其管内传热介质把硝酸盐获得的热量传给炉盘，利用炉盘所达到的高温进行炊事操作。此太阳灶属于室内太阳灶。

聚光双路太阳灶也是典型的室内太阳灶。其工作原理是聚光器将太阳光聚集到吸热管，吸热管所获得的热量能将第一回路中传热介质加热到500℃，通过盘管换热器把热量传给锡，锡熔融后再把热量传给第二回路中的棉籽油，使其达到300℃左右，最后通过炉盘来加热食物。

抛物柱面聚光箱式灶吸收了两种太阳灶的优点，优点是功率较大、能量集中、散热损失小，升温快，灶温高达200℃以上。

2. 太阳能干燥

太阳能干燥器是将太阳能转换为热能以加热物料并使其最终达到干燥目的的完整装置，主要应用于工农业生产方面。太阳能干燥就是使被干燥的物料，或者直接吸收太阳能并将它转换为热能，或者通过太阳集热器所加热的空气进行对流换热而获得热能，继而再经过物料表面与物料内部之间的传热传质过程，使物料中的水分逐步汽化并扩散到空气中去，最终达到干燥的目的。

为完成这样的过程，必须使被干燥物料表面所产生水汽的压强大于干燥介质中的水汽的分压。压差越大，干燥过程就进行得越快。因此，干燥介质必须及时地将产生的水汽带走，以保持一定的水汽推动力。如果压差为零，就意味着干燥介质与物料的水汽达到平衡，干燥过程就停止。

太阳能干燥通常采用空气作为干燥介质。在太阳能干燥器中，空气与被干燥物料接触，热空气将热量不断传递给被干燥物料，使物料中水分不断汽化，并把水汽及时带走，从而使物料得以干燥。

目前已有的干燥器有温室型太阳能干燥器、集热型太阳能干燥器、集热器—温室型太阳能干燥器、整体式太阳能干燥器等。一般来说，温室型太阳能干燥器都是直接受热式干燥器；集热器型太阳能干燥器都是间接受热式干燥器；集热器—温室型太阳能干燥器是同时带有直接受热和间接受热的混合式干燥器；整体式太阳能干燥器则是将直接受热和间接受热二者合并一起的太阳能干燥器。

（1）温室型太阳能干燥器

温室型太阳能干燥器的结构与栽培农作物的太阳能温室相似，其主要特点是集热部件与干燥室结合成一体。太阳能干燥器的北墙是隔热墙，内壁面涂抹黑色，用以提高墙面的人阳吸收比。东、西、南三面墙的下半部也都是隔热墙，内壁面同样涂抹黑色。所谓隔热墙，就是墙体为双面砖墙，其间夹有保温材料。东、西、南三面墙的上半部都是玻璃，用以更充分地透过太阳辐射能。北墙靠近顶部的部位装有若干个排气烟囱，以便湿空气随时排放到周围环境中去。通常在排气烟囱处还装有调节风门，以便控制通风量。南墙靠近地面的部位开设一定数量的进气口，以便在湿空气排放到周围环境中后，新鲜空气及时补充进入干燥器。太阳能干燥器的顶部是向南倾斜的玻璃盖板，其倾角跟当地的地理纬度基本一致。干燥器的地面也涂抹黑色。这样，由四面墙和玻璃盖板组成的温室型太阳能干燥器，本身既是集热部件，同时又是干燥室。

温室型太阳能干燥器结构简单，建造容易，成本较低，可因地制宜，因而在国内外有较广泛的应用。缺点是干燥器升温较小。适用于要求干燥温度较低的物料、允许接受阳光曝晒的物料。

（2）集热器型太阳能干燥器

集热器型太阳能干燥器是由太阳能空气集热器与干燥室组合而成的干燥装置，主要由空气集热器、干燥室、风机、管道、排气烟囱、蓄热器等几部分组成。如图2－25所示。

集热器型太阳能干燥器具有如下特点：由于使用空气集热器，可将空气加热到60～70℃，因而可提高物料的干燥温度，而且可以根据物料的干燥特性调节热空气温度；由于使用风机，强化热空气与物料的对流换热，因而可增进干燥效果，保证干燥质量。适用于要求干燥温度较高的物料和不能接受阳光曝晒的物料。

（3）集热器—温室型太阳能干燥器

集热器—温室型太阳能干燥器主要由空气集热器和温室两大部分组成。空气集热器的安装倾角跟当地的地理纬度基本一致，集热器通过管道跟干燥室连接，干燥室的结构与温室型干燥器相同，顶部有向南倾斜的玻璃盖板，内壁面都涂抹黑色，室内有放置物料的托盘或支架。如图2－26所示。该干燥器的结构使得被干燥物料不仅直接吸收透过玻璃盖板的太阳辐射，而且又受到来自空气集热器的热空气冲刷，因而可以达到较高的干燥温度。适用于含水率较高的物料、要求干燥温度较高的物料和允许接受阳光曝晒的物料。

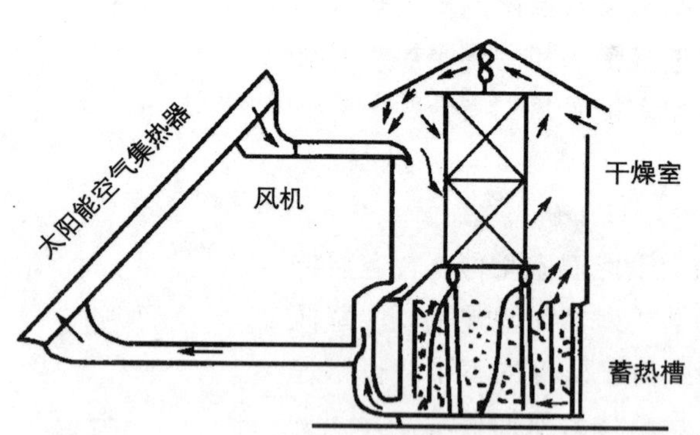


图2－25 集热器型太阳能干燥器结构示意图

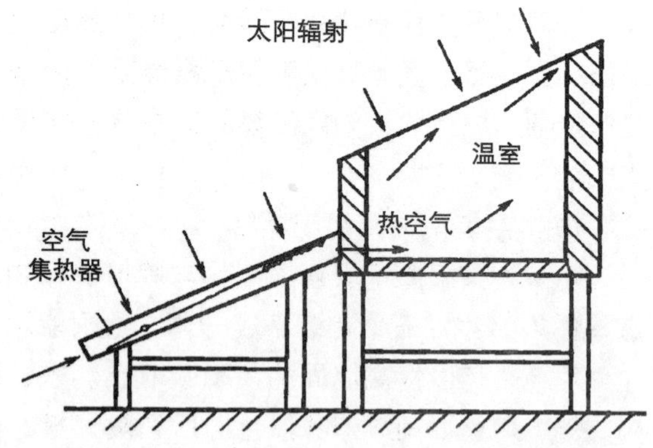


图2－26 集热器—温室型太阳能干燥器结构示意图

（4）整体式太阳能干燥器

整体式太阳能干燥器是将空气集热器与干燥室两者合并在一起，成为一个整体。在这种太阳能干燥器中，干燥室本身就是空气集热器，或者说在空气集热器中放入物料而构成干燥室。整体式太阳能干燥器的结构如图2－27所示。

该干燥器的特点是干燥室的高度低，空气容积小，每单位空气容积所占的采光面积是一般温室型干燥器的3～5倍，所以热惯性小，空气升温迅速，升温保证率高；太阳能热利用率高；通过采用单元组合布置，干燥器规模可大可小；结构简单，投资较小。适用于要求迅速升温的中药材等农副产品。

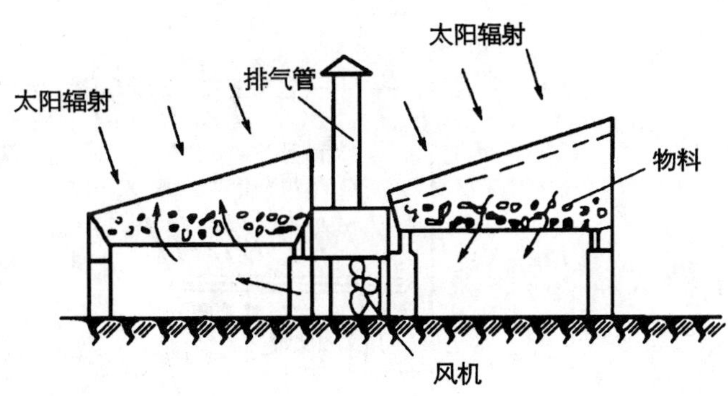


图2－27 整体式太阳能干燥器结构示意图

3. 太阳能驱动的除湿式制冷机

(1) 除湿式制冷机

除湿式制冷利用干燥剂（除湿剂）来吸附或吸收空气中的水蒸气以降低空气的湿度，然后进行一定的冷却和绝热加湿以达到制冷降温的目的。

除湿式制冷系统使用的干燥剂是具有吸水性的物质。固体干燥剂有硅胶、分子筛、氯化锂晶体、活性炭、氧化铝凝胶等；液体干燥剂有氯化钙水溶液、氯化锂水溶液等。

除湿式制冷系统有多种形式。按工作介质划分，有固体除湿系统和液体除湿系统；按制冷循环方式划分，可分为开式循环系统和闭式循环系统；按结构形式划分，可分为简单系统和复合系统。

开式循环系统是通过环境空气来闭合热力循环的，被处理的空气跟干燥剂直接接触。开式除湿系统通常应用于空调，闭式除湿系统通常应用于制冷（制冰）。在除湿式制冷系统中，除湿器可以分别采用蜂窝转轮结构（对于固体干燥剂）和填料塔结构（对于液体干燥剂）两种。

除湿式制冷系统和传统的蒸汽压缩式制冷系统相比，具有以下显著的优点：

① 系统结构简单，无需复杂的部件；

② 利用太阳能而节约常规电能；

③ 无需氟利昂作为制冷剂，是一种真正的环保型制冷系统；

④ 噪声低，空气品质优良；

⑤ 在常压条件下工作。

(2) 太阳能驱动的除湿式制冷机

太阳集热器为除湿系统提供加热热源，降低湿空气湿度。实际应用中可以采用平板型太阳集热器，也可采用真空管太阳集热器。

① 敞开发生吸收式制冷机

敞开发生吸收式制冷机结构如图2－28所示。整个系统由太阳集热器（发生器）、发生器、蒸发器组成。集热器直接兼作发生器，太阳辐射加热溶液（氯化锂水溶液）使水分蒸发而浓缩，经过溶液泵和吸收器设置的喷淋装置循环，由真空泵抽真空，使蒸发器过来的水蒸气大量地吸收入氯化锂水溶液，在蒸发器内水蒸气分压剧烈降低，由于大量水蒸发而吸收蒸发器内水分的显热，使水温降低到所要求的冷水温度，该冷水为空调器风机盘管循环所

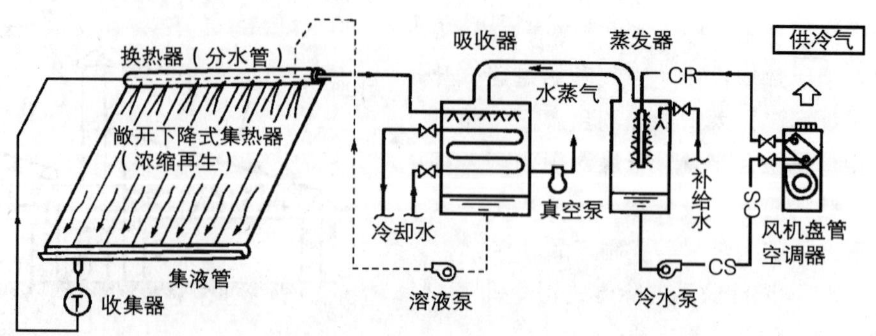


图 2－28　溴化锂敞开发生吸收式制冷机系统

应用。敞开发生吸收式制冷机主要适用湿度很低的地方，特别是高原、沙漠地方。

② 半敞开发生吸收式制冷机

系统结构如图 2－29 所示。太阳集热器采用有机玻璃封装的平板型集热器，可以避免大气中的风沙灰尘进入氯化锂水溶液，吸收器、蒸发器的结构类似于 2－28 的方案。不同的是增加辅助热源，当太阳能不足时可以辅助加热，在浓氯化锂水溶液回路上增加一个换热器，以提高热效率。通过一个喷射器使溶液喷入吸收器，加强对水蒸气的吸收。半敞开发生吸收式制冷机适用于湿度略高的地区。

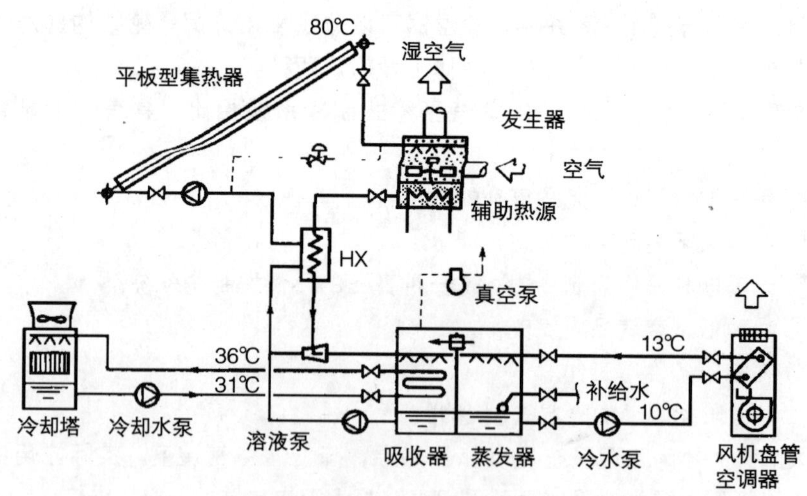


图 2－29　溴化锂半敞开型太阳能吸收式制冷机系统

③ 太阳能减湿降温装置

系统原理如图 2－30 所示。该装置是应用太阳能加热和溶液吸收来除湿。系统热湿处理过程为：室外空气①和室内空气②的混合空气③在吸收器中被减湿，变成状态④。如果是绝热减湿则按湿球温度一定的方向变化，但吸收溶液温度如果在湿球温度以上，则如图所示略微向上偏移。状态④的空气用冷却塔的冷却水等冷却，以取走显热，变成状态⑤。此空气在空气喷淋室中进行绝热加湿，变成送风状态⑥，沿着绝热混合线变化到室内状态②。

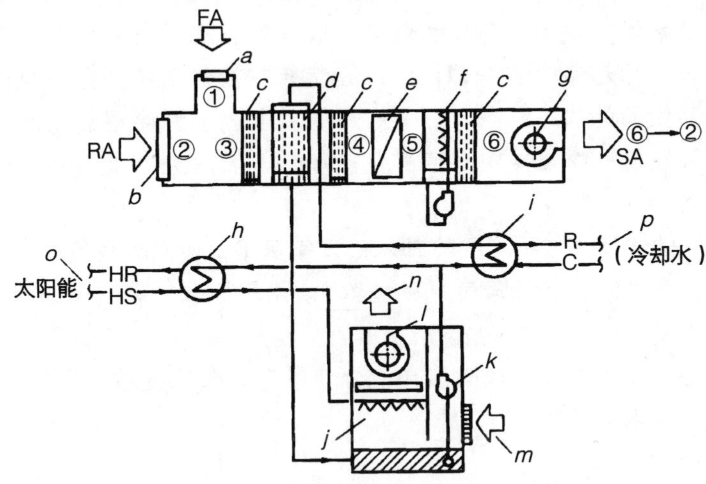


图2-30 太阳能减湿降温系统原理图

*a.* 新风入口（FA） *b.* 室内空气入口（RA） *c.* 空气净化器 *d.* 吸收器 *e.* 冷却盘管 *f.* 空气淋水室 *g.* 送风机 *h.* 吸收液加热器 *i.* 吸收液冷却器 *j.* 发生器 *k.* 吸收溶液泵 *l.* 发生空气排风机 *m.* 新风入口 *n.* 湿润空气排气口 *o.* 热源水（太阳能+辅助热源） *p.* 冷却水

④ 太阳能旋转式除湿降温装置

装置原理如图2-31所示。该除湿降温装置为美国气体工程研究所的空调装置。其中，吸附旋转式除湿器由Munters发明，旋转式换热器称为容格斯特洛姆式换热器。

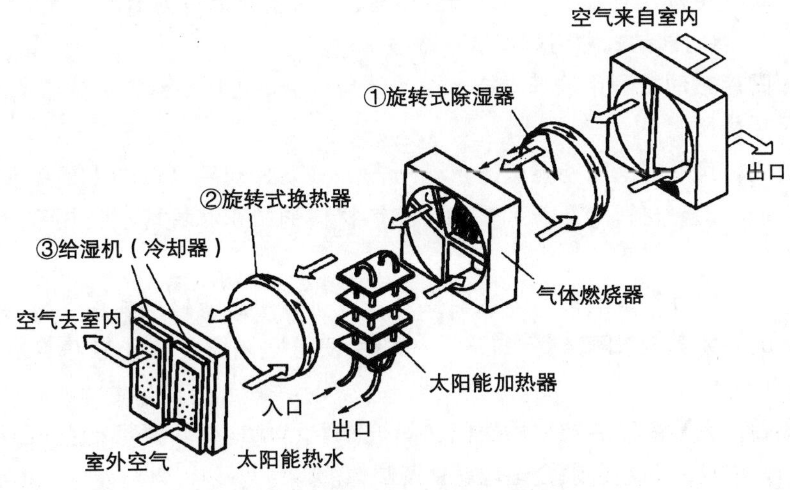


图2-31 太阳能旋转式除湿降温装置

此装置外表虽稍复杂些，但基本上与减湿降温装置一样。室内空气首先在装有分子筛的吸附旋转式除湿器内除湿，同时由于产生吸附热而变成高温，但在旋转式换热器中，被经绝热加湿而温度下降了的室外空气所冷却，最后在蒸发式冷却器中被绝热加湿成送风状态。再生用的室外空气最初是在蒸发式冷却器中被冷却，然后在旋转式换热器中把送风用的空气冷却，接着用太阳能加热。当太阳能加热的温度达不到除湿器吸附剂的再生温度时，要在煤气燃烧器中将空气直接加热，而后进入旋转式除湿器中将吸附剂再生。

该系统的优点是：不需要冷却水；设备费用低，制冷系数高。但在旋转式除湿中，直接通入燃烧煤气，因此有燃烧煤气泄漏、吸附气体解析扩散以及不燃烧时发生煤气泄漏等危险。

除了上面介绍的太阳能热应用以外，还有太阳能温室、太阳能热发电、太阳能海水淡化等很多应用领域。

## 2.3 太阳能作为热源的技术路线和关键技术

从太阳能的实际光热利用来看，有被动式利用和主动式利用之分，这两种利用方式无论从应用原理、应用材料（设备）、蓄能调节等都有着本质的区别，所以这两种利用方式的技术路线和关键技术也各不相同。

### 2.3.1 被动式利用

被动式利用是通过建筑朝向和周围环境的合理分布、内部空间和外部形体的巧妙处理，以及建筑材料和结构构造的恰当选择，使其合理地集取、储存、分布太阳能，从而解决太阳能光热转换和利用问题。目前较广泛的太阳能被动式利用方式有太阳房、太阳能温室、太阳能干燥等方面。

1. 太阳能被动式利用基本技术路线

太阳能被动式利用的基本技术路线就是解决好集取—储存—分布的问题，以满足热量所需。

首先，集取的太阳能要满足热量所需。被动式利用集取的太阳能多少与建筑布局、透光材料的面积和性能、集热材料的面积和性能、吸热涂层的性能等相关。

其次，储存热量的蓄热体性能要好。目前有用重质材料和相变材料等做蓄热体的，尤其是相变材料的开发和利用使得室内温度波动较小，舒适性提高。

最后，太阳能光热转化后空间热量分布要尽量均匀。要想使空间热量分布均匀，被动式利用必须合理地设置蓄热体。

2. 太阳能被动式利用的关键技术

太阳能被动式利用的关键是在无需辅助热源的情况下，尽量减小热利用房间温度波动，因此蓄热体的设置是关键技术。处理好集热、保温及蓄热之间的矛盾关系，注意优化比较，既要使太阳能建筑符合使用要求，又要使太阳能热工措施的投资尽量少、单位投资的节能效益尽量显著。

### 2.3.2　主动式利用

主动式太阳能利用需要机械设备及动力装置。目前广泛应用的有太阳能热水（包括洗浴、采暖）供应、太阳能制冷与空调等方面。主动式利用是以太阳能集热器作为热源，替代以煤、石油、天然气、电等常规能源作为燃料的锅炉。主动式利用系统主要包括太阳能集热器、储热水箱、辅助热源、管道、风机、水泵及控制系统等部件。

1. 太阳能主动式利用的基本技术路线

太阳能通过集热器等光热转换后，可以直接制备出热空气、热水等介质。根据这两种介质的用途不同，太阳能主动式利用具有如下两种基本技术路线。

基本技术路线一：太阳能通过集热—储热—辅热得到所需热空气，应用于热风采暖、太阳能温室、太阳能干燥等。

基本技术路线二：太阳能通过集热—储热—辅热得到所需热水，直接应用于热水供应、地板采暖，或者作为驱动热源应用于太阳能吸收式制冷、吸附式制冷、喷射式制冷等系统中。

以上两种基本技术路线均属间接利用太阳能，但在吸附式制冷和太阳能除湿空调的系统应用中，吸附剂的解析和除湿溶液的再生也可在太阳能集热器中完成，即直接利用太阳能。

2. 太阳能主动式利用的关键技术

众所周知，太阳能是随季节、气候、昼夜变化的，而且太阳的能量辐射密度较低，那么太阳能作为主动式利用的热源，其集热、蓄能调节、辅助热源的匹配将是系统要解决的关键技术。

关键技术一：集热器的设置

目前，虽然太阳能作为热源供应热水和采暖已经工程化和系统化，但作为光热转换的集热器的成本、集热器与系统的匹配、集热器与建筑的匹配等问题，依旧是制约太阳能作为制冷空调驱动热源广泛推广应用的瓶颈。

虽然太阳能作为热源可以显著减少常规能源消耗，大幅度降低运行费用，但由于目前太阳能集热器价格较高，系统初投资偏高，限制了太阳能作为替代热源的广泛推广。

根据集热原理不同，各种太阳能集热器具有不同的高效工作温度，如平板型集热器合理的工作温度为 80℃以下，真空管/热管集热器合理的工作温度为 80～120℃，聚光型集热器合理的工作温度为 120℃以上。根据系统所需的热源温度，要合理地选择太阳能集热器（包括集热器类型和面积的选择），这样既提高系统综合效率，又节省初投资。

目前国内太阳能制冷与空调基本还处于试验和样板工程阶段，但太阳能热水供应和采暖基本已工程化，随着城市高层建筑的普及，人均屋面面积越来越少，太阳能集热器采光面积与热水供应、空调采暖面积的配比受到限制，则立面太阳能热水系统将成为未来发展的热点，但集热器与建筑立面的匹配还有许多问题值得探讨，如：立面系统对太阳能热水系统要求高，必须对传统模式加以改进；集热器设置于外墙表面或取代建筑外墙，将引起建筑围护结构热工性能的变化。

关键技术二：蓄能调节设置

太阳能具有不稳定性和间断性，那么在太阳能光热利用系统中应该设置蓄能装置。此装置有两个作用，其一是蓄存多余的能量，其二是使系统稳定运行。在系统实际运行当中如何设计蓄热时间、蓄热温度及选择合适的蓄热材料是太阳能光热利用系统的关键所在。

关键技术三：辅助热源的匹配

目前，用于太阳能光热利用系统的辅助热源有电锅炉、燃气锅炉、燃油锅炉、空气源热泵、地源热泵等，对于某一具体系统选择辅助热源要慎重，切忌将辅助变成主要。从能源的有效利用角度来看，须遵守能量梯级利用的原则，尽可能用新能源来辅助新能源，经济效益和环保效益均较好。

关键技术四：自控系统的设置

太阳能光热利用系统中，太阳能系统的启动、富余太阳能的贮存以及太阳能与辅助热源之间的切换等尤为重要，所以设置一套安全可靠、功能齐全的自动控制系统十分重要。

## 2.4 应用案例

### 2.4.1 山东建筑大学生态学生公寓综合采暖

1. 工程概况

生态学生公寓位于山东省济南市山东建筑大学新校区内，建筑面积2300平方米，六层楼房，应用被动的直接收益窗采暖和主动的太阳墙新风采暖结合的综合式太阳能采暖技术，是山东建筑大学与加拿大国际可持续发展中心（ICSC）合作的试验项目，2003年12月该项目动工，2004年9月竣工并交付使用。

2. 工程方案

（1）太阳墙采暖技术

太阳墙系统由墙板、风机和风管组成。在建筑南向墙面窗间墙和女儿墙的位置安装了深棕色太阳墙。墙板借助钢框架固定在墙体上，与墙体之间形成200毫米厚空气间层。女儿墙位置集热部分的墙板呈36°倾角，高2.4米，长21米，与女儿墙围合成了三棱柱状空间。该空间在屋顶位置东西两端各开了一个500毫米×600毫米的散热口，供夏季散热；中间开了一个1000毫

米 ×400 毫米的出风口，供冬季送暖风。出风口通过屋面上的风机与送风管道连接，风管穿越各层走廊通向所有北向房间，向室内供暖。太阳墙系统对北向房间的总供风量为 6500 立方米/小时，最高送风温度达 42℃，可将室外空气温度平均提高 7.9℃。

（2）太阳能烟囱通风技术

太阳能烟囱位于公寓西墙外侧中部，与走廊通过窗户连接，夏季时打开窗户，走廊内的热空气在太阳能烟囱的作用下被排向室外。

（3）外墙外保温技术

生态公寓采用砖混结构，墙体材料为黄河淤泥多孔砖，保温形式为外墙外保温。西向、北向外墙的外保温使用的是欧文斯科宁挤出式聚苯乙烯墙体（挤塑板），即在 370 毫米多孔砖基础上粘接 50 毫米厚挤塑板，外面再做 2.5 毫米玻璃丝网布加丙烯酸涂料外保护层，使传热系数降至 0.413 瓦/平方米·开尔文；南外墙窗下部分采用 370 毫米多孔砖加 20 毫米 WE 水泥珍珠岩保温砂浆，传热系数 0.868 瓦/平方米·开尔文；安装了太阳墙板的窗间墙部分外挂 25 毫米厚挤塑板外保温，传热系数≤0.508 瓦/平方米·开尔文。

整个工程全部采用保温窗，一层和六层为普通双层中空玻璃塑料窗（5 + 9 + 5，$k = 2.6$），二层、三层、五层为高级双层中空玻璃塑料窗（5 + 9 + 5，$k = 2.4$）。四层为 LOW-E 镀膜中空玻璃塑料窗（5 + 9 + 5，$k = 2.0$）。所有窗户都具有良好的绝热性能。

经过测试，太阳墙系统对于过渡季节提高室内温度和舒适性具有较为显著的作用。

3. 工程经济性分析

生态公寓总投资约为 350 万元，生态公寓增加的采暖造价是：太阳能系统 16 万元（包括加拿大进口太阳墙板、风机及国产风管），太阳能烟囱 5 万元，弱电控制 5 万元（不包括控制太阳能热水的部分），另外还有窗和外保温，合计约 34 万元。建筑面积 2300 平方米，平均每平方米总共增加造价 148 元。普通做法每平方米造价 1300 元左右，即增加 11.4%，充分说明通过适宜技术的合理应用可以在增加有限投资的情况下，达到良好的建筑环境和室内舒适度。

### 2.4.2　北京北苑太阳能采暖空调示范工程

1. 工程概况

北苑太阳能采暖空调示范工程于 2004 年 9 月基本安装完毕，并经过了实际采暖空调运行的检验。示范工程地处北京，地理位置约位于东经 120°、北纬 40°；夏季气温可高达 38℃左右，冬季气温可低至 −15℃左右；年平均太阳辐射总量约 $6 \times 10^9$ 焦/平方米，具有较好的太阳能资源。示范工程的建筑面积 2600 平方米，为办公用房；室内温度冬季不低于 16℃，夏季不高于 26℃。

2. 工程技术方案

(1) 主要性能参数和技术指标

该工程主要性能参数和技术指标汇总见下表。

**工程主要性能参数和技术指标**

| 太阳能集热系统 | | 制冷采暖系统 | |
|---|---|---|---|
| 集热器 | 热管式真空管集热器 | 制冷机 | 溴化锂吸收式制冷机 |
| 集热面积 | 850 平方米 | 制冷采暖能力 | ≥300 千瓦 |
| 涂层吸收率 | ≥0.92 | 热源温度 | ≥88℃ |
| 玻璃管透过率 | ≥0.90 | 冷冻水温度 | 8℃ |
| 工作温度 | 80 ~95℃ | 热水供应能力 | 50 吨/天 |
| 集热器平均效率 | ≥40% | | |
| 太阳能保证率 | 全年平均60% | | |

(2) 工程技术方案

该示范工程总体要求夏季提供空调、冬季提供采暖，春秋过渡季节提供生活用热水。系统主要由热管式真空管集热器阵列、溴化锂吸收式制冷机、储热水箱、储冷水箱、生活热水换热器、循环水泵、冷却塔、风机盘管、辅助燃气锅炉和自动控制系统等几大部分组成；每个循环泵组均采取双泵配置，一备一用，以确保系统可靠运行。工程系统原理如图 2 –32 所示。

① 集热蓄热循环系统

集热蓄热系统由太阳集热器、储热水箱、辅助电锅炉以及循环泵组 B1、B2 组成。太阳集热器采用由北京市太阳能研究所研制的热管式真空管作为集热元件，是组成高性能太阳能综合热利用系统的重要部件。本系统的太阳能集热器阵列由3000 余支热管式真空管组成，总采光面积850 平方米，布置为5 个子阵列并联安装在屋顶平台上；每个子阵列又由5 排集热器并列而成；既减少了系统的流动阻力，又方便了集热器的日常围护。集热器安装支架与屋顶同时设计施工，确保了与建筑结构一体化以及牢固性和防水性。

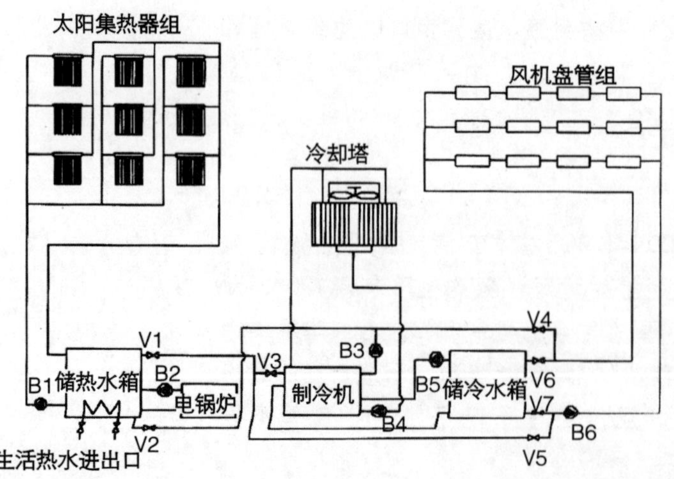


图 2 – 32 北苑太阳能采暖空调系统原理图

为了保证系统运行的稳定性，减少负荷因为太阳辐照变化而产生变化的影响，设置了大吨位的储热水箱。当有太阳辐照时，启动循环泵组 B1，用太阳能集热器对储热水箱的水进行循环加热；当循环泵组 B1 停止运行时，太阳集热器内的水自动流回储热水箱，从而避免管路冬季冻坏的危险。当太阳能辐照不足或储热水箱的水温低于设定值时，启动辅助电锅炉和循环泵组B2对储热水箱的水进行加热。储热水箱储蓄的热水作为采暖、空调的热源。储热水箱还设有水—水换热器，通过换热可提供生活、科研热水。

② 采暖循环系统

采暖循环系统由储热水箱、循环泵组B6、风机盘管组以及相关阀门组成。开启阀门V1、V2、V4和V5，关闭阀门V3、V6和V7，启动循环泵组B6，抽取储热水箱内的热水，泵往风机盘管组，供各个房间采暖后返回储热水箱，完成采暖循环。

③ 制冷蓄冷空调循环系统

制冷、蓄冷及空调循环系统由储热水箱，溴化锂吸收式制冷机，冷却塔，循环泵组B3、B4、B5、B6，储冷水箱，风机盘管组以及相关阀门组成。开启阀门V1、V2、V3、V6和V7，关闭阀门V4和V5，启动循环泵组B3，抽取储热水箱内的热水进入溴化锂吸收式制冷机作为其工作运行的热源，再泵回储热水箱，完成向制冷机供热的循环；启动循环水泵组B4，完成溴化锂吸收式制冷机与冷却塔之间的散热循环；启动循环水泵组B5，抽取储冷水箱内的水进入溴化锂吸收式制冷机进行制冷，再泵回储冷水箱，完成制冷蓄冷的循环；启动循环泵组B6，抽取储冷水箱内的冷水，泵往风机盘管，供各个房间空调后返回储冷水箱，完成空调循环。

维持溴化锂吸收式制冷机正常工作需要提供不低于88℃的热水；制冷机可产生8℃左右的冷水蓄存在储冷水箱内以供空调之用。为保障空调系统能够稳定运行，设置了大吨位的储冷水箱。夏季的环境温度设为30℃，由于蓄冷的散热温差（约22℃）远远小于蓄热的散热温差（约58℃），因此夏季应该尽可能多地蓄冷以减少热损，来提高系统的效率。

④ 控制系统

此工程设置了自动控制和手动控制两套控制系统。平时以自动控制为主，用计算机自动采集各循环系统温度、流量等数据，按输入的控制程序对相关的泵组、设备自动进行启停控制，以及对各系统运行按需要进行自动切换；并将运行的详细情况在大型显示屏上进行实时动态显示，极大地方便了对系统运行的管理。手动控制是自动控制的必要补充，以确保系统运行的可靠、安全以及可控。

3. 工程经济效益分析

(1) 工程回收投资期估算

① 工程太阳能系统需增加费用估算

太阳能采暖空调工程比常规采暖空调工程增设的设备及费用有：太阳能热水器为96万元；集热器支架及基础为5万元；管道（包括水泵和管件等）及保温3.5万元；蓄能水箱6.3万元；安装、运输等8万元；控制系统10万元；其他5.0万元；合计133.8万元。

② 太阳能替代常规能源消耗费用估算

采暖期消耗常规能源费用估算：假设锅炉效率为80%，采暖负荷为104千瓦，采暖期为4个月，每天按12小时采暖计算，则采暖期消耗的电量为187200度，每度电0.6元。则采暖期耗能费用为：187200×0.6=112320（元）。

空调期消耗常规能源费用的估算：溴化锂吸收式制冷机的热力系数（COP）为0.7，锅炉效率为80%，空调负荷为208千瓦，空调期为2.5个月，每天按12小时空调计算，则空调期消耗的电量为334286度。空调期耗量费用为334286×0.6=200571（元）。

生活热水常规能源消耗费用的估算：设春秋两季每天产生45℃的热水50吨，若自来水温度7℃，按使用期5.5个月计算，则使用期所需要热量为$1.31043\times10^9$千焦，则换算成耗电量为364008度。生活热水耗能费用为364008×0.6=218405（元）。

太阳能替代常规能源消耗费用的估算：

以上3项全年总费用为112320+200571+218405=531296（元）。

太阳能保证率60%计算，则太阳能替代常规能源消耗费用合计为531296×60%=318778（元）。

③ 投资回收期估算

1338000/318778=4.2（年）

从经济上分析表明，太阳能采暖空调供热综合系统每年可节省常规能源费用31.9万元。在太阳能系统上的投资，约4~5年的时间就可收回。

（2）系统一次能效比分析

建筑暖通空调系统由冷热源系统和冷热量输配系统（末端装置可视为输配系统的组成部分）构成。建筑暖通空调系统的输出是其服务的房间得到的冷热量的总和，输入是系统中所有耗能设备的能源消耗量。因此，其一次能效比为

$$PER_{ACS}=\frac{\sum Q}{OE_{CH}+OE_{S}} \tag{2.1}$$

式中 $PER_{ACS}$——建筑暖通空调系统的一次能效比；

$\sum Q$——暖通空调系统向房间全年提供的总冷热量（千瓦时）；

$OE_{CH}$——冷热源系统单位时间消耗的一次能源量（千瓦时）；

$OE_{S}$——冷热输配系统单位时间消耗的一次能源量（千瓦时）。

根据冷热源系统、冷热输配系统及暖通空调系统的一次能效比的概念，得出三者之间的关系

$$\frac{1}{PER_{ACS}}=\frac{1}{PER_{CH}}+\frac{1}{PER_{S}} \tag{2.2}$$

在此进行太阳能系统和常规能源系统一次能效比分析时，冷热输配系统结构基本一致，所以暖通空调系统一次能效比近似等于冷热源系统一次能效比。

① 太阳能采暖空调综合系统一次能效比

房间所需要的总冷量为 208 千瓦，即 334286 千瓦时；系统一次能源消耗量包括太阳能和锅炉消耗量，太阳能消耗量为：$6\times10^9$（焦/平方米・年）×850（平方米）/3 $=1.7\times10^9$ 千焦，换算成耗电量为 $4.72\times10^5$ 度。锅炉消耗的一次能源量为 354197 千瓦时，则夏季系统制冷时的 $PER_{CH}=334286/(472000+354197)=0.4046$。

当供应热量时，系统提供的热量为采暖热量和热水热量之和即 187200 + 364008 =551208 千瓦时。

系统一次能源消耗量包括太阳能和锅炉消耗的量，太阳能消耗量为 $6\times10^9$（焦/平方米・年）×850（平方米）×2/3 $=3.4\times10^9$ 千焦，换算成耗电量为 $9.4\times10^5$ 度。锅炉消耗的一次能源量为 354197 千瓦时，则系统供热时的 $PER_{CH}=551208/(940000+354197)=0.4244$。

② 能效比分析

经过能耗的估算，得出系统制冷时一次能效比为 0.4046，制热时一次能效比为 0.4244。虽然跟常规锅炉房采暖和溴化锂吸收式制冷系统相比，一次能效比较低，感觉不节能，但用可再生的取之不尽、用之不竭的太阳能代替或部分代替煤、石油、天然气等常规能源，具有很好的经济效益、社会效益和环保效益。

# 第3章　太阳能光伏利用

太阳能是各种可再生能源中最重要的基本能源，生物质能、风能、海洋能、水能等都来自太阳能，广义地说，太阳能包含以上各种可再生能源。太阳能作为可再生能源的一种，则是指太阳能的直接转化和利用。太阳能的利用主要有光热利用、光伏利用、光化学利用等三种形式。光伏利用是太阳能利用中的一个主要领域，即通过光伏电池将太阳辐射能直接转换为电能，并与储能装置、测量控制装置和直流—交流转换装置相配套，构成光伏发电系统。太阳能的光化学利用主要是指太阳能光合作用、太阳能化学储存、太阳能催化光解水制氢、太阳能光电化学转换等方面的新技术，其中令人看好的太阳能制氢技术将可能是促进人类大规模利用太阳能的关键技术之一。

## 3.1　太阳能光伏性能评价

### 3.1.1　太阳能光伏发电现状

自从1954年第一块实用光伏电池问世以来，太阳光伏发电取得了长足的进步。1973年的石油危机和20世纪90年代的环境污染问题大大促进了太阳光伏发电的发展。

自1996年以来，世界光伏发电高速发展。几种主要太阳电池效率不断提高，总产量年增幅保持在30%～40%，1998年已达200兆瓦/年；应用范围越来越广，尤其是光伏技术的屋顶计划，为光伏发电展现了无限光明的前途(表3－1)。1998年在维也纳第二届全球光伏技术大会上，会议主席施密特教授指出："光伏将在21世纪上半纪取代原子能而成为全球能源，惟一的问题是2030年还是2050年最终实现。"如果施密特教授的预言得以实现，则太阳能世纪将在21世纪到来。

**世界光伏电池年生产量和累计用量（吉瓦）**　　**表3－1**

| 年份 | 1997年 | 1998年 | 1999年 | 2000年 | 2001年 | 2002年 | 2003年 | 2004年 | 2005年 | 2006年 |
|---|---|---|---|---|---|---|---|---|---|---|
| 年产量 | 0.126 | 0.115 | 0.201 | 0.287 | 0.391 | 0.561 | 0.744 | 1.2 | 1.76 | 2.5 |
| 年增长率（%） | 42 | 23.1 | 30 | 42.9 | 35.7 | 44 | 32.5 | 61.2 | 46.7 | 42 |
| 累计用量 | 0.791 | 0.946 | 1.147 | 1.435 | 1.825 | 2.387 | 3.131 | 4.331 | 6.09 | 8.59 |

## 参考阅读：太阳能光伏利用技术发展过程

1839年，法国科学家贝克勒尔发现“光生伏打效应”，即“光伏效应”。

1876年，亚当斯等在金属和硒片上发现固态光伏效应。

1883年，制成第一个“硒光电池”，用作敏感器件。

1930年，肖特基提出氧化亚铜势垒的“光伏效应”理论。同年，朗格首次提出用“光伏效应”制造“太阳电池”，使太阳能变成电能。

1931年，布鲁诺将铜化合物和硒银电极浸入电解液，在阳光下启动了一个电动机。

1932年，奥杜博特和斯托拉制成第一块“硫化镉”太阳电池。

1941年，奥尔在硅上发现光伏效应。

1954年，恰宾和皮尔松在美国贝尔实验室，首次制成了实用的单晶硅太阳电池，效率为6%。同年，韦克尔首次发现砷化镓有光伏效应，并在玻璃上沉积硫化镉薄膜，制成了第一块薄膜太阳电池。

1955年，吉尼和罗非斯基进行材料的光电转换效率优化设计。同年，第一个光电航标灯问世。美国RCA研究砷化镓太阳电池。

1957年，硅太阳电池效率达8%。

1958年，太阳电池首次在空间应用，装备美国先锋1号卫星电源。

1959年，第一个多晶硅太阳电池问世，效率达5%。

1960年，硅太阳电池首次实现并网运行。

1962年，砷化镓太阳电池光电转换效率达13%。

1969年，薄膜硫化镉太阳电池效率达8%。

1972年，罗非斯基研制出紫光电池，效率达16%。

1972年，美国宇航公司背场电池问世。

1973年，砷化镓太阳电池效率达15%。

1974年，COMSAT研究所提出无反射绒面电池，硅太阳电池效率达18%。

1975年，非晶硅太阳电池问世。同年，带硅电池效率达6%~10%。

1976年，多晶硅太阳电池效率达10%。

1978年，美国建成100千瓦太阳地面光伏电站。

1980年，单晶硅太阳电池效率达20%，砷化镓电池达22.5%，多晶硅电池达14.5%，硫化镉电池达9.15%。

1983年，美国建成1兆瓦光伏电站；冶金硅（外延）电池效率达11.8%。

1986年，美国建成6.5兆瓦光伏电站。

1990年，德国提出“2000个光伏屋顶计划”，每个家庭的屋顶装3~5千瓦光伏电池。

1995年，高效聚光砷化镓太阳电池效率达32%。

1997年，美国提出“克林顿总统百万太阳能屋顶计划”，在2010年以前为100万户，每户安装3~5千瓦光伏电池。有太阳时光伏屋顶向电网供电，电表反转；无太阳时电网向家庭供电，电表正转。家庭只需交“净电费”。

1997年，日本“新阳光计划”提出到2010年日本将生产43亿瓦光伏电池。

1997年，欧洲联盟计划到2010年生产37亿瓦光伏电池。

1998年，单晶硅光伏电池效率达25%，荷兰政府提出“荷兰百万个太阳光伏屋顶计划”，到2020年完成。

光伏发电技术的应用在当今世界，特别是在非洲、南美、澳洲及亚洲等各国，普遍受到重视。太阳能的利用上，欧共体、美国、日本等处于世界先进水平。国外在20世纪90年代前后对独立运行系统研究比较多，也基本上形成了比较成熟的思路。

德国政府是世界上最早倡导鼓励光伏应用的国家之一。1990年，德国政府率先推出“1000太阳能屋顶计划”，随后扩展为2000屋顶计划，1998年德国政府进一步提出了10万光伏屋顶计划，同时研究开发与建筑相结合的专用光伏组件等。1999年1月起开始实施“十万太阳能屋顶计划”。德国政府颁布的《可再生能源法》于2000年4月1日正式生效。

1997年美国率先宣布发起“百万太阳能屋顶计划”，2002年，美国的光伏电池生产总量达到112.9兆瓦，计划到2010年要求发电成本降到7.7美分/千瓦时。

日本政府早在1974年就公布了“阳光计划”，1993年又提出“新阳光计划”旨在推动太阳能研究计划全面、长期地发展。2002年，日本的光伏电池生产总量已达到254.5兆瓦，并且以世界最快的增长速度——48.6%增长，计划到2010年一半以上的新居屋顶安装上光伏太阳能系统。

此外，意大利、印度、瑞士、法国、荷兰、西班牙都有类似的计划，并投巨资进行技术开发和加速产业化进程。从世界范围来讲，光伏发电已经完成了初期开发和规模应用发展，其应用范围几乎遍及所有的用电领域。

我国光伏生产起步并不太晚，1971年我国自行研制的太阳电池就首次应用在东方红二号卫星上，但发展缓慢。“六五”期间，国家科委首先主持引进南北两条单晶硅太阳能电池生产线，彻底改变了我国太阳电池落后的手工业式的生产面貌。但由于缺少政府强有力的政策支撑，产业界认识的滞后，我国光伏产业长期徘徊不前，呈现出分散、无序、零敲碎打的局面。“九五”以来，科技部加强了对光伏事业的支持，国产光伏电池和组件的光电转换效率进一步提高，成本下降，我国建成了第一条兆瓦级太阳电池多晶硅片生产线，非晶电池和各种新型电池的研发也有了一定的进度。但从产业角度来说，还是非常弱小，自行生产的光伏电池和组件年产量约在3.5兆瓦左右，还不到世界光伏产业的1%[30]，这与我国辽阔的地域和日益广泛的光伏应用是极不相称的。近几年来，受环境和可持续发展的影响，光伏应用范围进一步拓展。先后新建了无锡尚德、保定英利、浙江中意、上海国飞、天津京瓷等一批光伏电池生产企业（图3-1）。

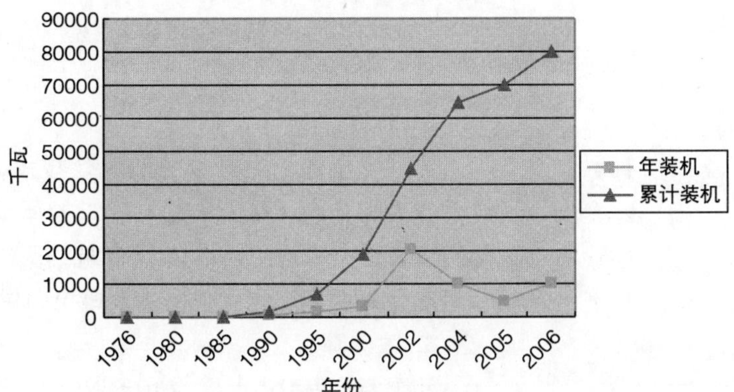


图3-1　中国光伏产业年装机量和累计装机量

2008年奥运会在北京举办，我国提出了“绿色奥运、人文奥运、科技奥运”的指导思想。在奥运村和运动场馆建设中，太阳能利用及光伏发电站的建设均占据了很重要的地位。2008 年北京奥运会建成了多个50 ~ 150 千瓦的光伏发电系统，场馆周围 80%的路灯以及部分场馆的照明与空调利用了太阳能电池供电等等。

### 3.1.2 太阳能光伏发电评价

太阳能作为一种可永续利用的清洁能源，有着巨大的开发应用潜力。人类赖以生存的自然资源几乎全部转换自太阳能，人类利用太阳能的历史更是可以追溯到人类起源时代。太阳能是人类得以生存和发展的最基础的能源形式，从现代科技的发展来看，太阳能开发利用技术的进步有可能决定着人类未来的生活方式。

太阳能光伏发电技术的开发始于 20 世纪 50 年代。随着全球能源形势趋紧，太阳能光伏发电作为一种可持续的能源替代方式，于近年得到迅速发展，并首先在太阳能资源丰富的国家，如德国和日本，得到了大面积的推广和应用。在国际市场和国内政策的拉动下，中国的光伏产业逐渐兴起，并迅速成为后起之秀，涌现了无锡尚德、常州天合和天威英利等一大批优秀的光伏企业，带动了上下游企业的发展，中国光伏发电产业链正在形成。虽然太阳能光伏发电成本较高，但是从长远看，随着技术的进步，以及其他能源利用形式的逐渐饱和，太阳能可以在2030 年之后成为主流能源利用形式，有着不可估量的发展潜力。因此，应对光伏发电的发展充满信心。

1. 技术优势

太阳能光伏利用具有以下特点：

(1) 结构简单，体积小，重量轻，可作为屋顶使用；

(2) 容易安装运输，建设周期短。只要将太阳能电池支撑并面向太阳即可发电，宜制成小功率移动电源；

(3) 维护简单，使用方便。如遇风雨天，只需检查太阳电池表面是否被污染、接线是否可靠、蓄电池电压是否正常即可；

(4) 清洁、安全、无噪声。光伏发电本身不向外界排放废物，没有机械噪声，是一种理想的能源；

(5) 可以阵列为单位选择容量；

(6) 可靠性高，寿命长，并且应用范围广。

2. 节省空间

光伏发电是一种简单的低风险技术，几乎可以安装在任何有光的地方。这意味着在公共、私人和工业建筑的屋顶和墙面上都有广泛的安装潜力。在运行中，这个系统还可以降低建筑的受热，增加通风。光伏还可以作为隔声板装在公路两侧。光伏在提供大量电力供应的同时，避免了占用更多的土地。

3. 改善环境

我国能源消费占世界的10%以上，同时我国一次能源消费中煤占到70%左右，比世界平均水平高出 40 多个百分点。燃煤造成的二氧化硫和烟尘排放量约占排放总量的 70% ~80%，二氧化硫排放形成的酸雨面积已占国土面积的 1/3。环境质量的总体水平还在不断恶化，世界十大污染城市我国一直占多数。环境污染给我国社会经济发展和人民健康带来了严重影响。世界银行估计 2020 年中国由于空气污染造成的环境和健康损失将达到 GDP 总量的 13%[31]。光伏发电不产生传统发电技术（例如燃煤发电）带来的污染物排放和安全问题，没有废气或噪声污染。系统报废后也很少有环境污染的遗留问题。

4. 提供电力

太阳能光伏发电系统可以很容易地在偏远的农村地区安装，这些地区可能多年无法架设电网。光伏发电等可再生能源特别适用于远离电网、零星分布的社区。离网农村电力以家庭为单位或设立小电网可提供照明、冷藏、教育、通信和卫生等所需电力，提高经济生产力，增加创收的机会。光伏发电系统结实耐用、易于安装且极其灵活，可满足世界任何地方的农村电力需求。2006 年底，中国还有无电人口 1100 万，使用光伏发电系统可以解决大部分无电人口的用电问题。

5. 我国的特殊需求

中国是一个能源生产和消费大国。2006 年能源消费总量为 24.6 亿吨标准煤，比 2005 年增长 9.3%。2006 年各种一次能源的构成比例为：煤炭占 69.7%、石油占 20.3%、天然气占 3.0%、水电等占 6.0%、核电占 0.8%。2006 年，中国的原油进口达到 1.5 亿吨，大约是中国原油总需求量的 50%。

中国能源开采和利用技术落后，传统高能耗产业比重大，单位 GDP 能耗落后于发达国家，甚至比世界平均水平落后许多。中国又是世界上最大的发展中国家，经济高速发展，中国能源消耗增长速度居世界首位，加剧了中国能源替代形势的严重性和紧迫性。

中国电力科学院的研究表明，在考虑到充分开发煤电、水电和核电的情况下，2010 年和 2020 年电力供需的缺口仍然分别为 6.4% 和 10.7%。这个缺口正是需要用可再生能源发电进行补充的，而太阳能光伏发电可能在未来中国的能源供应中占据主要位置。

## 3.2　太阳能电池工作原理和适用范围

### 3.2.1　太阳能电池的特点

太阳能电池是一种近年发展起来的新型电池。太阳能电池是利用光电转换原理使太阳的辐射光通过半导体物质转变为电能的一种器件，这种光电转换过程通常叫做“光生伏打效应”，因此太阳能电池又称为“光伏电池”，用于太阳能电池的半导体材料是一种介于导体和绝缘体之间的特殊物质。

太阳能电池具有以下特点：①无枯竭危险；②绝对干净（无公害）；③不

受资源分布地域的限制；④可在用电处就近发电；⑤能源质量高；⑥使用者从感情上容易接受；⑦获取能源花费的时间短。不足之处是：①照射的能量分布密度小，即要占用巨大面积；②获得的能源同四季、昼夜及阴晴等气象条件有关。但总的说来，瑕不掩瑜，作为新能源，太阳能具有极大优点，因此受到越来越多的重视。

### 3.2.2 发电原理及构造

太阳能电池发电的原理主要是半导体的“光伏效应”，指光照使不均匀半导体或半导体与金属组合的不同部位之间产生电位差的现象。

1. *P*–*N*结的形成

半导体的原子是由带正电的原子核和带负电的电子组成，半导体硅原子的外层有4个电子，按固定轨道围绕原子核转动。当受到外来能量的作用时，这些电子就会脱离轨道而成为自由电子，并在原来的位置上留下一个“空穴”。在纯净的硅晶体中，自由电子和空穴的数目是相等的。如果在硅晶体中掺入硼、镓等元素，由于这些元素能够俘获电子，它就成了空穴型半导体，通常用符号*P*表示；如果掺入能够释放电子的磷、砷等元素，它就成了电子型半导体，以符号*N*代表。若把这两种半导体结合，交界面便形成一个*P*–*N*结。太阳能电池的奥妙就在这个“结”上，*P*–*N*结就像一堵墙，阻碍着电子和空穴的移动。当太阳能电池受到阳光照射时，电子接受光能，向*N*型区移动，使*N*型区带负电，同时空穴向*P*型区移动，使*P*型区带正电。这样，在*P*–*N*结两端便产生了电动势，也就是通常所说的电压。这种现象就是上面所说的“光生伏打效应”。如果这时分别在*P*型层和*N*型层焊上金属导线，接通负载，则外电路便有电流通过，如此形成的一个个电池元件，把它们串联、并联起来，就能产生一定的电压和电流，输出功率。

2. *P*–*N*结光电效应

当*P*–*N*结受到光照时，样品对光子的本征吸收和非本征吸收都将产生光生载流子。但能引起光伏效应的只能是本征吸收所激发的少数载流子。因*P*区产生的光生空穴，*N*区产生的光生电子属多子，都被势垒阻挡而不能过结。只有*P*区的光生电子和*N*区的光生空穴和结区的电子空穴对（少子）扩散到结电场附近时能在内建电场作用下漂移过结。光生电子被拉向*N*区，光生空穴被拉向*P*区，即电子空穴对被内建电场分离。这导致在*N*区边界附近有光

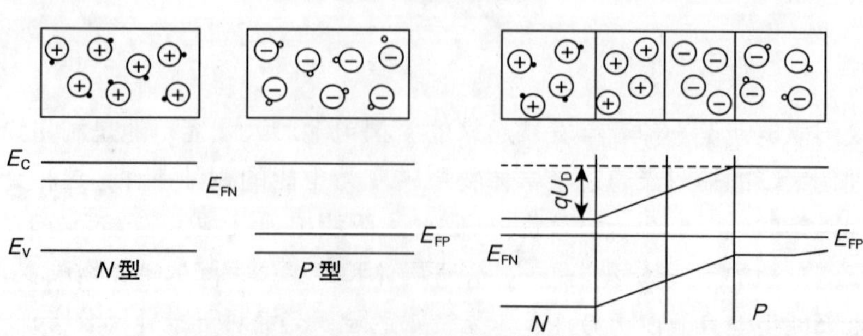


图3–2 热平衡下*P*–*N*结模型及能带图

生电子积累，在 $P$ 区边界附近有光生空穴积累。它们产生一个与热平衡 $P-N$ 结的内建电场方向相反的光生电场，其方向由 $P$ 区指向 $N$ 区。此电场使势垒降低，其减小量即光生电势差，$P$ 端正，$N$ 端负。于是有结电流由 $P$ 区流向 $N$ 区，其方向与光电流相反（图3-3）。

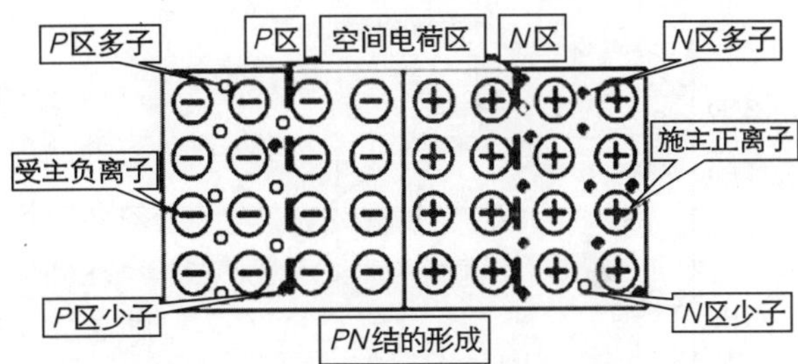


图3-3 光伏电池模型

实际上，并非所产生的光生载流子都对光生电流有贡献。设 $N$ 区中空穴在寿命 $\tau_p$ 的时间内扩散距离为 $L_p$，$P$ 区中电子在寿命 $\tau_n$ 的时间内扩散距离为 $L_n$。$L_n+L_p=L$ 远大于 $P-N$ 结本身的宽度。故可以认为在结附近平均扩散距离 $L$ 内所产生的光生载流子都对光电流有贡献。而产生的位置距离结区超过 $L$ 的电子空穴对，在扩散过程中将全部复合掉，对 $P-N$ 结光电效应无贡献。

## 参考知识：P-N结

$P-N$ 结是用一块半导体经掺杂形成 $P$ 区和 $N$ 区，由于杂质的激活能量 $\Delta E$ 很小，在室温下杂质差不多都电离成受主离子 $N_A^-$ 和施主离子 $N_D^+$。在 $PN$ 区交界面处因存在载流子的浓度差，故彼此要向对方扩散。设想在结形成的一瞬间，在 $N$ 区的电子为多子，在 $P$ 区的电子为少子，使电子由 $N$ 区流入 $P$ 区，电子与空穴相遇又要发生复合，这样在原来是 $N$ 区的结面附近电子变得很少，剩下未经中和的施主离子 $N_D^+$ 形成正的空间电荷。同样，空穴由 $P$ 区扩散到 $N$ 区后，由不能运动的受主离子 $N_A^-$ 形成负的空间电荷。在 $P$ 区与 $N$ 区界面两侧产生不能移动的离子区（也称耗尽区、空间电荷区、阻挡层），于是出现空间电偶层，形成内电场（称内建电场）此电场对两区多子的扩散有抵制作用，而对少子的漂移有帮助作用，直到扩散流等于漂移流时达到平衡，在界面两侧建立起稳定的内建电场。

在热平衡条件下，结区有统一的 $E_F$；在远离结区的部位，$E_C$、$E_F$、$E_v$ 之间的关系与结形成前状态相同。

从能带图看，$N$ 型、$P$ 型半导体单独存在时，$E_{FN}$ 与 $E_{FP}$ 有一定差值。当 $N$ 型与 $P$ 型两者紧密接触时，电子要从费米能级高的一方向费米能级低的一方流动，空穴流动的方向相反。同时产生内建电场，内建电场方向为从 $N$ 区指向 $P$ 区。在内建电场作用下，$E_{FN}$ 将连同整个 $N$ 区能带一起下移，$E_{FP}$ 将连同整个 $P$ 区能带一起上移，直至将费米能级拉平为 $E_{FN}=E_{FP}$，载流子停止流动为止。在结区这时导带与价带则发生相应的弯曲，形成势垒。势垒高度等于 $N$ 型、$P$ 型半导体单独存在时费米能级之差：

$$qU_D=E_{FN}-E_{FP}$$

$$U_D=(E_{FN}-E_{FP})/q$$

$q$—电子电量

$U_D$—接触电势差或内建电势

对于在耗尽区以外的状态：

$$U_D=(KT/q)\ \ln\ (N_A N_D/n_i^2)$$

$N_A$、$N_D$、$n_i$—受主、施主、本征载流子浓度。

可见 $U_D$ 与掺杂浓度有关。在一定温度下，$P-N$ 结两边掺杂浓度越高，$U_D$ 越大。

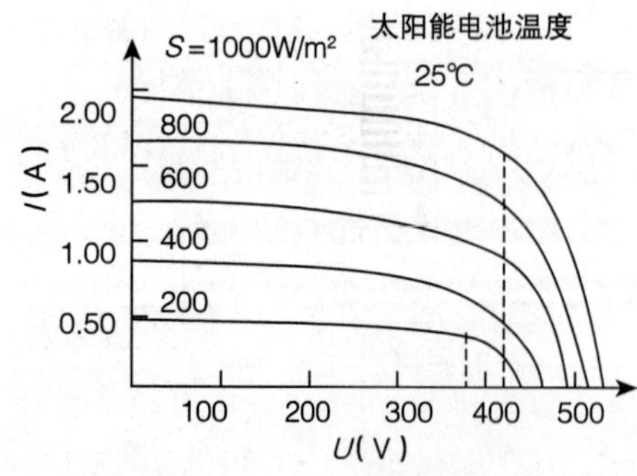


图 3－4 太阳能电池的伏安特性

3. 太阳能电池的伏安特性

在太阳能发电应用领域中尽可能地提高太阳能电池板的输出功率一直是研究的热点。太阳能电池输出特性为非线性，而且受光照强度和环境温度影响。太阳能电池在任何时刻都存在一个最大功率输出的工作点，而且随着光照强度和温度的变化而变化。图 3－4 是太阳能电池的 *I—U* 特性随光照强度和温度变化的情况，图中虚线与曲线的交点对应于太阳能电池的最大功率点。从图中可以看到，在常温下，200 瓦/平方米日照时，太阳能电池的最大功率发生在电压为 380V 处，而 1000 瓦/平方米日照时，最大功率点发生在电压为 430V 处。

### 3.2.3 太阳能电池种类

目前光伏系统大量使用的是以硅为基底的硅太阳能电池，可分为单晶硅、多晶硅、非晶硅太阳能电池。在能量转换效率和使用寿命等综合性能方面，单晶硅电池和多晶硅电池优于非晶硅电池。多晶硅电池比单晶硅电池转换效率略低，但价格更便宜。

最早问世的太阳电池是单晶硅太阳电池。硅是地球上极丰富的一种元素，原料来源极为丰富，但是提炼它却不容易，所以人们在生产单晶硅太阳电池的同时，又研究了多晶硅太阳电池和非晶硅太阳电池，至今商业规模生产的太阳电池，仍然以硅系列电池为主。可供制造太阳电池的半导体材料很多，随着材料工业的发展，太阳电池的品种将越来越多。目前已进行研究和试制的太阳电池，除硅系列外，还有硫化镉、砷化镓、铜铟硒等许多类型。

1. 单晶硅太阳电池

单晶硅太阳电池是当前开发最快的一种太阳电池，它的结构和生产工艺已定型，产品已广泛用于空间和地面。这种太阳电池以高纯的单晶硅棒为原料，纯度要求达 99.999%。为了降低生产成本，现在地面应用的太阳电池等采用太阳能级的单晶硅棒，材料性能指标有所放宽，有的也可使用半导体器件加工的头尾料和废次单晶硅材料，经过复拉制成太阳电池专用的单晶硅棒。

单晶硅太阳电池的单体片制成后，经过抽查检验，即可按所需要的规格组装成太阳电池组件（太阳电池板），用串联和并联的方法构成一定的输出电压和电流。单晶硅高效电池的典型代表是斯坦福大学的背面点接触电池（PCC）、新南威尔士大学的钝化发射区电池（PESC）以及德国 Fraumhofer 太阳能研究所的局域化背表面场（LBSF）电池等。我国在“八五”和“九五”期间也进行了高效电池研究，并取得了可喜结果。

（1）新南威尔士大学钝化发射区电池

PESC 电池 1985 年问世，1986 年 V 型槽技术又被应用到该电池上，光电转化效率突破 20%。

图3-5　单晶硅电池

（2）斯坦福大学的背面点接触电池（PCC）

点接触电池用 TCA 生长氧化层钝化电池正反面。为了减少金属条的遮光效应，金属电极设计在电池的背面。电池正面采用由光刻制成的金字塔（绒面）结构。位于背面的发射区被设计成点状，50 微米间距，10 微米扩散区，5 微米接触孔径，基区也制作成同样的形状，这样可减小背面复合。衬底采用 *n* 型低阻材料（取其表面及体内复合均低的优势），衬底减薄到约 100 微米，以进一步减小体内复合。这种电池的转换效率为 22. 3%。

（3）我国单晶硅高效电池

天津电源研究所在国家科委“八五”计划支持下开展高效电池研究，其电池结构类似 UNSW 的 V 型槽 PESC 电池，电池效率达到 20. 4%。北京市太阳能研究所“九五”期间在北京市政府支持下开展了高效电池研究，电池前面有倒金字塔织构化结构，2 厘米 ×2 厘米电池效率达到了 19. 8%，大面（5 厘米 ×5 厘米）激光刻槽埋栅电池效率达到了 18. 6%。

2. 多晶硅薄膜太阳电池

目前太阳电池使用的多晶硅材料，多半是含有大量单晶颗粒的集合体，或用废次单晶硅材料和冶金级硅材料熔化浇铸而成，然后注入石墨铸模中，待慢慢凝固冷却后，即得多晶硅锭。这种硅锭可铸成立方体，以便切片加工成方形太阳电池片，可提高材料利用率和方便组装。多晶硅太阳电池的制作工艺与单晶硅太阳电池差不多，其光电转换效率约 12% 左右，稍低于单晶硅太阳电池。

通常的晶体硅太阳能电池是在厚度 350 ~450 微米的高质量硅片上制成的，这种硅片从提拉或浇铸的硅锭上锯割而成，因此实际消耗的硅材料更多。为了节省材料，人们从 20 世纪 70 年代中期就开始在廉价衬底上沉积多晶硅薄膜，但由于生长的硅膜晶粒太小，未能制成有价值的太阳能电池。为了获得人尺寸晶粒的薄膜，人们一直没有停止过研究，并提出了很多方法。目前制备多晶硅薄膜电池多采用化学气相沉积法，包括低压化学气相沉积（LPCVD）和等离子增强化学气相沉积（PECVD）工艺。此外，液相外延法（LPE）和溅射沉积法也可用来制备多晶硅薄膜电池。

图3-6　多晶硅电池

化学气相沉积主要是以 $SiH_2Cl_2$、$SiHCl_3$、$SiCl_4$ 或 $SiH_4$ 为反应气体，在一定的保护气氛下反应生成硅原子并沉积在加热的衬底上，衬底材料一般选用 Si、$SiO_2$、$Si_3N_4$ 等。但研究发现，在非硅衬底上很难形成

较大的晶粒，并且容易在晶粒间形成空隙。解决这一问题的办法是先用低压化学气相在衬底上沉积一层较薄的非晶硅层，再将这层非晶硅层退火，得到较大的晶粒，然后再在这层晶粒上沉积厚的多晶硅薄膜，因此，再结晶技术无疑是很重要的一个环节，目前采用的技术主要有固相结晶法和中区熔再结晶法。多晶硅薄膜电池除采用了再结晶工艺外，另外采用了几乎所有制备单晶硅太阳能电池的技术，这样制得的太阳能电池转换效率明显提高。德国费莱堡太阳能研究所采用区馆再结晶技术在FZSi衬底上制得的多晶硅电池转换效率为19%，日本三菱公司用该法制备电池，效率达16.4%。

液相外延法（LPE）的原理是通过将硅熔融在母体里，降低温度析出硅膜。美国Astropower公司采用液相外延法制备的电池效率达12.2%。中国光电发展技术中心的陈哲良采用液相外延法在冶金级硅片上生长出硅晶粒，并设计了一种类似于晶体硅薄膜太阳能电池的新型太阳能电池，称之为“硅粒”太阳能电池，但有关性能方面的报道还未见到。

多晶硅薄膜电池由于所使用的硅远较单晶硅少，又无效率衰退问题，并且有可能在廉价衬底材料上制备，其成本远低于单晶硅电池，而效率高于非晶硅薄膜电池，因此，多晶硅薄膜电池不久将会在太阳能电池市场上占据主导地位。

3. 非晶硅薄膜电池

非晶硅太阳电池是1976年出现的新型薄膜式太阳电池，它与单晶硅和多晶硅太阳电池的制作方法完全不同，硅材料消耗很少，电耗更低，具有较高的转换效率，成本较低，重量也很轻。

非晶硅作为太阳能材料尽管是一种很好的电池材料，但由于其光学带隙为1.7电子伏，使得材料本身对太阳辐射光谱的长波区域不敏感，这样一来就限制了非晶硅太阳能电池的转换效率。此外，其光电效率会随着光照时间的延续而衰减，即所谓的光致衰退*S—W*效应，使得电池性能不稳定。

非晶硅薄膜太阳能电池的制备方法有很多，其中包括反应溅射法、PECVD法、LPCVD法等。

日本研究人员采用一系列新措施，制得的非晶硅电池的转换效率为13.2%。国内关于非晶硅薄膜电池特别是叠层太阳能电池的研究并不多，南开大学的耿新华等采用工业用材料，以铝背电极制备出面积为20厘米×20厘米、转换效率为8.28%的a－Si/a－Si叠层太阳能电池。

非晶硅太阳能电池由于具有较高的转换效率和较低的成本及重量轻等特点，有着极大的潜力。但同时由于它的稳定性不高，直接影响了它的实际应用。如果能进一步解决稳定性问题及提高转换率问题，那么，非晶硅太阳能电池无疑是太阳能电池的主要发展产品之一。

4. 多元化合物薄膜太阳能电池

为了寻找单晶硅电池的替代品，人们除开发了多晶硅、非晶硅薄膜太阳能电池外，又不断研制其他材料的太阳能电池，其中主要包括砷化镓Ⅲ-V族化合物、硫化镉、碲化镉及铜铟硒薄膜电池等。上述电池中，尽管硫化镉、碲化镉多晶薄膜电池的效率较非晶硅薄膜太阳能电池效率高，成本较单晶硅电池低，并且也易于大规模生产，但由于镉有剧毒，会对环境造成严重的污染，因此，并不是晶体硅太阳能电池最理想的替代。

砷化镓Ⅲ-V化合物及铜铟硒薄膜电池由于具有较高的转换效率受到了人们的普遍重视。砷化镓（GaAs）属于Ⅲ-V族化合物半导体材料，其能隙为1.4电子伏，正好为高吸收率太阳光的值，因此是很理想的电池材料。GaAs等Ⅲ-V化合物薄膜电池的制备主要采用金属有机物气象外延和液相外延技术，其中金属有机物气象外延方法制备GaAs薄膜电池受衬底位错、反应压力、Ⅲ-V比率、总流量等诸多参数的影响。

除GaAs外，其他Ⅲ－V化合物如锑化镓（GaSb）、磷化镓铟（GaInP）等电池材料也得到了开发。1998年德国费莱堡太阳能系统研究所制得的GaAs太阳能电池转换效率为24.2%，首次制备的GaInP电池转换效率为14.7%。另外，该研究所还采用堆叠结构制备GaAs、Gasb电池，该电池是将两个独立的电池堆叠在一起，GaAs作为上电池，下电池用Gasb，所得到的电池效率达到31.1%。

铜铟硒（CuInSe2）简称CIS。CIS材料的能降为1.1电子伏，适于太阳光的光电转换，另外，CIS薄膜太阳电池不存在光致衰退问题。因此，CIS用作高转换效率薄膜太阳能电池材料也引起了人们的注意。CIS电池薄膜的制备主要有真空蒸镀法和硒化法。真空蒸镀法是采用各自的蒸发源蒸镀铜、铟和硒。硒化法是使用$H_2Se$叠层膜硒化，但该法难以得到组成均匀的CIS。CIS薄膜电池从20世纪80年代最初8%的转换效率发展到目前的15%左右。日本松下电气工业公司开发的掺镓的CIS电池，其光电转换效率为15.3%（面积1平方厘米）。1995年美国可再生能源研究室研制出转换效率为17.1%的CIS太阳能电池。CIS作为太阳能电池的半导体材料，具有价格低廉、性能良好和工艺简单等优点，将成为今后发展太阳能电池的一个重要方向，惟一的问题是材料的来源，由于铟和硒都是比较稀有的元素，因此，这类电池的发展又必然受到限制。

5. 聚合物多层修饰电极型太阳能电池

在太阳能电池中，以聚合物代替无机材料是刚刚开始的一个太阳能电池制备的研究方向。其原理是利用不同氧化还原型聚合物的不同氧化还原电势，在导电材料（电极）表面进行多层复合，制成类似无机$P-N$结的单向导电装置。其中一个电极的内层由还原电位较低的聚合物修饰，外层聚合物的还原电位较高，电子转移方向只能由内层向外层转移；另一个电极的修饰正好相反，并且第一个电极上两种聚合物的还原电位均高于后者的两种聚合物的还原电位。当两个修饰电极放入含有光敏化剂的电解波中时，光敏化剂吸光后产生的电子转移到还原电位较低的电极上，还原电位较低电极上积累的电子不能向外层聚合物转移，只能通过外电路还原电位较高的电极回到电解液，因此外电路中有光电流产生。

由于有机材料柔性好，制作容易，材料来源广泛，成本低，因此便于大规模利用太阳能、提供廉价电能。但以有机材料制备太阳能电池的研究仅仅刚开始，不论是使用寿命，还是电池效率都不能和无机材料特别是硅电池相比，能否发展成为具有实用意义的产品，还有待于进一步研究探索。

6. 纳米晶化学太阳能电池

在太阳能电池中，硅系太阳能电池无疑是发展最成熟的，但由于成本居高不下，远不能满足大规模推广应用的要求。为此，人们一直不断在新工艺、新材料、电池薄膜化等方面进行探索，而这当中新近发展的纳米 $TiO_2$ 晶体化学能太阳能电池受到了国内外科学家的重视。

纳米晶 $TiO_2$ 太阳能电池的优点在于它廉价的成本和简单的工艺及稳定的性能。其光电效率稳定在10%以上，制作成本仅为硅太阳电池的1/5~1/10，寿命能达到20年以上。此类电池的研究和开发刚刚起步，估计不久的将来会逐步走上市场。

## 3.3 太阳能光伏发电系统与关键技术

### 3.3.1 发电系统基本构成

光伏发电系统是直接将太阳光能转换为电能的装置，典型的光伏发电系统由四个部分组成（图3-7）:

1. 光伏电池阵列

单体光伏电池发出的电能很小，是直流电。为满足实际应用需求，获得足够大的发电量，要将单体光伏电池连接成电池组，再由电池组组成太阳能光伏阵列。

光伏电池的可靠性在很大程度上取决于其防腐、防风、防雹、防雨等的能力。因此，光伏组件边沿的密封极其重要。光伏电池组件的封装方式主要有以下两种:①双面玻璃密封。太阳能电池组件的正反两面均是玻璃板，太阳能电池被镶嵌在一层聚合物中。这种密封方式的主要问题是玻璃板与接线盒之间的连接不得不通过玻璃板的边沿，而在玻璃板上打孔是很昂贵的。②玻璃合金层叠密封。这种组件的前面是玻璃板，背面是一层合金薄片。合金薄片的主要功能是防潮、防污。太阳能电池也镶嵌在一层聚合物中。在这种太阳能电池组件中，电池与接线盒之间可直接用导线连接。

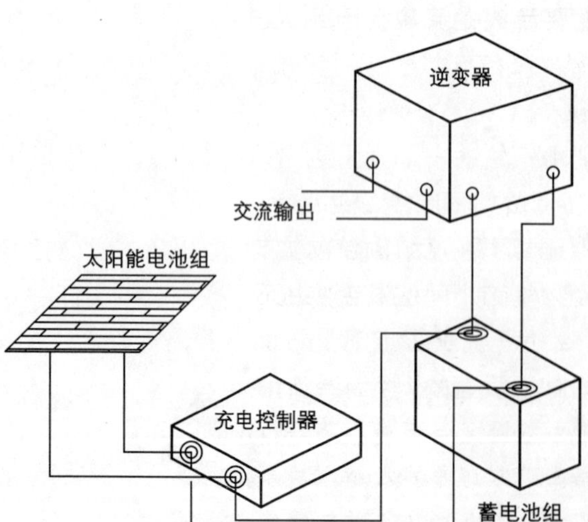


图3-7 光伏发电原理图

2. 蓄电池组

蓄电池组将光伏发电系统日间发出的电能储存起来供需要时使用。太阳能电池发电系统对所用蓄电池组的基本要求是：①自放电率低；②使用寿命长；⑤深放电能力强；④充电效率高；⑤少维护或免维护；⑥工作温度范围宽；⑦价格低廉。目前国内太阳能电池发电系统配套使用的蓄电池主要是铅酸蓄电池。

3. 逆变器

为将光伏电池阵列所发出的直流电转换成实际应用中所需的交流电，需要将直流电转换成交流电的逆变系统，逆变系统的效率直接影响整个系统的效率。逆变器应该具有以下特点：①能输出一个电压稳定的交流电。无论是输入电压出现波动，还是负载发生变化，它都要达到一定的电压稳定精度，静态时一般为 ±2%。②能输出频率稳定的交流电。要求该交流电能达到一定的频率稳定精度。静态时一般为 ±0.5%。③输出的电压及其频率在一定范围内可以调节，一般输出电压可调范围为 ±5%，输出频率可调范围为 ±2 赫兹。④具有一定的过载能力，一般应能过载 125% ~150%。当过载 150%时，应能持续 30 秒；过载 125%时，应能持续 1 分钟以上。⑤输出电压波形含谐波成分应尽量小。一般输出波形的失真率应控制在 7%以内，以利于缩小滤波器的体积。⑥具有短路、过载、过热、过电压、欠电压等保护功能和报警功能。⑦启动平稳，启动电流小，运行稳定可靠。⑧换流损失小，逆变频率高，一般应在 85%以上。⑨具有快速的动态响应。

4. 直流控制系统

在电能从光伏阵列到储能单元，再到逆变单元的传输和交换过程中，要保持系统的高效与安全运行，所以需要直流控制系统对整个过程进行调整、保护和控制。

### *3.3.2　太阳能独立光伏发电系统*

独立光伏系统是相对于并网发电系统而言的，属于孤立的发电系统。独立光伏系统主要应用于偏远无电地区，其建设的主要目的是解决无电问题。其供电可靠性受气象环境、负荷等因素影响很大，供电的稳定性也相对较差，需要加装能量储存装置并且进行能量管理。

1. 工作原理

独立光伏发电系统由太阳能电池方阵、防反充二极管、控制器、逆变器、蓄电池组以及支架和输配电设备等部分构成。其工作原理是：太阳能电池方阵吸收太阳光并将其转化成电能后，在防反充二极管的控制下为蓄电池组充电。直流或交流负载通过开关与控制器连接。控制器负责保护蓄电池，防止出现过充电或过放电状态，即在蓄电池达到一定的放电深度时，控制器自动切断负载；当蓄电池达到过充电状态时，控制器自动切断充电电路。某些控制器能够显示独立光伏发电系统的充放电状态，并能贮存必要的数据，甚至还有遥测、送信和遥控的功能。在交流光伏发电系统中，DC—AC 逆变器将蓄电池组提供的直流电变成能满足交流负载需要的交流电。

2. 户用光伏系统

户用系统主要针对偏远、电网难以覆盖的区域家庭用电，以比较少的初期投资，为这些区域提供日常用电。该系统主要由太阳能电池光伏阵列、蓄电池、专用逆变器等组成，通过太阳能电池光伏阵列对蓄电池进行充电存储，再经由逆变器将直流电转变成220伏/50赫兹的日常交流用电。户用光伏系统的选择容量一般在几十到几百瓦，主要用于照明和小型家电、小型农用机械等。户用光伏系统也有用于野外无人设备的供电方面，如通信塔、广播差转台、灯塔等。该系统技术重点主要在于：太阳能电池光伏阵列、蓄电池与负载的匹配；太阳能电池光伏阵列、蓄电池与负载的匹配需要根据系统应用当地的日照情况和负载要求进行选择；充电管理器需要对蓄电池进行监控；光伏阵列的最大功率点跟踪；逆变器输出波形畸变率要求；输出电压稳定度要求。一般来说，户用光伏系统的容量相对较小，其应用技术也相对简单，用途多较单一，其供电可靠性、稳定性相对不高（图3－8）。

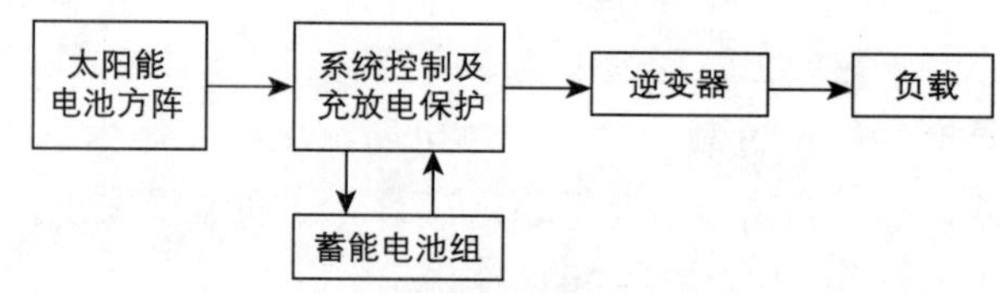


图3－8 户用光伏系统示意图

3. 独立光伏电站

独立光伏电站适宜建立在负载需求量相对较大的无电村镇、海岛，并且在几公里范围内用户相对集中的无电区域。目前独立光伏电站的规模在几千瓦到几百千瓦之间。电站由光伏电池板阵列、蓄电池、逆变器、能量管理器、配电和输电系统组成。发电系统白天完成对蓄电池的充电，晚间完成对蓄电池的逆变放电控制，实现对负载供电。对于独立光伏电站，蓄电池的合理使用是一个重要环节，尤其是对于夜间用电或白天存在用电高比率的电动机类动负荷（图3－9）。

独立光伏电站经常需要对多个负荷供电，各用电负荷与蓄电池充电之间的能量分配需要合理规划与管理。因此，需要使用能量管理器，最大化、合理且充分地利用太阳能。为了匹配光伏电池的最大功率点，复合类型中应有一定比率的可调节负荷。独立光伏电站的缺点是系统整体能量利用率偏低、系统供电可靠性和稳定性差，需要电池加以储能以稳定供电电网电压和平衡发电与负载。

图3－9 独立光伏电站

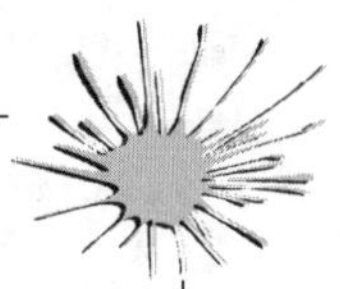

**参考知识：太阳热能发电技术与太阳能岛**

太阳热能发电技术被美国《连线》杂志评选为2008年人类十大“绿色科技”之一。这是一种通过传统手段利用太阳热能进行发电的新技术。该技术采用阳光反射镜将液体转化为蒸汽，蒸汽带动涡轮机进行发电，包括光明资源（Bright Source）等多家能源公司纷纷开始采用这种技术，并建起了实验发电厂。美国谷歌公司2008年5月宣布将向光明资源公司投资1000万美元，这项投资是通过谷歌非赢利组织Google. org进行的。对光明资源公司的投资是谷歌在太阳能领域的第二次投资。光明资源公司的赢利能力来源于其在加州莫哈韦沙漠腹地建设的太阳能发电厂，该发电厂年发电量可以达到900兆瓦。

同时被评为十大“绿色科技”之一的还有瑞士科学家托马斯—辛德玲提议建设的一种“太阳能岛”。这种小岛一般有几平方公里大小，每个“太阳能岛”可以生产数百兆瓦特电量。目前，托马斯所在的公司瑞士电子与微技术中心已经获得阿联酋500万美元的资金投入，双方开始合作建设一个原型设施。瑞士电力中心三年前就已经开始与阿联酋合作，这里是太阳能技术的最大潜在市场，所以瑞士决定积极开展这里的太阳能事业。目前面临的最大问题是这个人造岛屿的构造，怎样让这个人造悬岛适应强风的问题还有待解决。

太阳能岛

太阳能发电

4. 光伏水泵系统

光伏水泵系统大致由四部分组成：光伏阵列、控制器、电机和水泵。其基本原理是利用太阳电池将太阳能直接转换为电能，然后驱动各类电动机带动水泵从深井、江、河、湖、塘等水源提水。它具有无噪声、全自动（日出而作，日落而停）、高可靠、供水量与蒸发量适配性好等许多优点。

20世纪80年代以后，联合国开发署、世界银行等国际组织经过论证，确认光伏水泵的先进性、合理性和良好发展前景，从而大大推动了光伏水泵的应用。目前在这些国际组织的支持下，全世界已有数万台不同规格的光伏水泵在不同地区和国家运行，特别是在亚、非、拉及中东等发展中国家，已为许多贫困地区的人民带来了相当可观的经济效益，加速了这些地区的脱贫步伐。在90年代，我国开展了光伏水泵的研究，先后试制成百瓦级和千瓦级光伏水泵，并建立了光伏水泵生产企业，能批量生产百瓦级光伏水泵。目前，我国研制的2.5千瓦光伏水泵正在新疆运行。

由于光伏水泵系统从技术上说是一个比较典型的“光、机、电一体化”系统，它涉及太阳能的采集、变换及电力电子、电机、水机、计算机控制等多个学科的最新技术，因此已被许多国家列为优先发展的高新技术和进一步发展的方向，中东、非洲有不少国家更是期望依靠太阳能水泵及省水微灌、现代化农业等新技术，把在地下水资源比较充裕的干旱地区的家园改造为绿洲。

### 3.3.3 太阳能并网光伏发电系统

太阳能并网光伏发电系统是将电池所发的直流电通过逆变装置变换成交流电，再同电网的交流电合起来使用的发电系统（图3－10）。该系统具有以下特点：

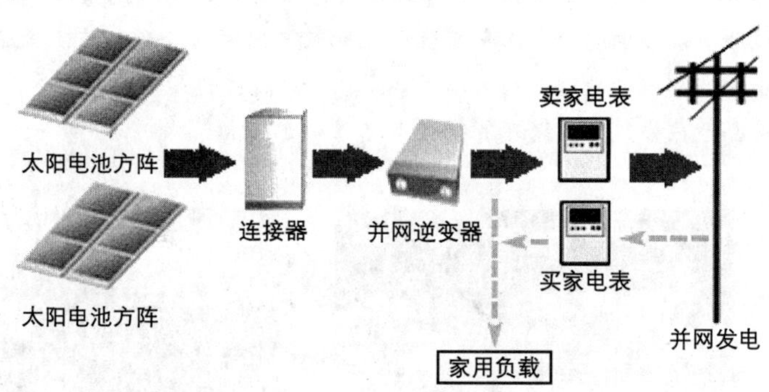


图3－10 太阳能并网光伏系统示意图

（1）利用清洁干净、可再生的天然能源太阳能发电，不消耗不可再生的、资源有限的碳化石能源，无温室气体和污染物排放，与生态环境和谐，符合社会经济可持续发展战略；

（2）所发电能并入电网，以电网为储能装置，节省蓄电池，比独立光伏系统的建设投资减少，从而使发电成本大为降低。节省的蓄电池可提高系统的平均无故障时间和蓄电池的二次污染；

（3）分布式建设，就近就地分散发电和供电。进入和退出电网灵活，既有利于增强电力系统抵御战争和灾害的能力，又有利于改善电力系统的负荷平衡，并可降低线路损耗；

（4）可起调峰作用。并网光伏系统是世界各发达国家在光伏应用领域竞相发展的热点和重点，是世界光伏发电的主流发展趋势，市场巨大，前景广阔。

并网光伏系统可分为大型联网光伏电站和住宅联网光伏系统两大类型。

大型联网光伏电站的主要特点是所发电能被直接输送到电网上，由电网统一调配向用户供电。建设大型联网光伏电站，投资巨大，建设期长，需要复杂的控制和配电设备，并要占用大片土地，同时其发电成本目前要比市电贵数倍，因而发展不快。

住宅并网光伏系统的主要特点是所发的电能直接分配到住宅（用户）的用电负载上，多余或不足的电力通过联接电网来调节。住宅系统可分为有倒流和无倒流两种形式。有倒流系统，是在光伏系统产生剩余电力时将该电能送入电网，由于同电网的供电方向相反，所以称为倒流；当光伏系统电力不够时，则由电网供电。这种系统，一般是为光伏系统的发电能力大于负载或发电时间同负荷用电时间不相匹配而设计的。住宅系统由于输出的电量受天气和季节的制约，而用电又有时间的区分，为保证电力平衡，一般均设计成有倒流系统。无倒流系统，则是指光伏系统的发电量始终小于或等于负荷的用电量，电量不够时由电网提供，即光伏系统与电网形成并联向负载供电。这种系统，即使当光伏系统由于某种特殊原因产生剩余电能，也只能通过某种手段加以处理或放弃。由于不会出现光伏系统向电网输电的情况，所以称为无倒流系统。

住宅联网光伏系统通常是白天光伏系统发电量大而负载耗电量小，晚上光伏系统不发电而负载耗电量大。将光伏系统与电网相联，就可将光伏系统白天所发的多余电力“贮存”到电网中，待用电时随时取用，省掉了贮能蓄电池。其工作原理是：太阳能电池在太阳光辐照下发出直流电，经逆变器转换为交流电，供用电器使用；系统同时又与电网相联，白天将太阳能电池发出的多余电能经联网逆变器逆变为符合电网电能质量要求的交流电并入电网，在晚上或阴雨天发电量不足时，由电网向住宅（用户）供电。

目前，全世界大约60%的太阳电池用于并网发电系统，主要是用于城市建筑并网光伏系统。中国的并网光伏系统建筑尚处于示范阶段，预计2010年以前中国将会实施屋顶计划，安装太阳电池50兆瓦；2020年以前将会有更大规模的并网光伏系统建筑项目，累计装机容量将达到700兆瓦；预计到2010年建筑并网光伏系统的市场份额将占到17.6%，到2020年将占到39%。中国现有大约400亿平方米的建筑面积，屋顶面积40亿平方米，加上南立面，可利用面积大约为50亿平方米，如果20%用来安装太阳电池，可以装100吉瓦。

## 3.4　应用案例

### 3.4.1　深圳国际园林花卉博览园

1. 工程概况

深圳国际园林花卉博览园1兆瓦并网光伏电站由深圳市政府投资、北京科诺伟业公司承建，2004年6月8日开工建设，2004年8月30日建成发电，总投资6600万元人民币，填补了中国在兆瓦级并网光伏项目设计和建设上的空白，成为国内首座大型的兆瓦级并网光伏电站，也是亚洲最大的并网太阳能光伏电站（图3－11）。

该电站安装于园内综合展馆、花卉展馆、管理中心、南区游客服务中心

图3-11 深圳国际园林花卉博览园光伏电站

和北区东山坡，实现了太阳能发电和建筑一体化，并采用与市电直接并网的方式运行。

2. 技术参数

该并网光伏系统电站光伏组件总面积7660平方米，总容量1000.322千瓦，年发电量100万千瓦时。光伏发电系统总覆盖面积达5325平方米，采用4000多个现代化单晶硅及多晶硅光伏组件（160瓦和170瓦组件），与深圳市电网并网运行，是世界上效率最高的太阳能发电系统之一。系统装配24个容量从2.5千瓦到90千瓦不等的逆变器，将能量损失降至最低，集成了世界顶尖的信息系统，可实现系统单独信息采集和远程遥控监测以降低维护成本。

该并网光伏电站有5个子系统，分别组装在4个场馆及北区东山坡，总共安装6048块光伏组件和45台逆变器，5个光伏子系统采用就地并网方案。

3. 收益分析

深圳国际园林花卉博览园并网光伏电站总容量1000.322千瓦，年发电能力约为100万千瓦时，相当于每年节省标准煤约384余吨，减排粉尘约4.8吨，减排灰渣约101吨，减排二氧化碳约170余吨，减排二氧化硫约7.68吨。通过电站并网发电，深圳国际园林花卉博览园每年可节省电费66.64万元。按照该电站20年运营期计算，累计发电1960万千瓦时，总计可节省电费1333万元。

截至2006年4月26日，园林花卉博览园太阳能光伏电站已经正常运行500多天，累计发电量为1231990千瓦时，所发的电量约占园区用电总量的15%，按照同期电费0.8246元/千瓦时计算，已为园区节省电费约1015898.95元。园林花卉博览园太阳能光伏电站实现了太阳能发电高科技与绿色园林花卉的完美结合，为我国太阳能技术的发展起到良好的示范作用，同时具有出色的经济效益。

### 3.4.2　西藏措勤 20 千瓦光伏电站

1. 工程概况

西藏措勤县位于号称“世界屋脊”的西藏阿里地区，是阿里地区东三县之一，距该地区所在地狮泉河镇 783 千米，距拉萨市 969 千米，全县总人口 10510 人，县城人口 226 户 678 人。措勤县无煤、油、气等化石能源资源，而且也缺乏小水电资源，但却拥有极为丰富的太阳能资源。县城的主要用电类型为照明、电视和水泵。光伏电站建设前，县城办公照明用电、生活照明用电以及收看电视等的用电，依靠 1 台 75 千瓦柴油发电机组来提供。建设光伏电站后，解决了县政府所在地各单位的办公用电和居民的照明、听收录机、看电视等的用电，也消除了从 1000 多公里外运进柴油发电的负担。

措勤县位于东经 85°，北纬 31°，海拔 4700 米，雨季为 8 月。据统计，10 年内最长阴雨天为 5 日，水平面上平均总辐射 792.56 千焦/平方厘米，最高气温 25℃，最低气温 –34℃，最大风力 9 级（25 米/秒）。

光伏电站电池方阵的总功率为 20 千瓦，年发电量可达 43000 千瓦时，总投资为 290 万元。该电站的发电系统由太阳能电池方阵、蓄电池组、直流控制器、直流—交流逆变器、交流配电柜和备用电源系统（包括柴油发电机组和整流充电柜）等组成。15 个太阳能电池方阵经过 TDCK—40 千瓦直流控制柜向两组蓄电池组供电。每组蓄电池组的标称电压为 250V，充电电流约为 40A。蓄电池组的上限电压定为 290V，充到允许值后，由直流控制柜执行自动停充，将太阳能电池方阵切离充电回路。当蓄电池组电压回降至 270V 时，再将太阳能电池方阵接入充电回路恢复充电。两组蓄电池组均通过 TDCK –40 千瓦直流控制柜向直流—交流逆变器供电，经逆变器将直流电变换成三相交流电，再通过 JP –75 千伏安交流配电柜，以三相四线制向输电线路供电。当蓄电池组的电压下降至 230V 时，为不造成蓄电池组的过放电，直流控制柜将自动切断输出，直流—交流逆变器停止工作（图 3 –12）。

该光伏电站配有备用电源，以太阳能电池发电为主，配备 1 台 75 千瓦的柴油发电机组作为备用电源，以便在必要时通过 ZCK –50 千伏安整流充电柜为蓄电池组充电，也可以在光伏发电系统出现故障时直接通过交流配电柜向输电线路供电。逆变器和柴油发电机组不能同时向输电线路送电，由交流配电柜的互锁功能来保证供电的唯一性。

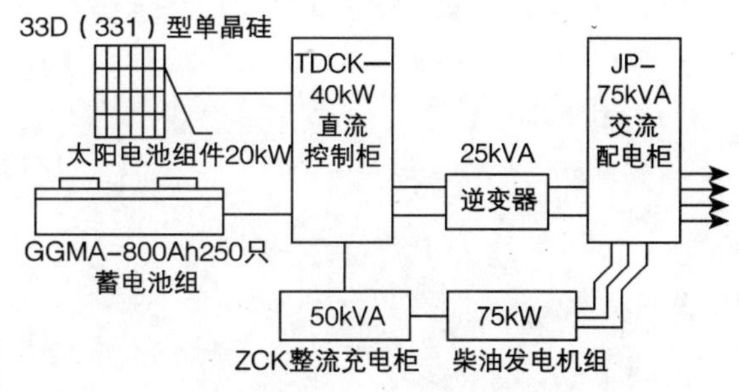


图 3 – 12　光伏电站系统图

2. 收益分析

西藏措勤 20 千瓦光伏电站的建成，对于西藏的社会稳定、民族团结、经济繁荣具有重要意义，社会效益显著。过去这里的广大藏族同胞，由于没有电，日出而作，日落而息，科技文化落后，经济不发达，远离现代物质文明，文盲充斥，过着近乎与世隔绝的生活。现在通了电，既用上了电灯，又看上了电视、听到了广播，大大缩短了与现代社会的距离，改变了当地人民群众的生活。

光伏电站取代了75千瓦的柴油发电机组，一年约可节约柴油达30吨、机油0.5吨，并且节省了从上千公里以外的拉萨将这些燃料运来所消耗的汽油。此外，光伏电站不消耗化石燃料，无二氧化碳、二氧化硫等有害气体的排放，不会破坏当地尚未遭到环境污染和生态破坏的自然环境。

# 第4章　湖、水库、水塘水体冷热资源利用

湖、水库、水塘等水体属于滞流水体，是地表水的一种。由于受到水体表面太阳辐射、气温变化以及水体底部岩土换热等因素的影响，该类水体的水温以及水温分布规律在冬、夏季存在明显差异。若向水体取排热时，释放到水体的冷热负荷会蓄积在水体中，从而降低水体的热冷源品质和数量。为此，在利用湖、水库、水塘这类滞流水体作为冷热源时，不仅要考虑气候对水温的影响，更需考虑水体承担的冷热负荷及提取冷热量的方式对水温分布的影响。

## 4.1　湖、水库、水塘水体冷热资源评价

### 4.1.1　湖、水库、水塘水体的水资源分布概述

中国湖泊数量众多、分布广泛，其中1平方公里以上的湖泊2759个，湖泊面积达91019.63平方公里，总蓄水面积710平方公里，其中淡水湖泊的面积为3.6万平方公里，占总面积的45%左右。中国地域辽阔，自然环境复杂、区域分异明显，从而使得我国的湖泊出现显著的区域差异（表4－1），多分布于青藏高原和长江中下游平原地区。

**中国不同区域湖泊水资源特征**　　**表4－1**

| | 个数（>1.0平方公里） | 面积（平方公里） | 湖泊成因 | 水资源基本特征 |
|---|---|---|---|---|
| 东部平原区湖泊 | 696 | 21171.6 | 河流水系演变与海岸线变迁 | 水源补给丰沛，多数大中型湖泊淤积严重，人类活动对多数湖泊水质水量强烈影响 |
| 蒙新高原区湖泊 | 772 | 19700.3 | 构造成因湖泊洼地积水湖泊 | 补给为降水与冰雪融水，湖泊蒸发强烈，湖泊咸化甚至干涸，人工影响入湖水量 |
| 云贵高原区湖泊 | 60 | 1199.4 | 断陷湖泊，岩溶湖泊与火山湖 | 水源补给丰富，水资源年际变化小，人类活动对部分湖泊水质/水量影响强烈 |
| 青藏高原区湖泊 | 1091 | 44993.3 | 盆/洼地积水湖湖泊与火山湖 | 水源补给小于蒸发，湖泊干化明显，冰雪补给为主要补给形式，人类活动影响微弱 |
| 东北平原山地湖泊 | 140 | 3955.3 | 洼地积水/河成湖火山堰塞/火口湖 | 水源补给比较丰富，湖水的封冻期较长，人类活动对部分湖泊水质水量影响强烈 |

此外，中国还先后兴建了人工湖泊和各种类型水库共计8.6万余座。

### *4.1.2 湖、水库、水塘水体的蓄能分析*

1. 水体自然水温变化规律

湖、水库、水塘等滞流水体通常水体量有限，水温主要受太阳辐射、天空辐射、气温变化影响比较大。冬季气温下降，天空冷辐射，水体表层散热严重，水体上冷下热，温度不稳定，冷热混渗强烈，上下温差小，到冬季末整个水体温度均匀，接近冬末气温。夏季受气温和太阳辐射影响，表层吸热升温，水体上热下冷，温度稳定，冷热混渗难，靠导热向下传热，上下温差大，下层水温一直保持冬末时的温度。图4－1为重庆大学“地表水源热泵课题组”调研测试得到的夏热冬冷地区不同季节的滞流水体自然水温分布。

测试结果与理论模拟结果表明：对于深度超过4米的滞流水体而言，夏季竖向温度分布存在明显分层现象，上下水体温差往往大于15℃；冬季水体竖向温度基本一致，温差很小；对于深度小于4米的滞流水体而言，夏季水体水温相对较高，水体“冷品位”相对较低，而且冬季水体水温受气温影响变化较大。为此，对滞流水体而言，若深度小于4米，不宜作为“高品质”冷热源的选择对象。

图4－2揭示了滞流水体夏季自然水温的变化规律。从6月1日~8月31日，在自然状态下，湖体表层水温处于日平均气温与日最高气温之间，变化趋势基本与日平均气温一致。水体底部的水温在整个夏季由10.3℃升高到12.6℃，温升2.3℃，平均每日温升仅0.025℃，直接可作为冷冻水使用。但是水体的深度和面积有限，底部可利用的低温水受到体量限制，当承担的冷负荷达到一定程度后，水体的热分层会逐渐消失，整个水体的水温将升高。

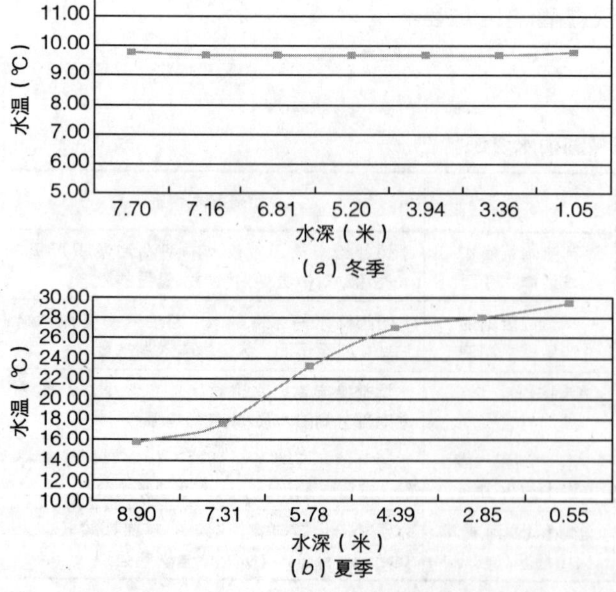


图4－1 夏热冬冷地区滞流水体自然水温分布

2. 水体供冷能力及影响因素分析

为了确定水体能提供的最大供冷能力，需要了解水体在承担不同热负荷时水温分布及变化情况。除了前述的自然水温及其分布的变化规律外，不同的取回水方式也是影响滞流水体冷热供应能力的重要因素。

重庆大学“地表水源热泵课题组”的研究成果发现：滞流水体的蓄能量与气候条件、水体面积、水体深度等因素密切相关，例如7米深水体的供冷能力基本是5米深水体的4.5倍；而水体供冷能力与自然水体水温分布、气候条件、用能形式、取回水方式等因素相关。对具体的滞流水体冷热利用工程，应根据其水温分布特点选择适宜的用能形式。

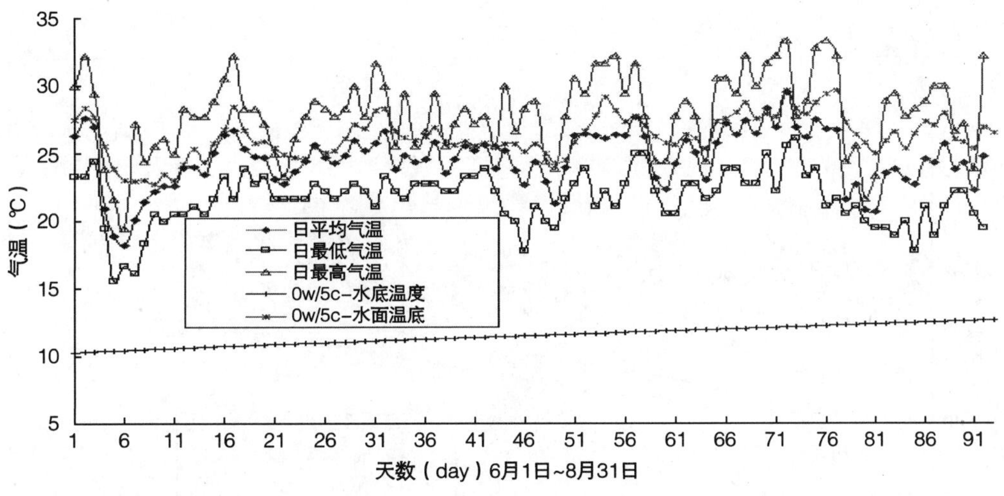


图4－2　夏季自然水温变化规律

## 参考知识：滞流水体供冷能力分析

滞流水体的蓄能与气候条件、水体面积、水体深度等因素密切相关；而水体供冷能力与自然水体水温分布、气候条件、用能形式、取回水方式等因素相关。在具体工程中，对滞流水体冷热利用，应根据其水温分布特点选择适宜的用能形式。

图4－3～图4－7是不同负荷强度、不同供回水温差条件下，该湖体水温的夏季变化曲线。从图中可以看出，随供冷强度的增加，系统运行末期水体水温明显升高。当负荷增加到50～55瓦/平方米时，在供冷初期内（6月初到7月初），底部的冷水温度明显低于日最低气温；7月中期到8月中期，底部水温略高于日平均气温；在8月中期以后，水温高于日平均气温，但低于日最高气温，仍优于冷却塔的供水温度。同时，相同运行条件下，供回水温差越大，湖体同一深度的水温越低。分析其原因，主要由于相同负荷条件下，供回水温差越大，供回水量越小，对水体的扰动越小。

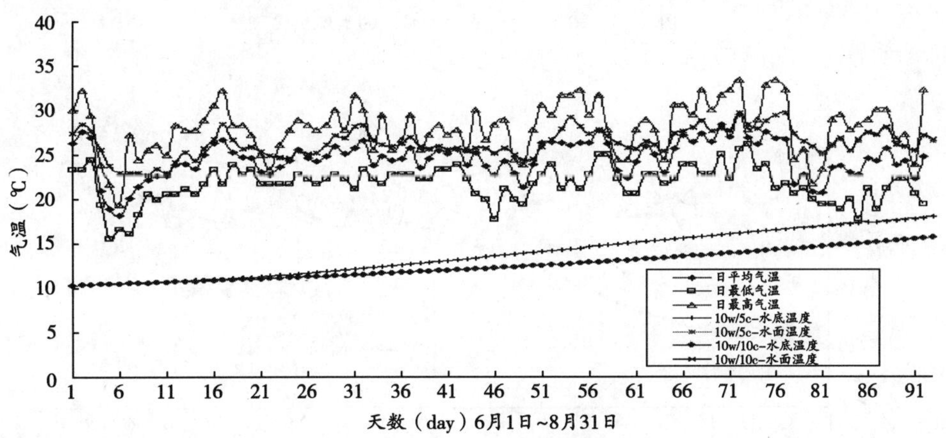


图4－3　10瓦/平方米供冷强度的水温变化

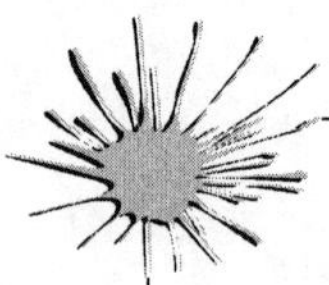

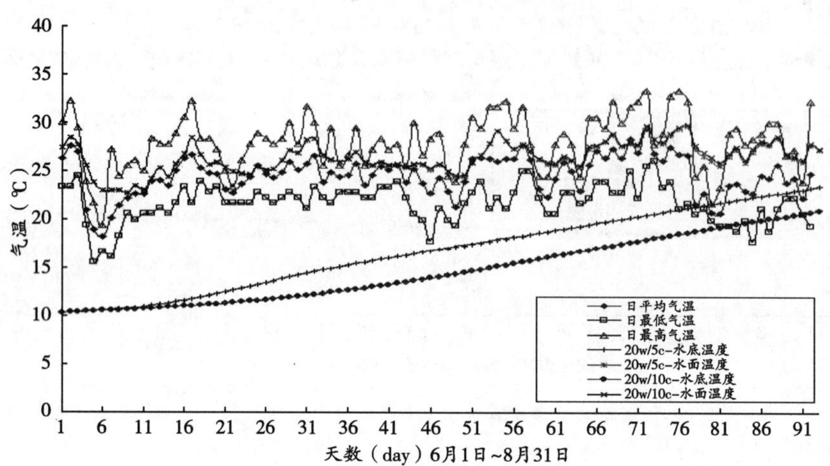


图4-4 20瓦/平方米供冷强度的水温变化

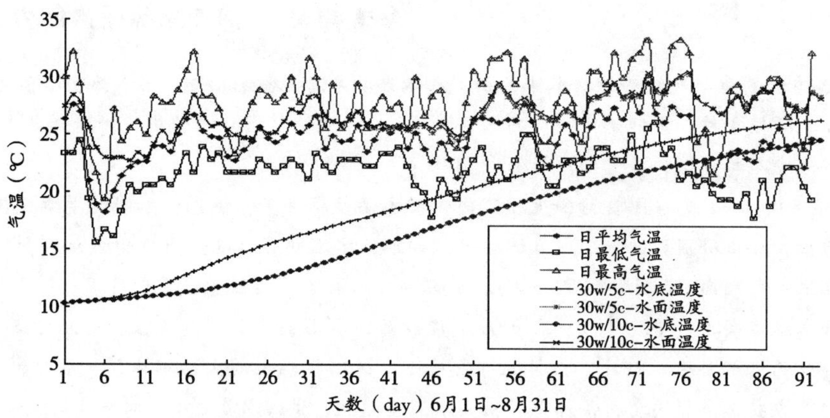


图4-5 30瓦/平方米供冷强度的水温变化

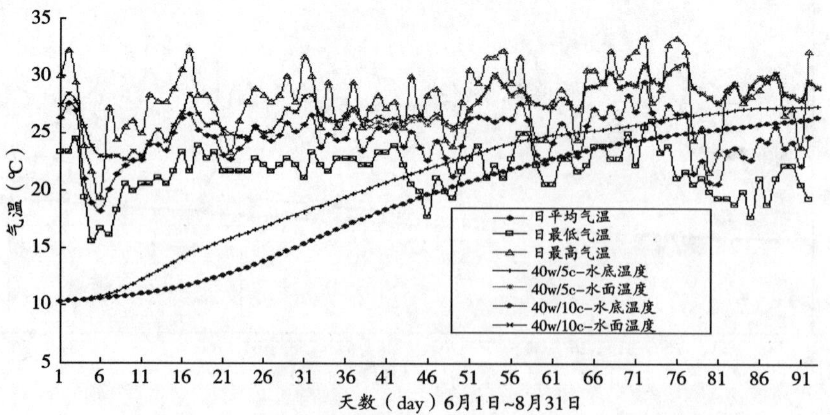


图4-6 40瓦/平方米供冷强度的水温变化

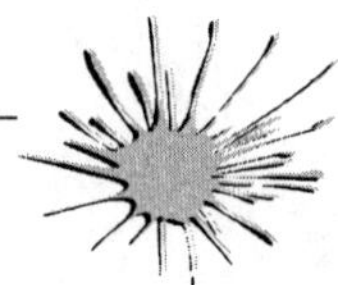

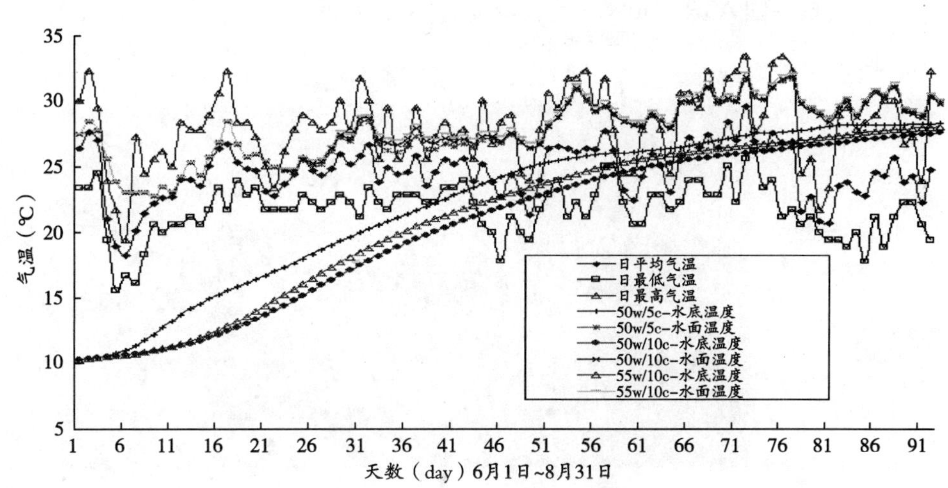


图 4－7　50～55 瓦/平方米供冷强度的水温变化

从图 4－8 可以看出，滞流水体的水深也是影响水体供冷能力的重要因素。7 米深水体的供冷能力基本是 5 米深水体的 4.5 倍。

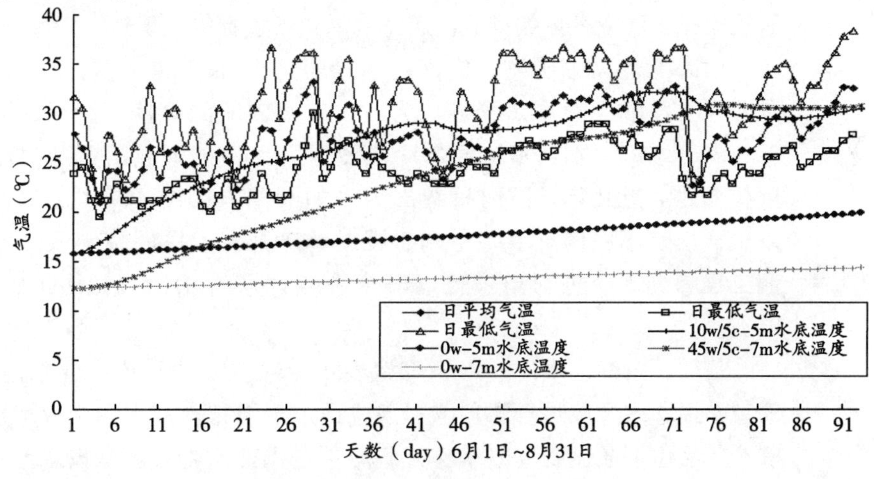


图 4－8　不同深度水体的供冷能力比较

### 4.1.3　综合评价

目前，国内外已经展开了不少针对湖、水库、水塘等滞流水体冷热资源利用的研究和利用，而且相关的技术、设备也在不断完善。

美国康奈尔大学开展的“湖水源冷却项目”（Lake Source Cooling Project），其设计供冷量是 70400 千瓦以上，利用 Cayugal 湖泊的 75 米深水区中常年为4℃的冷水作为冷源，通过热交换器间接冷却向建筑物供冷的空调冷水，然后排放到离湖面4.27米、离岸150米的浅水区中，该工程获得2002年美国ASHRAE技术奖一等奖（图4－9）。

图4－9　美国康奈尔大学“湖水源冷却项目”的取回水示意图

加拿大多伦多市在2004年8月启动了深层湖水冷却工程，利用安大略湖深层湖水作为市中心建筑的直接冷源，该系统可以为市中心地区的1000万平方米，也就是大约8000栋楼房提供制冷服务，湖水再经处理后，进入多伦多市的自来水系统。与传统的空调相比，可以节省大约75%～80%的电力，同时还能减少温室气体的排放，避免能源紧张状况的出现。

相比国外，中国湖、水库、水塘等地表水资源丰富，冷热蓄存量大，是非常难得的天然冷热资源。为此，在我国能源可持续利用、发展的背景下，湖、水库、水塘等地表水冷热资源利用将成为我国可再生能源利用的重要形式。近几年，国内相继出现了如湘潭人工湖区域供冷供热工程、南京工程学院图书信息中心空调工程、重庆开县人民医院地表水水源热泵空调工程等湖水冷热利用项目，与传统空调系统相比，节约运行成本50%以上。

目前，对湖、水库、水塘等地表水冷热资源的利用主要采用两种形式，即直接提取水源冷热资源加以利用或通过热泵技术从水源中提取能量，提高其冷热品位，通过空气或水作为载冷剂送到建筑物中。从技术而言，这两种形式已非常成熟，可以实现系统高能效、低运行费的节能效果。

同时，在湖、水库、水塘等水体的冷热资源利用中，应该看到可能存在以下问题：使用受到地理条件的限制；系统容易腐蚀、结垢或堵塞；初投资比较高；水泵消耗可能比较高，等等。

综上可见，湖、水库、水塘等地表水冷热资源的利用属于高效、节能、环保的能源利用形式，属于可再生能源的范畴。然而，在实际工程中仍需根据项目具体情况进行详细的技术、经济、环境影响可行性论证，综合考虑各因素，以实现真正的能源可持续利用。

## 4.2　利用条件及系统形式

### 4.2.1　水体冷热资源利用条件及限制

1. 可利用的水源条件限制

对于湖、水库、水塘等滞流水体而言，尽管其拥有巨大的冷热资源，但是并非所有这类水体均能保证系统高效、安全、稳定运行。在实际工程利用中，这类水体的冷热利用要受到水源一定条件的限制，其中水源系统的水量、水温、水质以及供水稳定性是影响系统运行效果的重要因素。

（1）水源与水量

就某项具体工程而言，应从实际情况出发，判断是否具备可利用的水源。不同工程的场地环境和水文地质条件千差万别，可利用的水源各不相同，应因地制宜地选择适用水源。当有不同水源可供选择时，应通过技术经济分析比较，择优确定。

水量是影响水体冷热资源利用系统工作效果的关键因素，一项工程所需水量多少由该工程负荷与机组性能确定，所选择的水源水量应满足负荷要求。如果其他各种条件均具备，但水量略有不足，其缺口可采取一定辅助弥补措施解决。如水量缺口较大，不能满足负荷要求，就应考虑其他方案。

（2）水温

湖、水库、水塘等滞流水体冷热资源的利用形式、可利用程度等在很大程度上由水体的水温所决定。为此，我们在进行滞流水体冷热利用可行性分析时，必须考虑冬夏季水体的自然水温以及负荷条件下的水温变化。重庆大学“地表水源热泵”课题组的调研数据显示，湖、水库、水塘等滞流水体的自然水温分布受气候条件的影响非常大，全国不同地域滞流水体的水温随季节、气候区域的不同而存在巨大差异。因此我们在利用湖、水库、水塘等滞流水体的冷热资源时，必须根据水体所处的气候区（严寒地区、寒冷地区、夏热冬暖地区、夏热冬冷地区、温和地区）分别考虑利用形式、技术方案。

（3）水质

湖、水库、水塘等水体中的水与江、河等水体一样，总是处于无休止循环运动中，不断与大气、土壤和岩石等环境介质接触、互相作用，因而具有复杂的化学成分、化学性质和物理性质。在利用湖、水库、水塘等水体冷热资源时，除应关心水源水量外，还应关注水的温度、化学成分、浑浊度、硬度、矿化度和腐蚀性等因素。

目前，对地表水源热泵所用水源的水质尚无有关规定。但是，在实际工程中应进行水源水质分析，确定影响系统设备、管件、管道等的不利成分，从而采取相应的措施消除或减小水质对系统的不利影响。

（4）供水稳定性

对于可供利用的湖、水库、水塘等水体而言，还应保证全年均能满足系统用能的需求。换句话说，这些水体全年的蓄水量要能稳定，满足系统供水保证率高、供水功能长期可靠的要求。

2. 投资的经济性限制

受不同地区、不同用户及国家能源政策、燃料价格的影响，水源的基本条件的不同，一次性投资及运行费用会有所不同。以辅以热泵机组的“间接利用”系统为例，虽然总体来说，水源热泵的运行效率较高、费用较低，但与传统的空调制冷取暖方式相比，在不同地区、不同需求的条件下，水源热泵的投资经济性会有较大的差异。通常需采用“全寿命周期法”进行经济性评价。

3. 环境影响限制

与流动水体相比，释放到滞流水体的冷热将在水体内蓄积，长期运行时大量的冷热量蓄积会引起水体水温升高或降低，从而可能使水体内鱼类、微生物的种类、数量发生变化，影响藻类的生长繁殖。为此，在进行滞流水体冷热资源利用时，必须进行详细、缜密的环境影响评价，避免对生态环境造成破坏。

### *4.2.2　水体冷热资源利用系统形式*

目前，对湖、水库、水塘等地表水冷热资源的利用上，主要有两种方式：（1）采用热泵技术从水源中提取能量，提高其冷热品位，通过空气或水作为载冷剂送到建筑物中；（2）直接提取水源冷热资源加以利用。

后一种“直接加以利用”的系统形式需要有夏季水温相对比较低（通常低于15℃）、冬季水温较高且容量相对较大的水体才能实现。对于湖、水库、水塘等自然地表水而言，只有深度、水面均比较大的水体才能达到夏季的水温要求；但是，具有这样条件的水体往往在满足夏季低水温的条件下难以满足冬季高水温的要求，也就是说冬季仍需要热泵技术加以提升冷热品味才能为我所用。为此，这种直接加以利用的形式主要用在一些条件特殊且只需要夏季供冷的场合，比如水电站等建筑。在我国尤其西南地区，水电站数量以及规模相对比较大。这些水电站为了发电需要，都形成了巨大的水库，而且水库均属于深层水库。据测试，这些水库的深层水温常年维持在13～16℃，是非常好的冷资源，可以直接为水电站供冷所用。这种“直接利用”方式，由于没有中间热泵设备耗能，其效率更高，使用更节能。

对于大部分湖、水库、水塘等地表水源，我们在进行冷热资源利用时，由于受水体水温限制，大都采用热泵技术提升冷热品位加以间接利用。这种利用湖、水库、水塘等地表水作为冷热源的热泵技术属于地表水源热泵的一种方式。作为湖、水库、水塘等地表水源热泵系统而言，根据不同的标准可以划分不同的系统形式。

1. 按水体利用形式划分

水源热泵根据对水源的利用方式的不同，可以分为闭式系统和开式系统两种。闭式系统是将换热盘管放在水体底部，通过盘管内的循环介质与水体进行热交换而将热量释放或提取，从而达到制冷和制热的效果。这种系统冷热容量一般比较小，通常与水—空气热泵机组相连接。开式系统直接利用水泵抽取地表水输送至热泵机组或中间换热器，经过换热后排放。开式系统需对进入管路的水源水进行水质处理，并根据具体情况采取适当的水系统方式。

2. 按末端形式划分

就系统末端装置的形式而言，水源热泵系统又分为集中的大型水—水水源热泵机组 + 风机盘管和分散的水—空气水源热泵机组形式。

水—水水源热泵机组最终产出的是冷热水，该类型机组相对较大，一般整个工程设一个水源热泵机房，所产出的冷热水通过泵输送到各单体建筑；根据需要也可以在各单体建筑内设置水—水水源热泵机房，各单体建筑的水—水水源热泵机组产出冷热水后再通过水泵输送到楼内各个空调区域，通过风机盘管和空气处理机组将冷热水中的能量输送到各个房间。

水—空气水源热泵机组是一种直接蒸发式的机组。该类型机组相对较小，一般根据各个区域的使用功能和使用要求划分成很多的小型系统，循环水在中央水泵房中换热后通过水泵输送到各单体建筑中的机组中，空调区域的回风通过机组加热/冷却后被送出，能量不需要二次输送，因此不再另行需要其他诸如风机盘管等的热湿处理机组。

水—水水源热泵系统是一种更为集中的空调方式，国内已有生产。由于机组较为集中，因此水源热泵机组初投资较小，但热泵机组需要在建筑中设置专用的机房。水—空气水源热泵系统相对分散，目前成熟产品主要为国外品牌，机组初投资略高，但其室内的循环水管不需要保温，由于机组分散到末端，所需机房面积也较小。就系统的综合造价而言，虽然水—空气水源热泵系统形式较贵，但水—水水源热泵系统所需的风机盘管和空调箱、保温以及多占机房带来的费用增加，二者相差不大。从运行上来看，由于水—水水源热泵机组的能量调节只能分有限的级数进行，而且要同时供冷供热就必须采用四管制，因此比较适合于作息时间比较统一、负荷比较一致的场合；水—空气水源热泵机组自带温控器，可以根据使用要求进行独立的调节和运行，还可以在两管制的情况下实现四管制才有的同时供暖供冷的功能，因此比较适合作息时间多样化且使用要求也比较多样的商用和公用建筑。

## 4.3　湖、水库、水塘水体冷热资源利用关键技术

### 4.3.1　技术路线

在湖、水库、水塘等滞流水体冷热资源利用过程中，应该在项目前期进行实地调研、考察，掌握水体详细的水文地质资料以及水体水温、水质分布与变化规律等资料，然后进行技术可行性、经济可行性分析论证，同时必须考虑对生态环境的可能影响分析预测。

在项目前期科研分析论证通过的条件下，可以进行具体的技术方案制定和设计。在技术方案考虑时，若水体各条件允许直接利用，尽量采用“直接利用”方案利用其冷热资源；对于需要热泵系统提升冷热品位后加以间接利用的，应尽量降低系统能耗，以提高系统能效比，保证系统安全、可靠运行。

在系统设计时，应考虑水体的水温分布和水温变化规律，尽量保证夏季利用水体的低温水、冬季利用水体的高温水。

### 4.3.2　基本原理

湖、水库、水塘等水体“间接”冷热资源利用由于加入热泵等设备，使得系统相对比较复杂。为此，对这种辅以热泵系统的“间接”利用形式的基本原理简单介绍如下：

1. 开式系统

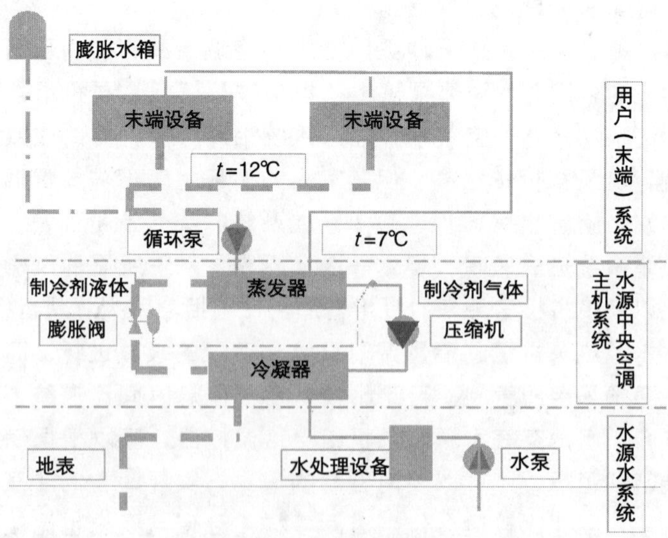


图4－10　夏天供冷示意图

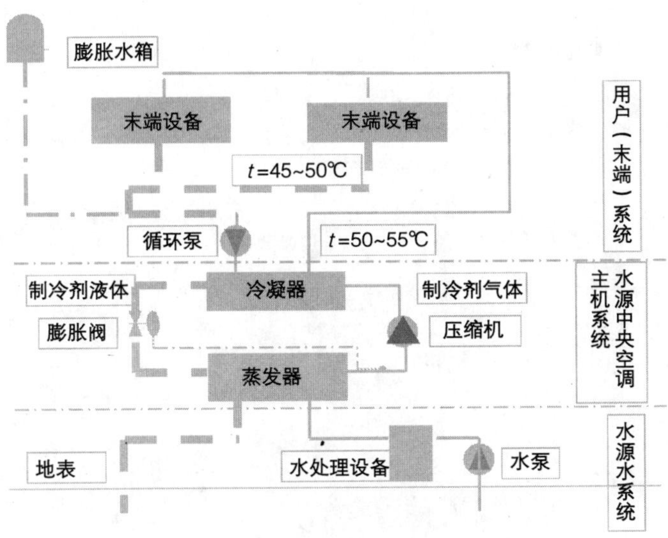


图4-11 冬季供热示意图

2. 闭式系统

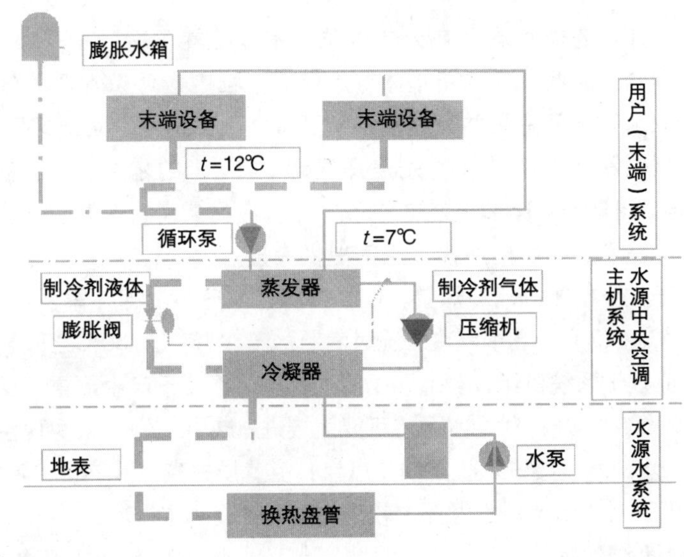


图4-12 夏天供冷示意图

### 4.3.3 关键技术

由于不同区域、城市的湖、水库、水塘等水体水温、水质等不尽相同，在使用湖、水库、水塘等地表水冷热资源时，应根据具体的气候、水体条件采用相应的技术措施使系统更安全、可靠、高效运行。根据现有的技术条件，在湖、水库、水塘等地表水冷热资源利用的过程中，主要有以下关键技术：

1. 水温控制技术

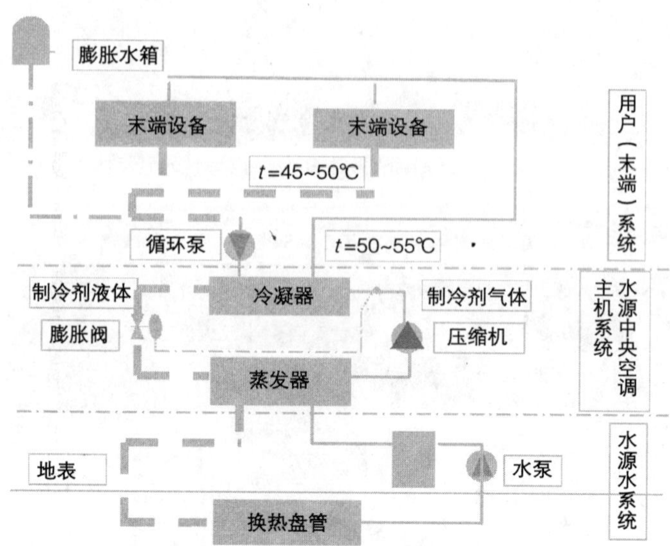


图4－13 冬季供热示意图

在对湖、水库、水塘等地表水冷热资源利用中，水体夏季的水温越低越好，而冬季水体水温则越高越好，这样可以提高地表水源热泵系统的能效。根据重庆大学“地表水源热泵课题组”对湖、水库、水塘等地表水水温分布规律的调研可知，夏季水温存在分层现象，水体上热下冷，冬季整个水体水温上下基本均匀。为此，在利用水体冷热量的过程中应考虑水温的分布规律，夏季尽量提取水体下部冷量并且将热量排至水体上部，冬季则恰好反过来。

对于大型的深水库或湖（特别是深度超过30米的水体），即使在夏季，其深水水温也往往低于18℃。在这种条件下，应尽量考虑采用“直接”冷热源利用方式，提取深层水向所需冷空间提供冷量。

当不便于“直接”利用冷热量，但水源水温又适中（即冬季供热工况下水源水温为12℃～22℃，夏季制冷工况时水源水温在18℃～30℃之间），水源水质又较好（适宜于系统机组、管道和阀门的材质，不至于产生严重的腐蚀损坏，矿化度<350毫克／升）时，水源水可以直接进入热泵机组，来实现空调效果，见图4－14。水源水直接进入机组的特点为：能量损失少；系统管路简单，运行维护方便；但是对水源水质水温要求较高，适用性受到限制。

图4－14 水源水直接进入机组示意图

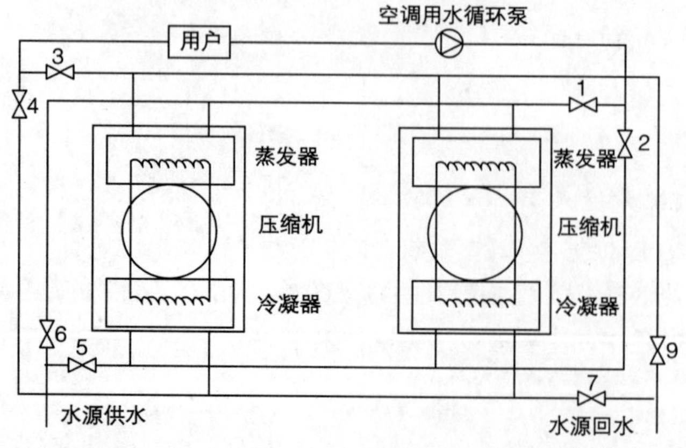


当不便于“直接”利用冷热量、水源水温又不适合热泵机组时，需要对设备进水温度加以调节控制，比如：对于开式地表水源热泵系统而言，夏季水源水温低于18℃时，水源水不宜直接进入冷凝器，或冬季水源水温高于22℃时，水源水不宜直接进入蒸发器，建议采用混水方式或中间板式换热器方式控制水温，以保证机组高效稳定运行。

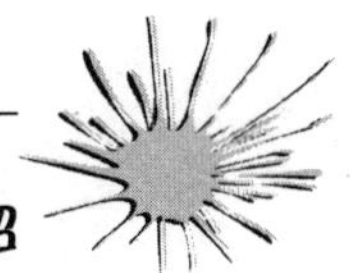

## 参考知识：水温控制具体方式介绍

1. 混水方式控制水温

工程中常用的混水方式有三种：

(1) 电动三通阀混水方式

采用电动三通阀的方式进行混水，同时应配有混水泵和相应的控制装置，见图4－15。混水泵和电动三通阀在通常情况下直接运行时关闭，在极端温度下混水运行时开启。电动三通阀混水方式的特点是：可以节约水源水量，系统操作、控制比较复杂，初投资略有增加。

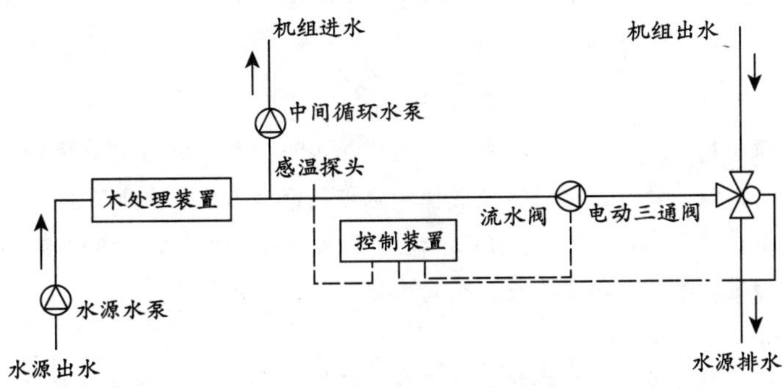


图4－15　电动三通阀混水方式示意图

(2) 混水器混水方式

在系统中安装混水设备，除可保证极端温度下系统高效稳定运行外，还可以起到节约水源水用量的目的，一般采用容积式混水器，也可采用射流式混水器，前者体积大、费用低，后者体积小、费用高。混水器混水方式见图4－16，运行方式为直接运行时阀门关闭，混水运行时阀门开启。

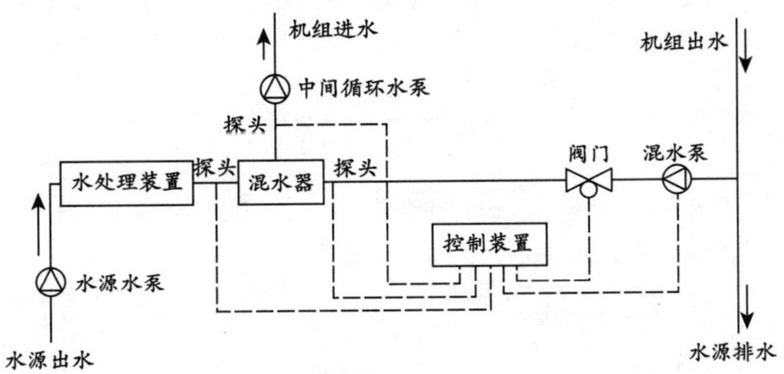


图4－16　混水器混水方式示意图

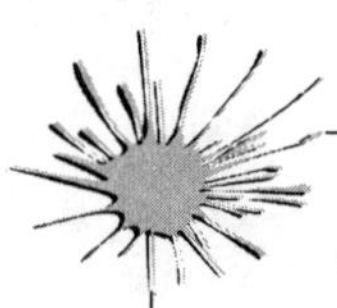

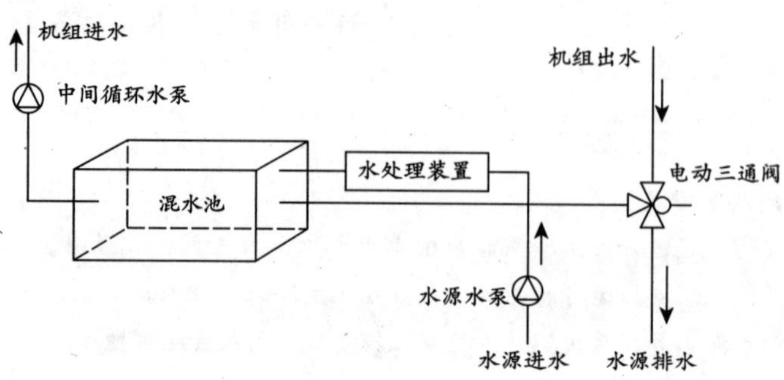


图4-17 混水池混水方式示意图

(3) 混水池混水方式

如果工程场地面积较大，可修建混水池，除起到混水作用外，还可起到除沙的沉淀池作用，降低水中含沙量，避免机组、管道、阀门遭受磨损和堵塞，费用比漩流除沙器低，但是占地面积较大。混水池混水方式见图4-17，其特点是：可以与消防水池、沉淀池共用，可以节约水源水量和蓄能；增加水池面积，从而增加水源水的含氧量；控制难度大；占地面积大。

2. 中间板式换热器方式控制水温

水源水温不合适，亦可设置板式换热器（见图4-18），来解决夏季水温低于18℃和冬季水温高于22℃的极端情况问题，使机组正常运行。这种控温方式同时可解决地表水系统中冬季供热工况下可能出现的水源水温过低而导致的冰堵现象，热泵机组与板式换热器间用防冻液作为载冷剂，通过板式换热器与水源小温差换热，避免由于进机组温度过低而使蒸发器结冰。在水温水质适宜的情况下，夏季为了提高换热效率、减少换热损失，可以直接引用湖水作为载冷剂，增加地表水与制冷剂之间的传热温差，在相同条件下，增加机组的制冷量或制热量。运行方式：

(1) 冬季运行水温适合，夏季运行水温较低时：冬季阀门9、11开，阀门10、12关；夏季阀门10、12开，阀门9、11关。

(2) 夏季运行水温适合，冬季运行水温较高时：冬季阀门10、12开，阀门9、11关；夏季阀门9、11开，阀门10、12关。

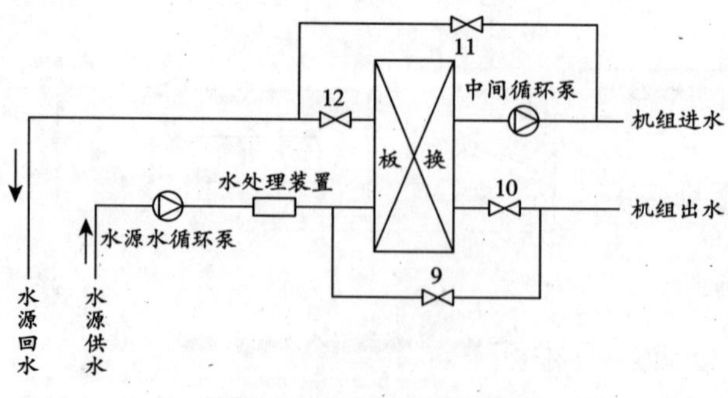


图4-18 水源水温板式换热器示意图

2. 水质处理技术

由于湖、水库、水塘等地表水体拥有复杂的化学成分、化学性质和物理性质，在冷热利用过程中，如果进入系统的地表水不作任何处理，很有可能锈蚀系统设备、管道、阀件等部件，影响系统设备的使用寿命；另外，可能会形成泥沙淤积、产生污垢并且由于微生物不断繁殖而产生生物黏泥等堵塞设备管道，从而增加系统能耗，降低制冷效果，影响系统正常使用。

（1）结垢

结垢过程就是污垢沉积物在管道表面上的形成过程，常见的结垢物有钙盐、镁盐和硅化物等。引起结垢的原因通常有以下几个方面：①水的混浊度大，悬浮于水中的固体微粒因重力作用而沉积；②管道和换热器本身表面起化学反应，其产物作为污垢而附于表面上；③管道内的水流动速度太小，一般来说，在不考虑其他因素的影响下，水流速度越小，结垢趋势越大；④钙在酸性、中性、弱碱性介质中的溶解度随温度升高而减小，而 $CO_3^{2-}$ 的浓度随温度的升高而增大，所以随着温度的升高碳酸钙结垢就越厉害；⑤如果水中含有铁离子，这些离子在碱性条件下易形成 $Fe(OH)_3$、$Fe_2O_3$ 晶体。一旦有这些晶体生成，其他盐类晶体就很容易以其为晶种，吸附在其表面，快速聚集，使结垢程度加大，温度越高，垢形成得越多；⑥二氧化碳溶于水存在如下电离平衡式：

$$H_2O + CO_2 \rightarrow H^+ + HCO_3^- \rightarrow CO_3^{2-} + 2H^+ \tag{4.1}$$

$$OH^- + H^+ \rightarrow H_2O \tag{4.2}$$

$$Ca^{2+} + OH^- + HCO_3^- \rightarrow CaCO_3 + H_2O \tag{4.3}$$

$$Ca^{2+} + CO_3^{2-} \rightarrow CaCO_3 \tag{4.4}$$

在酸性环境中，$H^+$浓度较大，结垢不易发生。在碱性环境中，（4.1）式的发生使（4.2）式电离平衡向右进行，$CO_3^{2-}$和 $HCO_3^-$ 的浓度增加，（4.3）、（4.4）两平衡式向右反应，产生 $CaCO_3$ 沉淀，从而加重了结垢的程度。$Mg^{2+}$和 $OH^-$结合生成的 $Mg(OH)_2$ 溶解度比 $CaCO_3$ 小，更易沉淀结垢。

（2）腐蚀

金属产生腐蚀的主要原因有化学腐蚀和电化学腐蚀两种，地表水源热泵系统的腐蚀主要是由溶解氧和 $Cl^-$ 引起的电化学腐蚀。在阳极极化条件下，介质中的 $Cl^-$可使金属发生孔蚀，而且随着 $Cl^-$ 浓度的增加，孔蚀电位下降，使孔蚀容易发生，尔后又使孔蚀加速；溶解氧的还原是腐蚀微电池阴极上的主要反应。以铁为例说明溶解氧和 $Cl^-$ 的腐蚀机理：

贫氧区：

$$Fe \rightarrow Fe^{2+} + 2e^-$$

$$Fe^{2+} + 4Cl^- \rightarrow [FeCl_4]^{2-}$$

$$[FeCl_4]^{2-} + 2H_2O \rightarrow Fe(OH)_2 + 2H^+ + 4Cl^-$$

$$2H^+ + 2e^- \rightarrow H_2$$

富氧区：

$$Fe \rightarrow Fe^{2+} + 2e^-$$

$$O_2 + 2H_2O + 4e^- \rightarrow 4OH^-$$

$$Fe^{2+} + 2OH^- \rightarrow Fe(OH)_2$$

$$4Fe(OH)_2 + O_2 + 2H_2O \rightarrow 4Fe(OH)_3$$

$$2Fe(OH)_3 \rightarrow Fe_2O_3 + 3H_2O$$

（3）生物污泥

自然水体中常见的有害微生物主要有藻类、细菌和真菌。它们的生成主要是由于水体的温度和pH值恰好适合微生物的生长，而且水体中有它们生长所需的营养源，如有机物、碳酸盐、硝酸盐、磷酸盐等，加上自然水体常年有阳光照耀，给微生物的生长提供了良好的条件。许多细菌都具有黏性细胞壁和形成菌角团的能力，能将悬浮水中的无机物、腐蚀产物、灰沙淤泥等粘结在一起，形成淤泥沉淀物，附着在管壁上，且越积越厚。微生物沉淀不仅增大传热热阻，还会影响冷却水的流通性，使传热系数进一步降低。

为此，在湖、水库、水塘等地表水冷热利用过程中，应该进行必要的水质处理，尤其是开式系统。主要的水处理方式有：

1）泥沙等固体悬浮物的处理

对于水体中的泥沙、石块、鱼类以及其他固体悬浮物，可以先通过滤网进行初步过滤，然后通过沉淀池或旋流除沙器等进行物理方式处理。

2）腐蚀性成分、生物成分的处理

①化学处理法：一般是加入不同作用的水处理药剂——缓蚀剂、阻垢剂和杀菌灭藻剂。化学处理方法一般需要专业人员管理，运行成本较高，对环境有一定的污染。

②静电处理法：利用静电作用使水产生一些自由电子，附着于管壁，防止管壁金属失去电子而被氧化；同时溶解氧得到活化，具有一定的防腐和杀菌灭藻作用，但防垢效果不理想，电极要求较高且要定期进行清洗。

③磁化处理法：磁化水形成的水垢较为疏松，附着力弱，容易冲洗；同时强力的磁场作用会使微生物的分子结构失去活性，可以抑制生物污泥的产生。但磁场强度随时间逐步减弱或消失，水处理效果也越来越差。

④离子交换法：利用离子交换剂取代水中的钙镁离子，使水软化达到防垢作用。但没有防腐杀菌灭藻效果，对环境也有一定的影响。

⑤高频电子法：利用发生器产生的高频电信号，使水的物理结构发生变化，激活一些自由电子，同时高频磁场使水中的溶解氧成为惰性氧，抑制铁锈的产生并切断了微生物的氧来源，以此达到防腐阻垢、杀菌灭藻的作用。

在实际工程应用中，对水质要进行分析，根据不同的水质选择合适的水处理方法。除了水处理以外，还可以采用针对不同的水质选择不同的管材、提高管道中的水流速度等方法来阻止结垢、腐蚀和生物污泥等危害的发生。

3. 热泵技术

前述的冷热利用过程的技术方法，实际上是将水源水温或水质进行处理后适应设备系统，总体而言属于“被动式”的利用方式，不能达到对水源水的“完全直接利用”。因此，为了成就“主动式”的冷热利用，需要加强设备系统的研发，使设备适应不同水体需求。以现在工程上较多采用的冷热利用方式——热泵系统为例，需要加强热泵设备的研发，使热泵能适应的进水温度范围更大、水质条件更广。

## 4.4　常见问题及解决措施

在对湖、水库、水塘水体冷热资源的利用中，主要的利用方式是采用热泵系统将其热能进行提升后加以利用。根据对现有地表水源热泵工程运行情况的调研，主要存在以下几个方面的问题：

1. 进水温度过低，机组保护停机

地表水水温随着季节和地理环境的不同而变化。夏季地表水水底水温一般不超过32℃，制冷没有问题。冬季，特别是北方地区，地表水温度很低，甚至结冰。这种温度很低的水源进入系统换热后温度进一步降低，如果换热温差过大，就会有冰冻堵塞或者胀裂管道的危险，可能影响整个系统的运行。为了防止这种故障的发生，热泵系统一般都会设置进水温度保护装置。当水温低于设定值时，机组保护停机，水温恢复到设定值以上时，机组重新开机。如果水温反复变化，机组就会出现频繁的开停机，严重影响机组的寿命。

保护停机或频繁的开停机影响了建筑物的空调效果，这种情况下一般采取加辅助热源的方式保证系统正常运行。辅助热源有锅炉、电加热和太阳能等。锅炉辅助热量较多，但投资较大；电加热启动速度快，但能源利用效率较低；太阳能是绿色环保的辅助热源，但是受天气的影响很大，见效相对也慢一些。在实际使用中，辅助热源的选择要根据具体情况慎重考虑，以保证系统的经济高效运行。

2. 水处理不当，引发二次污染

自然水体一般都含有各种各样的杂质，这些水源在进入热泵系统前要进行处理。目前，空调水处理很多用投放磷系化合物的方法，在运行过程中，如果出现泄露、不经处理排放，含磷物质就会进入自然水体。磷本身就是富营养物质，它能使水中的植物迅速生长并消耗掉水中的氧，导致水中动物因缺氧而死亡。

现在空调中常用的防冻液主要由乙二醇和水配兑构成，如果操作管理不当，就会进入自然水体，给环境和空气造成污染，进入人体就容易使人体内酸碱平衡失调，对肾产生破坏。二次污染对环境的影响不容忽视，在空调水处理时，要尽量避免使用化学方法。即使使用化学方法，排放物也要经过处理达到排放标准后排放。

3. 取水温差过大，破坏生态环境

水温是影响水生物生长繁殖和分布的重要环境原因，在适宜的温度范围内，生物的生长速度与温度成正比，超过适宜的温度范围时，生物的行为活动以及生长繁殖都将受到抑制，甚至死亡。夏季，取水温差过大，即超过35℃时，水中浮游生物的种类和数量减少，群落的物种多样性也会降低；冬季，取水温差过大会出现较低的温度，不仅影响了水中的生物种类，还有可能冻坏空调水管。

4. 安装管理不当，损坏换热盘管

地表水源热泵闭式系统主要的换热装置是浸在水中的换热盘管。这些换热盘管如果放置在公共水域中，很容易遭到人为的破坏，导致盘管变形或破裂。如果水域中水流速度过大，也会导致盘管变形或破裂。换热盘管变形会影响换热效果，导致机组出力不足。如果破裂，闭环系统中的防冻液就会泄漏出来，不仅影响了系统的正常运行，还会造成环境污染。

因此，工程实际使用中可以在放置盘管的地方设置警示牌，并且把换热盘管放置在流速适当的地方，从而削减水流速过大带来的负面影响。

5. 取水、排水口位置不当，机组运行效率降低

热泵系统在制冷工况时，冷热源温度越低，热泵效率越高；制热工况时，冷热源温度越高，热泵效率越高。制冷时，经过换热的水再次排放到水体中，如果取水口和排水口设置位置不当，排出的水还没有经过充分的自然冷却又从取水口进入系统，无疑降低了热泵的效率。制热工况亦然。

通常情况下，取排水口的布置原则是取水口和排水口之间要有一定的距离，保证排水再次进入取水口之前温度能最大限度地恢复。

## 4.5 应用案例

近年来，利用湖、水库、水塘水体作为冷热源的地表水源热泵系统工程在全国陆续出现，尤其在南方地区利用得相对比较多，例如贵阳花溪国宾馆地表水水源热泵空调工程、南京工程学院图书信息中心空调工程、重庆开县人民医院地表水水源热泵空调工程、宁波银凤度假村水源热泵空调工程、建德黄龙月亮湾大酒店水源热泵空调工程、湘潭人工湖区域供冷供热工程、广州地铁二线海珠广场冷站集中供冷工程等。

这里以重庆开县人民医院地表水水源热泵空调工程为例对湖、水库、水塘等非流动水体的冷热资源利用加以介绍。该项目现已建成，2008 年 5 月投入实际使用。

### 4.5.1 工程概况

重庆市开县人民医院是集医疗、教学、科研于一体的大型综合性医院，

历史悠久，技术一流，设备先进，服务优质，环境优美，综合实力位居重庆市县级医院前列，业务辐射周边多个区县，承担着近200万人的医疗救治和预防保健任务，承担着市内外医学院校及县内乡镇中心卫生院的科研教学、实习任务。医院编制病床550张，现有职工628人，开设有26个临床科室、1个综合门诊部和开县120院前急救中心、新城分院、体检中心。

重庆市开县人民医院属三峡库区移民全淹全迁单位，移民迁建项目业务综合楼工程，建设选址于开县新城伯承路以西、安康水库东侧。业务综合楼项目总用地面积68199.62平方米，总建筑面积54411.2平方米，其中地下3722.15平方米，地上50689.05平方米，建筑基底面积7729.85平方米，容积率0.799；建筑空调面积24247.80平方米。大楼半地下室2层，地面21层，主要为开县人民医院的门诊、医技、住院用房。根据县委、县政府的长远发展战略，新医院建设定位为区域性医疗中心，设计容纳临床科室近50个，实际开放病床可达700张，年门诊人次30万，年住院人次1.5万。建成后，院内人流量较大。

图4-19　项目所利用湖体及排水口

图4-20　项目的建设过程及建成后外观鸟瞰图

经空调负荷计算，该项目空调负荷夏季最大冷负荷（含新风）出现在下午3点，最大冷负荷（含新风）为2912708.3瓦，冷负荷面积指标120.12瓦/平方米。冬季总耗热量1117153.51瓦，负荷面积指标46.07瓦/平方米。

根据给排水专业提供参数，卫生热水供水量为126立方米/天，最大小时供水量为11.7立方米/小时，每天供热量为5426千瓦，最大小时耗热量为504千瓦。

### 4.5.2 工程技术方案

该工程水源热泵机组可利用的水体温度冬季为8～12℃，水体温度比环境空气温度高，所以热泵循环的蒸发温度提高，能效比也提高；而夏季水体为16～30℃，水体温度比环境空气温度低，所以制冷的冷凝温度降低，使得冷却效果好于风冷式和冷却塔式，机组效率提高。在夏季，湖水作为冷却水，水源热泵机组为室内进行供冷；在冬季，湖水作为低位热源，水源热泵机组转为室内提供热量。

根据医院建筑的特点及医院科室独立核算、空调单独计费等需求，空调系统采用分散布置的水－空气热泵机组。热泵机组由压缩机、水侧换热器、风侧换热器、节流元件及风机组成，内设四通换向阀，夏季制冷，冬季供热。且同一系统不同房间可以同时制冷和制热，能满足内外分区及不同人员的个性化要求。机组分散设置，不需设置集中机组，控制简单、调节方便。耗电设备分散设置便于计量。

工程住院大堂和住院药库等大空间采用吊顶式空调机组处理空气的全空气系统。空调机组对混合后的室内空气和室外新风进行处理至送风状态后经消声箱、风管和设于吊顶上的散流器送到室内；回风通过机房集中回风；风系统气流组织为上送上回。过渡季节可通过调节新风阀，关闭回风对室内实现全新风换气。

其余小房间采用分离式风机盘管处理空气、保证室温的空调方式。气流组织采用上送上回方式，送风根据装修吊顶采用散流器下送或双层百叶风口侧送方式。

大楼设置中央机械自平衡通风系统。通过空气的梯度压力差布局设计（为确保系统压差恒定、不受系统波动影响），系统自平衡式风机具有效率高、噪声低、体积小、运行平稳、有无级调节装置、24小时不间断运行特点；系统各送、排风口均采用带定风量调节阀MR的自平衡式风口，该风口通过压力自动调节风量的自平衡方式（不需要电动或手动等主动控制方式）来保持风量恒定，即通过平衡阀中的硅胶气囊感应装置来感应流经风管的气流，根据不同风压自动精确地收缩和膨胀改变阀体截面大小来实现风量恒定，有效防止污染空气的外逸，避免空气无组织交叉污染现象发生。室内负压环境适度，感觉舒适，无噪声、异味。整个系统应突出净化和处理功能，保证空气的有序流向和气流压差，注重节能效果和空气安全，建构成一个科学、经济、健康、节能的系统。

大楼的空调循环水系统由板式换热器、空调循环水泵、空调器等组成；系统板式换热器设于地下一层机房内，为了运行安全和减少工程造价，集中空调水系统采用双管制。为使系统运行稳定可靠，调节方便，水系统采用闭式循环水系统。

为便于系统调节，达到节能运行，空调水系统采用同程式变水量系统。所有空调机组回水管上均设电动调节阀，通过回风温度调节阀门开启度。空调水泵采用变频水泵，根据远端供回水管之间的压差进行调节，实现节能运行，降低运行费用。

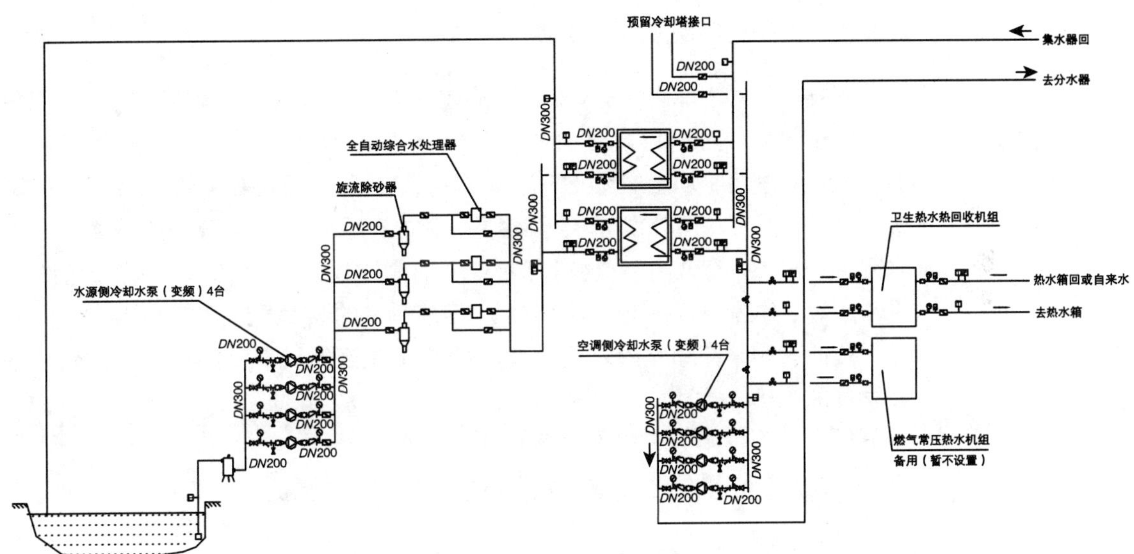


图4－21　取水部分系统原理

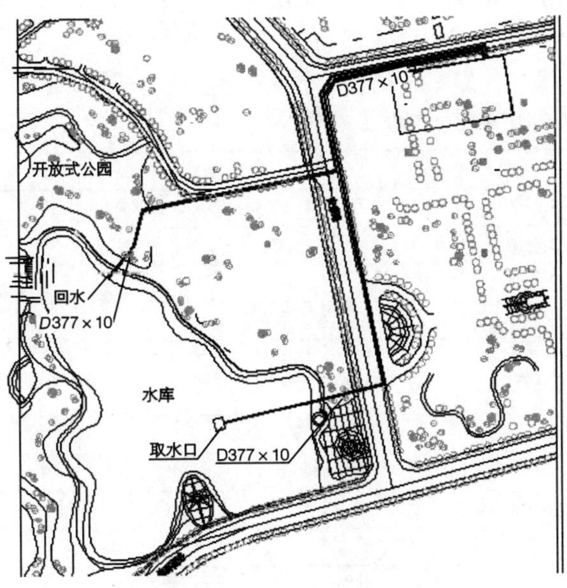


图4－22　取、回水管线平面布置图

图4-23 机房主要设备布置图

### 4.5.3 工程运行节能特性分析

根据前文对水库水温的分析，水库水温夏季约为16℃~30℃，冬季水温约为8℃~12℃。而根据前述分析，工程所在地的夏季日平均温度最高约为31.7℃，冬季日平均温度最低约为5.5℃。最热月的日最高温度可达到37.7℃，最冷月的日最低温度分别可达到3.4℃。因此，根据这些温度数据的分析，夏季采用水库水作为空调的冷凝水，可将空调的冷凝温度降低约2℃~16℃，而冬季采用水库水作为空调系统的蒸发热源，可将系统的蒸发温度提高2℃~7℃。

因此，当采用该水库水作为空调的热源热汇时，夏季约可实现降低机组耗功量的15%~30%，冬季约可节约机组耗功量10%~25%。而前文中的初步分析，平均每年可节约约30%的运行电费。

除此之外，系统还可减少夏季热水供应的耗热量。

### 4.5.4 工程经济效益分析

1. 湖水冷热资源应用部分增量成本概算（包括计算基准）

本工程增量成本计算主要是对湖水源热泵空调系统与传统的水冷螺杆机+热水机组空调系统进行比较得出。

**湖水源热泵空调系统工程造价统计表** **表4-2**

| 类别 | 明细 | 数量 | 单价 | 合计（元） |
|---|---|---|---|---|
| 地表水源热泵系统 | 水源热泵机组（水—空气热泵机组） | 300万千卡/小时 | 1.10元/（千卡·小时） | 3300000 |
| | 旋流除砂器 | 3台 | 25000 | 75000 |
| | 全自动综合水处理器 | 3台 | 74000 | 222000 |
| | 板式换热器 | 2套 | | 320000 |
| | 水泵（空调侧） | 750立方米/小时 | 150元/（立方米·小时） | 112000 |
| | 水泵（取水侧） | 750立方米/小时 | 250元/（立方米·小时） | 187500 |
| | 取水管道（含挖沟安装费） | 910米 | 2000元/米 | 1820000 |
| | 辅助材料费 | | | 3421000 |
| | 安装费 | | | 1447000 |
| | 合计 | | | 10904500 |

传统"水冷螺杆机+热水锅炉系统"造价估算表 表 4-3

| 系统 | 明细 | 数量 | 单价 | 合计 |
|---|---|---|---|---|
| 水冷螺杆机+热水锅炉 | 冷水机组 | 250 万千卡/小时 | 0.8 元/(千卡·小时) | 2000000 |
| | 冷却塔 | 750 立方米/小时 | 200 元/(立方米·小时) | 150000 |
| | 冷冻水泵 | 500 立方米/小时 | 150 元/(立方米·小时) | 75000 |
| | 冷却水泵 | 750 立方米/小时 | 150 元/(立方米·小时) | 112500 |
| | 热水锅炉 | 96 万千卡/小时 | 0.4 元/(千卡·小时) | 384000 |
| | 辅助材料价格 | | | 1120000 |
| | 安装费 | | | 750000 |
| | 合计 | | | 4591500 |

对照两种系统估算造价可以看出，采用水源热泵系统比采用常规冷水机组+热水锅炉系统在工程造价上将约增加 6313000 元投资。

2. 项目投资回收测算

本测算按照空调系统夏季运行 90 天，冬季运行 70 天，平均每天运行 10 小时计算，电价按照重庆市电力公司发布的"重庆市电网销售电价表（渝价[2006] 352 号文）"取值，对于商业用电，电度电价取为 0.828 元/千瓦时。

系统总运行耗电量按照如下方法估算：对于水源热泵系统，其冷热源主机部分的能效比可达到 4.5~5，因此其系统能效比约为 3~3.5；常规空调系统的系统能热源部分能效比约为 3~4，系统能效比约为 2~2.5。为便于分析，本报告取水源热泵空调系统的能效比为 3.3，常规空调系统能效比 2.3。

根据前文分析，该系统夏季制冷量约为 2912 千瓦，冬季供热量约为 1117 千瓦。系统全年用电量测算如下表：

全年运行费用比较 表 4-4

| | 夏季 | 冬季 | 夏季 | 冬季 |
|---|---|---|---|---|
| | 水源热泵空调系统 | | 水冷空调系统 | |
| 系统耗功率 | 892.42 千瓦 | 338.45 千瓦 | 1266.09 千瓦 | 1117 千瓦 |
| 系统耗电量 | 803178 千瓦时 | 236915 千瓦时 | 1139481 千瓦时 | 781900 千瓦时 |
| 全年耗电量 | 1040093 千瓦时 | | 1921381 千瓦时 | |
| 全年电费 | 861197 元 | | 1590903 元 | |

根据上表计算结果，按照本报告中拟定的水源热泵空调系统，每年平均可节约运行电费约为 729706 元，可节约约 46%的运行电费。按照前述分析的增量成本约为 6313000 元，如系统仅依靠电费回收成本，则回收年限约为 9 年，当然，实际运行中，由于系统运行时间可能较长、机组能效比可能较高，此回收期有望缩短。由于水源热泵机组的设计使用寿命一般与建筑寿命相当，即使按使用寿命 30 年考虑，在超出回收期后，仍有较长的工作时间。

### 4.5.5 工程综合评价

该工程自2008年5月份投入试使用以来，根据业主的使用情况以及反应，系统运行情况良好，夏季空调效果非常好，节能性明显。

具体的运行数据以及节能效果需系统运行完一个完整的冬夏季后再总结、分析。

# 第 5 章　江河水冷热资源利用

由于常温下，水的比热为空气比热的 4.2 倍左右，且水的密度远远大于空气的密度，因此水的热储存能力强，江河水温度变化通常滞后于空气温度的变化，通常存在夏季温度低于空气温度，冬季温度高于空气温度的现象，且江河水温度较为稳定，其热能利用品位高于空气。江河水温度会受到气象条件变化的影响，水温降低或升高较多时，热泵的性能系数也会有一定的降低。其性能系数会随季节波动，这一点与空气源热泵类似，但由于水温波动幅度比空气要小得多，因此江水源热泵的性能系数比空气源热泵性能系数波动要小，机组运行更为稳定。

## 5.1　江河水的水温、水质分析及其作为建筑冷热源的评价

### 5.1.1　江河水资源概况

江河的水是人类常用的重要淡水资源。通常人们所说的地表水资源基本上就是江河径流量。我国年平均降水量约 61889 亿立方米（650 毫米），大约有 27115 亿立方米的河川径流量，平均年径流量 284 毫米。径流的总趋势和降水相同，总的特点是：江河数量多，水量丰沛，水系多样，资源丰富，季节变化大，地区差异大，含沙量多。全国流域面积在 100 平方公里以上的河流有 5 万多条，1000 平方公里的河流有 1580 条，大于 10000 平方公里的有 79 条。我国陆地面积与欧洲及美国相近，然而大河的数量却远多于欧洲和美国。北美洲面积为我国的两倍多，长度超过 1000 公里的大河条数只有我国的 2/3。全世界河口流量在 10000 立方米每秒（相当年径流总量 3154 亿立方米）的河流有 18 条，在我国直接入海的有 2 条（长江、珠江），发源在我国或流经我国的还有 4 条（雅鲁藏布江、澜沧江、额尔齐斯河、黑龙江）。长江流域面积只有密西西比河的 55.1%，年径流量却为密西西比河的 165.5%，长江的流经深度为 542 毫米，而密西西比河仅为 183 毫米，只有长江的 1/3。我国河流各季径流特点是夏季丰水（一般占全年总水量的 40% ~50%，最高 60% ~70%），冬季枯水（一般占全年总水量的 10%以下，最高达 25%），春秋过渡（一般 20% ~25%，最高达 40%）。地区分布上水量变化也很大，黄河流域面积为珠江的 1.66 倍，长度为珠江的 2.5 倍，而水量仅为珠江的

1/6，黄河面积为闽江的12倍多，但水量仅及闽江的92%；钱塘江长度不及滦河的一半，流域面积只有滦河的94%，但年降水量却为滦河的7倍；松花江流域面积比珠江大1/5，水量不及珠江的1/4。江河水的补给，东北河流主要是降水，占50%～70%，地下水占20%～30%，冰雪水占10%～15%。华北河流雨水占90%。太行山和黄土高原地下水占40%～60%。华中、华南雨水补给占70%～80%。我国七大河流年径流量见表5－1。

**中国七大河流年径流量** **表5－1**

| 项目 | 松花江 | 辽河 | 海河 | 黄河 | 淮河 | 长江 | 珠江 |
|---|---|---|---|---|---|---|---|
| 流域面积（万平方公里） | 55.7 | 22.9 | 26.4 | 75.2 | 26.9 | 180.9 | 44.4 |
| 河长（公里） | 2308 | 1390 | 1090 | 5464 | 1000 | 6300 | 2214 |
| 年均降水深（毫米） | 527 | 473 | 559 | 475 | 889 | 1070 | 1469 |
| 年均径流量（亿立方米） | 762 | 148 | 228 | 658 | 622 | 9513 | 3338 |

我国河流具有分布广、水量大、循环周期短、暴露在地表、取用方便等优点，是人们依赖的最主要的淡水水源。江河径流量的多少是水利资源是否丰富的重要标志。但是径流中的水不能得到充分利用，真正可利用的水量远小于江河的实际径流量，因此，减少入海径流量可增加可利用的水资源。这是利用江河水发展水源热泵的前提和有利条件。

### *5.1.2 江河水温变化情况和稳定性分析*

江河水温度的高低决定其作为冷热源的品位，而冷热源的稳定性直接决定了热泵机组的运行效果。下文以重庆河段长江水为例，测试分析江水温度的变化。

重庆河段上起长江上游干流大渡口，下止铜锣峡，其中在朝天门处有支流嘉陵江汇入，干流全长约30千米。重庆河段水量充沛，河段控制站寸滩的多年平均径流量为$3.566\times10^{11}$立方米，主要集中在汛期，6～10月的径流量占全年的75%左右；洪水流量一般为4万～6万立方千米，汛期洪峰叠起，水位陡涨陡落，水位日变幅一般为3～5米，最大为9～10米；枯水流量每秒3000立方米左右，洪、枯水期的水位差幅可达30米以上。河段输沙量亦较大，寸滩站多年平均含沙量为1.32千克/立方米，年内分布极不均匀，汛期最高可达11千克/立方米以上，而枯期仅约0.01千克/立方米左右。

1. 长江水温的日逐时变化

图5－1和图5－2为2006年8月28日和2007年1月6日水温和空气温度的日逐时变化。

由图5－1可以看出，在夏季测试日内，最高气温39.3℃，最低气温33.2℃；最高水温26.8℃，最低水温26.3℃。在测试日内江水温度较气温低6.9～12.5℃（同时刻），在气温6℃左右的波动范围内，水温的波动仅有0.5℃。

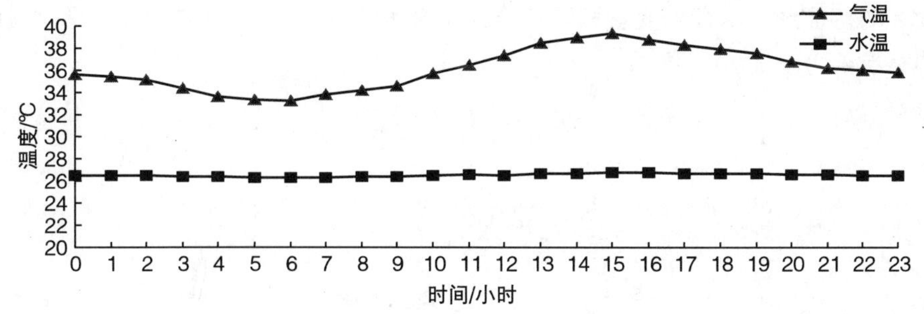


图 5－1　实测夏季长江水温和空气干球温度逐时变化

由图 5－2 可以看出，在冬季测试日内，最高气温 9.4℃，最低气温 6.4℃；最高水温 12.1℃，最低水温 11.9℃。在测试日内江水温度较气温高 2.7～5.5℃（同时刻），在气温 3℃左右的波动范围内，水温的波动仅有 0.2℃。

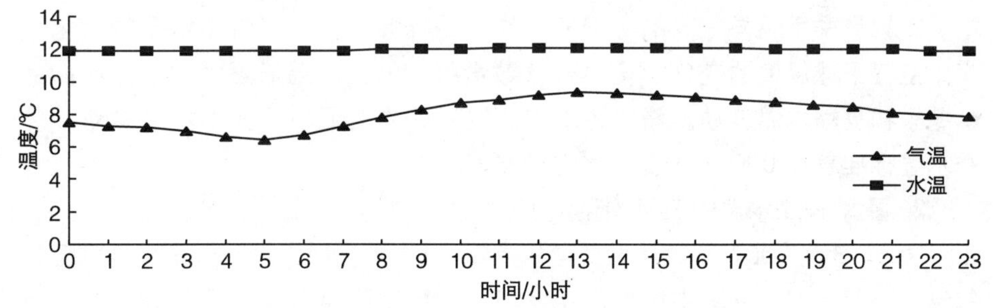


图 5－2　实测冬季长江水温和空气干球温度日变化

可见，江水不但在夏季较气温具有较低的温度，在冬季较气温具有较高温度，而且在夏季和冬季都具有水温日波动变化小的特点。以下以统计学原理对测试结果进行进一步分析。

（1）中心趋势统计量分析

均值是描述某一变量平均水平的量，它是代表样本取值中心趋势的统计量。均值计算简便，且由中心限定定理可以证明，即使在原始数据不属于正态分布时，均值总是趋于正态分布。因此，它是气温和水温统计中最常用的一个基本统计量。均值也可以作为变量总体数学期望 $E(X)$ 的一个估计。

包含 $n$ 个样本的变量 $x$（$x_1$，$x_2$，…，$x_i$…，$x_n$）的均值定义为：

$$\bar{x} = \frac{1}{n}(x_1 + x_2 + \cdots + x_i + \cdots + x_n) = \frac{1}{n}\sum_{i=1}^{n} x_i \qquad (5.1)$$

图 5－1 夏季实测水温均值为 26.5℃，实测气温均值为 36.1℃，气温和水温的均值差为 9.6℃；图 5－2 冬季实测水温均值为 8.1℃，实测气温均值为 12℃，气温和水温的均值差为 3.9℃。

由以上计算可见，夏季水温和气温差从总体上较冬季水温和气温差要大，夏季江水水温更具有可利用性。

（2）变化幅度统计量分析

方差和标准差是描述样本中数据以数学期望 $E(X)$ 为中心的平均振动幅

度 $\bar{x}$ 的特征量，以有限变量和均值表示方差和标准差的最佳估计值以及均值的标准差为：

$$s^2 = \frac{1}{n-1}\sum_{i=1}^{n} (x_i - \bar{x})^2 \tag{5.2}$$

$$s = \sqrt{\frac{1}{n-1}\sum_{i=1}^{n} (x_i - \bar{x})^2} \tag{5.3}$$

$$s_{\bar{x}} = \sqrt{n\left(\frac{1}{n-1}\right)\sum_{i=1}^{n} (x_i - \bar{x})^2} \tag{5.4}$$

图 5 -1 夏季实测水温的方差为 0. 023，标准差为 0. 15℃，均值标准差为 0. 031℃；夏季实测空气干球温度的方差为 3. 58，标准差为 1. 89℃，均值标准差为 0. 39℃。冬季实测水温的方差为 0. 0074，标准差为 0. 086℃，均值标准差为 0. 018℃；冬季实测空气干球温度的方差为 0. 87，标准差为 0. 93℃，均值标准差为 0. 19℃。

比较夏季水温与气温的标准差、均值的标准差，可以看出水温的变化幅度比空气干球温度的变化幅度小一个数量级，因此水温日逐时波动更小。且从冬季和夏季水温波动上看，冬季水温波动总体上要小于夏季水温波动（冬季水温标准差 0. 086 小于夏季水温标准差 0. 15）。

2. 夏季长江水温的日平均温度变化

图 5 -3 为 2007 年 7 月 1 日至 9 月 30 日，重庆朝天门附近日平均水温和气温的变化情况，从图中可见 2007 年 7 ~9 月日平均水温最低为 23. 2℃，最高为 26. 0℃，差值为 26. 0 -23. 2 =2. 8℃，三个月内的日平均水温均值为 24. 9℃，日平均水温的逐日变化最大值为 0. 6℃（共出现 2 次），最低温度偏离平均值的温差为 24. 9 -23. 2 =1. 7℃，最高温度偏离平均值的温差为 26. 0 -24. 9 =1. 1℃，而由式（5. 2）、（5. 3）和（5. 4）可计算三个月内的日平均水温测试值的方差为 0. 51，标准差为 0. 714℃，均值的标准差为 0. 074℃。

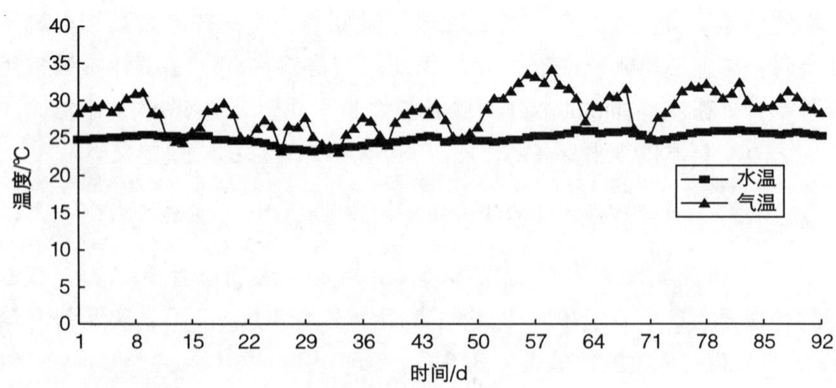


图 5 -3 2007 年7 ~9 月日平均水温和气温变化

取相同时间段的重庆市区日平均气温进行比较，从图中可见 2007 年 7 ~9 月日平均气温最低为 23. 2℃，最高为 34. 2℃，差值为 34. 2. 0 -23. 2 = 11℃，三个月内的日平均水温均值为 28. 6℃，日平均气温的逐日变化最大值为 5. 3℃（共出现 1 次），最低温度偏离平均值的温差为 28. 6 －23. 2 = 5. 4℃，最高温度偏离平均值的温差为 34. 2. 0 －28. 6 = 5. 6℃，而由式（5. 2）、（5. 3）和（5. 4）可计算三个月内的日平均气温的方差为 6. 7，标准差为 2. 6℃，均值的标准差为 0. 27℃。

由以上水温和气温的分析，可见夏季气温较水温波动大，气温方差、标准差都较水温大一个数量级。对比同日的平均水温和平均气温，最大温差为 8. 9℃，最小温差为 0. 1℃（图中出现气温低于水温的情况，是雨天气温下降造成的，由于水的比热比空气的大，相对于空气有一定的储能作用，其温度变化滞后于空气温度）。

由于冬季重庆及上游地区的天气变化不如夏季剧烈，因而冬季水温比夏季更为稳定。

3. 长江水温的月平均温度变化

取长江寸滩水文站 2004 年月平均水温资料、2006 年实测江水月平均温度及重庆月平均干球温度进行对比（见图 5 －4），可以看出实测月平均水温和水文站水温资料基本一致，2006 年夏季月平均水温稍高于 2004 年夏季月平均水温，但温差不超过 1. 5℃，引起这种变化的原因与 2006 年重庆及上游地区出现罕见的高温干旱天气有关。从图中还可以看出长江水夏季月平均温度在 22 ~25℃，较夏季月平均干球温度低 3 ~5℃；冬季月平均水温在 11 ~16℃，较冬季月平均干球温度高 2 ~4℃。从一年内的月平均气温和月平均水温变化趋势上看，水温随着气温的升高而升高，但由于水的热容比较大，水温相比于气温的变化具有一定的迟滞性，而江水水温主要受上游地区的气候状况影响，由于江水流速高，受当地气候影响较小。所以重庆地区的水温主要受重庆以上的长江上游的降雨以及气温突变影响，从而形成了夏季水温低于当地气温、冬季水温高于当地气温的现象。

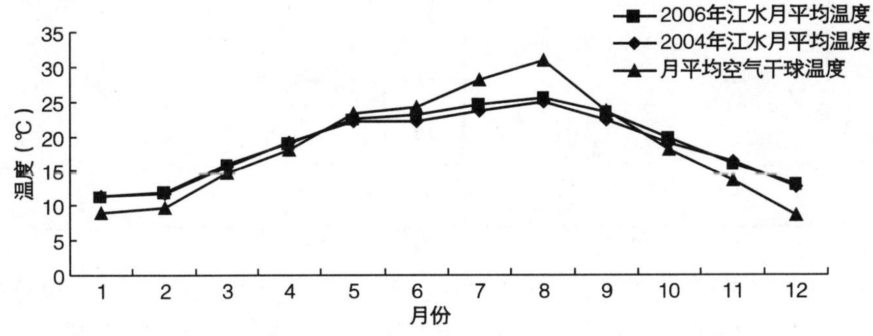


图 5 －4　长江月平均水温及月平均干球温度变化

在我国江河水流域内，水温通常在 30℃以下，而各地江水水温在夏季都低于当地气温，而在冬季都高于当地气温，是一种较空气品质高的低位能，但其不具有直接利用的水温条件，需要消耗部分电能，通过热泵机组将其转换为高位能加以利用。

### 5.1.3 江河水的水质概况

自然河流的水质主要体现在泥沙含量的大小上。黄河含沙量居世界之最，干流年均含沙量为37.7千克/立方米。辽河有些支流含沙量达90千克/立方米，黄河含沙量为闽江的260多倍。长江水流含沙量不高，1950~2000年宜昌站平均含沙量约1.14千克/立方米。黄土高原每平方公里面积上冲走的泥沙（侵蚀模数）为30000吨，辽河流域为5000~10000吨，长江中上游为1000吨。可见我国不同河流泥沙含量变化很大。在江河水资源利用上，要根据不同河流的泥沙含量具体分析。

就长江而言，其含沙量是随季节的变化而变化的，如长江重庆段在冬季含沙量一般在0.1千克/立方米以下，而在夏季通常在1千克/立方米到5千克/立方米。而泥沙的粒径则主要以黏土性细颗粒为主。粒径小于0.03毫米的泥沙占72.12%，粒径小于0.062毫米的泥沙占82.73%，粒径小于0.125毫米的泥沙占91.93%，粒径小于0.25毫米的泥沙占99.93%。

而其他影响江河水利用的水质指标也是不同河流有不同的特征，并且具有季节性，以下为长江重庆段夏季江水主要水质指标的范围（表5-2）。

**长江水质测试分析** **表5-2**

| 序号 | 水质指标 | 数值 | 序号 | 水质指标 | 数值 |
|---|---|---|---|---|---|
| 1 | pH值 | 6.42~8.21 | 8 | COD | 2.32~36.20毫克/升 |
| 2 | $Ca^{2+}$ | 38.5~82.23毫克/升 | 9 | $NH_4^+$ | 0.13~2.45毫克/升 |
| 3 | 矿化度 | <1.30克/升 | 10 | $CO_3^{2-}$、$HCO_3^-$ | <245.25毫克/升 |
| 4 | $Cl^-$ | 8.23~13.16毫克/升 | 11 | $Mg^{2+}$ | 1.18~36.63毫克/升 |
| 5 | $SO_4^{2-}$ | 24.12~32.20毫克/升 | 12 | 电导率 | 160~1800微西门子/厘米 |
| 6 | $Fe^{2+}$ | 0.06~0.20毫克/升 | 13 | 浊度 | 620~1270散射浊度 |
| 7 | $H_2S$ | 0.17~0.32毫克/升 | | | |

以上指标对于利用长江水作为冷热源发展水源热泵而言，除了浊度外基本都满足相关规范标准的水质要求。由此可见，利用江河水的主要水质问题是以泥沙为主的江水浊度问题。

### 5.1.4 江河水冷热源的综合评价

江河水以一种季节性循环的方式为人类提供着生产生活所需水资源，但作为建筑冷热源的利用则在国内少有应用，这也是目前建筑节能可再生能源利用的热点问题。作为建筑冷热源，江河水有如下优点：

1. 江水通常夏季低于当地气温，冬季高于当地气温，相比空气源可以提高热泵机组的性能系数。如冷热源温度在夏季每降低1℃，机组制冷系数提高3%。则江河水若比当地空气湿球温度低5℃时，为建筑提供相同的冷量，则其热泵机组可比以空气为冷热源的机组节约电能超过15%。

2. 水量充足，且其丰水期出现在夏季建筑耗能高峰期，对于目前我国建筑夏季用电出现的能耗过高问题具有一定的缓解作用。

3. 由于具有流动性，江河水可以直接将太阳辐射以及市区内热源产生的热量（如人体热、机械排热）通过热泵系统带出市区，不会直接提高或影响市区温度，可减轻热岛效应。另外，相对于以空气为冷热源的常规空调系统，不会因热岛效应产生附加能耗，从而引起市内热环境的进一步恶化。

4. 合理利用江水作为冷热源，可减少由于电力以及燃料燃烧而造成的大气污染。利用具有更高品质的江水作为冷热源的热泵系统，在节能电能消耗的同时，也间接地减少了由于发电而产生的污染物排放量，同时可部分减少以一次能源如煤炭、燃油和燃气直接作为能源的高污染采暖系统。

## 5.2　利用条件和应用范围

### 5.2.1　江河水利用中的技术问题

江河水作为建筑冷热源，由于其温度范围较空气温度更具有可利用性，可节约能源的消耗，但也不能采集后输送到建筑物内作为冷热源直接使用，需要通过热泵系统间接利用。因此其利用存在的技术问题主要有两个：

1. 由于江河水的水质问题，其作为热泵机组的冷热源，存在当地水源的水质不能满足现有热泵机组对水质的要求问题。这在技术上需要解决水质的问题以及开发新的热泵系统形式。

2. 江河水取水问题。由于江河水水位随季节变化，以及建筑物通常距离江河水水源有一定的距离和高差，而在非生产性建筑物用冷却水水量相对较小时，必须合理选择取水方式，以达到取水的合理性和降低取水水泵的能耗。

### 5.2.2　江河水位置、水位和取水位置

根据河流位置和特征，一般可分为山区河流和平原河流两大类。对于较大的干流来说，其上游多为山区河流，下游为平原河流，位于上游段和下游段之间的中游往往兼有山区河流和平原河流的特征。如长江在三峡出口的南津关以上为上游河段，属于山区河流，南津关到湖口为中游河段，湖口以下为下游河段，而中下游均属于平原河流性质。又如黄河自河源至河口镇为上游河段，属于山区河流性质，自孟津至海口为下游河段，属于平原河流性质，自河口镇到孟津为中游河段，其特征则介于山区河流与平原河流之间。

江河水的利用首先要适应城市规划和建设的需要，保证取水的安全可靠，必须考虑水量充沛、水质较好、河床稳定、施工简单、经济合理和运行管理方便等因素。

选择利用江河水作为冷热源，其水源位置应全面掌握河流特性，根据取水河段的水文水质、地形、地质、卫生防护、河流规划和综合利用等条件进行综合考虑，一般应考虑如下基本依据：

（1）取水河段的形态特征是不同的水流在特定的条件下长期运行形成的结果，因而泥沙和漂浮物的分布也会因岸形的不同有很大差异。在选择取水地理位置时，如能利用有利的岸形条件，就能充分利用河流的水流特征和河床演变规律。顺直微弯段，应选在深槽微下游处；有限弯曲段应选在凹岸湾顶稍下游处；蜿曲段则不宜取水；在河流分叉段则应选在较稳定或水量充足且处于发展阶段的一汊。

（2）选择水流特征较稳定的河段，选择取水位置时，应从河流动力学角度来考虑和研究取水河段的发展趋势及泥沙运动特点，观察和推算它的演变规律及可能出现的不利因素，以判别取水河道是否稳定。

（3）考虑人工构筑物和天然障碍物对取水位置的影响。河道中的人工构筑物和天然障碍物的种类和形式很多，一般有桥梁、拦河坝、丁坝、码头、污水排出口、河岸及河床局部地形等，通常这些人工构筑物和天然障碍物对河道的流速、流向、水深和水质都有影响。在选择取水位置时，应尽量避免人为和天然的各种不利因素。

（4）取水位置具有良好的地质、地形和施工条件。取水位置不宜设在断层、滑坡、冲积层、移动沙丘、风化严重和岩溶发育地段；同时应考虑施工条件，要求交通运输方便。

而在选择了取水位置后取水构筑物需要遵循如下原则：

（1）建筑物和江河水相对位置应保证枯水季节仍能取水，并满足设计枯水保证率下取得所需的设计水量。尤其在山区性河段，冬季枯水季节时，往往出现流量难以满足水量需要的现象。同时由于水位过低给取水带来不便，如在长江重庆段，夏季洪水季节和冬季枯水季节的流量比最大可达44倍。

（2）所构建的取水构筑物在洪水季节应不受冲刷和淹没，以免给水源利用系统带来不便。通常设计高水位和最大流量一般采用一百年一遇的频率确定。

（3）在泥沙量较多的河流，应根据河道中泥沙的移动规律和特征，避开河流中含沙量较多的位置，并根据不同深度的含沙量分布，选择适宜的取水高程。通常含沙量和泥沙粒径都随着深度的增加而增加，因此对于作为建筑冷热源的水源，以取表层水为好。

（4）取水位置同时应选择在水流通畅和靠近主流地段，避开河流汇总的回流区或“死水区”，以减少水中悬浮物、杂草、泥沙等进入取水口。

### 5.2.3　江河水水质

影响江河水作为建筑冷热源的水质有含沙量、酸碱度、矿物质、有机物以及微生物等。作为建筑冷热源，江河水质的影响主要体现在对热泵换热器的失效性影响，有腐蚀、结垢和堵塞等。

1. 腐蚀影响

江河水对换热器金属的腐蚀是电化学腐蚀过程，水中的离子浓度低时发生阳极过程，腐蚀程度受阴极过程控制。江河水中的腐蚀受金属内因的影响是次要的，而受环境因素的影响则较大，因此下面主要叙述影响金属腐蚀的江河水环境因素：

（1）pH 值

通常 pH 值对金属腐蚀有一定的范围，如钢铁在 pH 值为 4 ~9 的范围内，腐蚀率与水的 pH 值无关，这是因为在钢表面覆盖上了一层氢氧化物膜，氧要通过膜才能起极化作用。pH 值小于 4 时，膜被溶解，发生释氢反应，腐蚀加剧。当水中含有 $Cl^-$ 和 $HCO_3^-$ 时，pH 值小于 8，腐蚀速度加快，出现水锈腐蚀。

（2）溶氧的影响：江河水的腐蚀受阴极过程控制，除酸性较强的水以外，其腐蚀速度与溶氧量及氧的消耗成近似直线关系，而当氧超过一定值时，由于江河水中有浓度较高的溶氧，使金属形成钝态，因此腐蚀速度急剧下降，金属在酸性水或含盐分较多的水中难以钝化。

（3）溶液成分的影响：水中含盐量增加，其导电增加，局部电流加大，同时腐蚀产物从金属表面脱离，因此腐蚀速度增加。大多数盐类浓度为 0.5 当量浓度时腐蚀最大。当盐溶量超过一定浓度后，氧的溶解度降低，腐蚀减小。

淡水中溶解的阳离子，如 $Cu^{2+}$、$FE^{3+}$、$Cr^{3+}$、$Hg^{2+}$ 等氧化型重金属离子，对阴极极化过程不利。一般的阳离子影响不大，而 $Ca^{2+}$、$Zn^{2+}$、$Fe^{2+}$ 等离子则有缓蚀作用。

阴离子的存在一般都有害，如 $Cl^-$ 等卤族元素是产生孔蚀和应力腐蚀的原因之一，$SO_4^{2-}$ 或 $NO_3^-$ 比 $Cl^-$ 影响小，$CO_3^{2-}$、$S_2^-$ 等也是有害的，$PO_4^{2-}$、$NO_2^-$、$SiO_2{}^-$ 等有缓蚀作用。当 $HCO_3{}^-$ 和 $Ca^{2+}$ 共存时，也有抑制腐蚀的效果。

（4）水温的影响：当腐蚀速度受水中的氧扩散控制的情况下，水温上升 10℃，钢的腐蚀速度加快 30%。

（5）流速的影响：金属在江河水中腐蚀时，流速和其他因素影响的相互关系是很复杂的。开始，腐蚀速度随流速增加而增加，这是由于到达金属表面上的氧增多，增加了微阴极过程的速度。流速增加到一定程度，氧到达表面的速度可以建立起强氧化条件，使钢铁进入钝态，腐蚀速度急剧降低；若流速进一步提高，出现金属表面保护层的冲刷破坏，腐蚀速度又重新增加。

2. 结垢影响

由于江河水中的无机物、有机物和微生物在换热器长时间运行后会在金属表面产生污垢物，这个过程称为结垢。通常由于不同的物质会产生如下污垢：

（1）析晶污垢：在江河水流动条件下，呈过饱和溶解无机盐淀析在金属表面上的结晶体，这种污垢通常也称为水垢。

（2）微粒污垢：悬浮在江河水中的固体微粒在金属表面上的积聚，包括沉淀污垢（即重力污垢）和其他胶体粒子沉淀物。

（3）化学反应污垢：由化学反应形成的金属表面上的沉积物，不包括金属材料本身参加的反应。化学反应污垢通常和有机化学联系在一起。和微粒污垢及在无机系统中的水垢不同的是，确定化学反应污垢的前提是更为重要的任务。化学反应通常是复杂的，并可能涉及很多机制，诸如自然氧化、聚合、裂开和焦炭形成等。

（4）腐蚀污垢：金属表面材料本身参与化学反应所产生的腐蚀物的积聚。这种垢不仅本身污染了换热面，而且还可能促使其他潜在的污秽物质附着于换热面而形成垢层。

（5）生物污垢：由宏观生物体和微生物体附着于金属表面上而形成的污垢，生物污垢产生黏泥，黏泥反过来又为生物污垢繁殖提供条件。在工业冷却水中，由于冷却水的温度比较适于细菌的生长，因此，生物污垢是工业冷却水系统中的主要污垢之一。

（6）凝固污垢：纯净液体或多组分溶液的高溶解成分在过冷的金属表面上凝固而成。

实际上换热设备表面的污垢并不是单纯的一种，通常是好几种污垢协同作用的结果，尤其像江河水作为冷却水时，江水中存在有机物、无机物、生物、泥沙以及其他悬浮物，使得各种污垢会协同作用，形成混合污垢。

3. 堵塞影响

江河水中存在泥沙以及其他悬浮物，在换热器以及输送管道中，由于流动条件的改变，会产生一定的堵塞现象。出现和影响堵塞主要有如下几个方面：

（1）在管道中，由于江河水在管道中长期流动，泥沙及悬浮物粘附在管道上，长时间积累，使得管道截面积变小，甚至完全堵塞。

（2）由于管道界面变化或者流动方向变化，江河水中的固体颗粒流动方向改变，接触壁面的几率增加，会加大堵塞。

（3）当换热器内流动空间较大时，水的速度变小，泥沙容易沉淀，出现泥沙堆积，堵塞流道。在壳管式换热器的封头内，江水进入换热管前容易出现这种情况。

（4）当流动空间出现强旋流时，泥沙进入旋流被漩涡捕捉后，容易在漩涡部沉淀堵塞。

不同的江河水有不同的水质特点，在利用江河水时，应对江河水的水质作详细的调查取样分析，作为选择利用方式的依据，并进行可行性分析，以避免由于水质问题而使热泵系统无法正常运行。

## 5.3　基本路线、关键技术原理及需要的配套措施

### 5.3.1　比较与选择：开式与闭式系统

1. 闭式江河水源热泵系统

闭式系统将换热盘管放置在水体中，通过盘管内的循环介质与水体进行换热，如图 5－5。闭式系统循环介质可采用洁净水或者防冻液作为换热介质，这样对于热泵机组的换热器，其结垢的可能性降低。目前闭式系统常见于湖水以及水库水利用上。盘管外表面完全浸泡在流速不高的水体中，其换热基本是自然对流的方式，使外表面换热系数较低，且盘管的外表面受水源水质的影响往往会结垢，可能会进一步降低换热效率。闭式系统不需要将冷热源水体提升到一定的高度，因此其循环水泵的扬程低，水源输送能耗不大。闭式系统换热盘管的材料常用耐腐蚀的高密度聚乙烯管，也可采用导热系数大的不锈钢管、铜管或钛合金换热器，用金属材料管所需的换热面积比塑料管要小，而且比塑料管具有更高的抗冲击强度，可用于流速较高的动水中，但造价比塑料管换热器要高得多，金属管的表面也容易被腐蚀而失效。

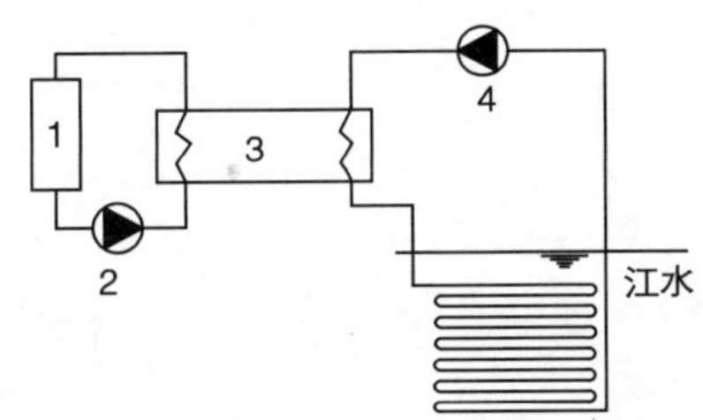


图 5－5　闭式江河水源热泵系统

1. 末端设备　2. 末端循环水泵　3. 热泵机组　4. 闭式系统循环水泵

江河水源热泵系统中，江河水水温在整个横断面上分布均匀，对于取水位置没有影响。从这一点上考虑闭式系统时，可将江河水换热盘管置于江河水水体的任何位置；而江河水的水位时间波动通常较大，为解决水位变化引起江水换热盘管暴露于水面以上引起江水换热的失效，应将换热器置于水体底部；但江河水中通常含有大量泥沙和杂物，且江河水泥沙含量通常随着水深而增加，如将江河水换热盘管置于水体底部，则泥沙以及水中杂物必然要覆盖换热器表面而难以达到换热目的。考虑将换热器置于水体表层，则需要随时调整换热器位置以便与江河水水位变化保持同步，这在江河水水位变化大的流域可操作性比较差，因此目前很少把闭式系统应用于江河水源热泵系

统中。以长江重庆段的水位全年变化为例，水位有较大的季节变化，在夏季水位高时达到180米以上，而在冬季则在160米左右；夏季洪水季节水位日变化频繁，给江河水换热盘管的日常维护和系统的操作带来很大的不便和费用消耗，因此闭式江河水源热泵系统实施的可行性比较差。

2. 开式江水源热泵系统

开式系统，根据否考虑水处理设备可分为直接式系统和间接式系统。开式直接系统不考虑江水水处理，直接抽取河流中的水，送入换热器与循环介质换热或直接将水送入热泵机组换热，如图5－6（图中如去掉虚线部分，则为江水直接进入热泵机组）。开式间接系统考虑对江河水先进行水处理，然后将处理后的江河水送入热泵机组进行换热，如图5－7。在开式系统中，江河水换热后在离取水点下游一定距离的地点排放。

开式系统共同的特点是，由于江河水换热器采用了强制对流的换热方式，相比闭式系统换热系数大大提高，这样冷热源的利用效率也得到有效的提高。但当江河水水位较低、建筑的位置较高时，由于需要将江河水提升到一定的高度，开式系统的取水水泵扬程较高。开式直接系统存在的问题是：如果不考虑水处理系统，利用现有的壳管式换热器，则需要解决泥沙和江水杂物对换热器的堵塞问题，并考虑江水换热产生的结垢、腐蚀、微生物滋长等现象对系统的影响；如果考虑水处理，则必须分析水处理设施建设和日常操作费用对热泵系统应用的经济和技术影响，系统实施是否具有可行性。目前在国内外利用江河水的水源热泵系统基本均采用开式系统。

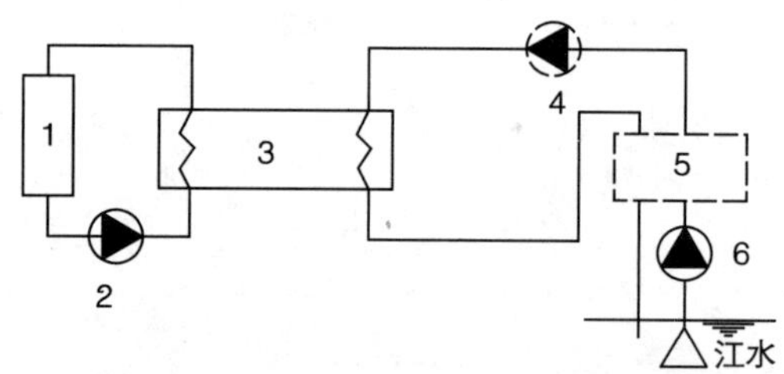


图5－6　开式直接江水源热泵系统

1. 末端设备　2. 末端循环水泵　3. 热泵机组　4. 开式系统循环泵　5. 江水换热器　6. 取水泵

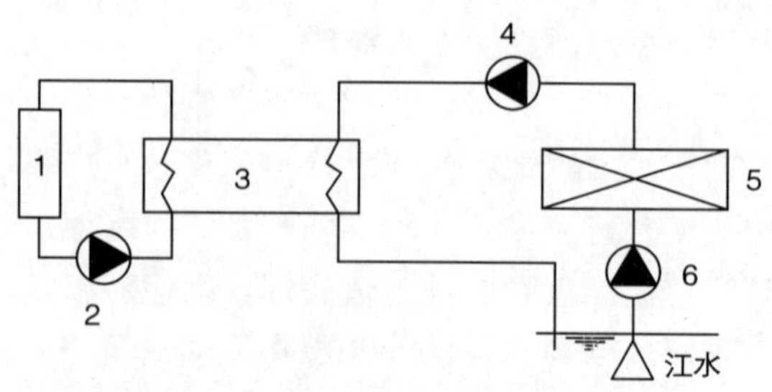


图5－7　开式间接江水源热泵系统

1. 末端设备　2. 末端循环水泵　3. 热泵机组　4. 开式系统循环泵　5. 水处理设备　6. 取水泵

3. 江河水利用方式技术比较

为分析利用江河水做冷热源的系统形式的节能性，以重庆段江水实测温度，对以下开式系统进行比较（由于长江水冬季水质较好，因此各系统都采用江水直接入机组，仅对夏季的运行进行比较）：

热泵系统方案1：

江水直接进入热泵机组，夏季机组进水温度为：月平均水温最大值25℃，加1℃的水泵和管道温升，为26℃。

热泵系统方案2：

热泵机组+板式换热器+水处理系统，夏季机组进水温度为：月平均水温最大值25℃，加1℃的水泵温升和管道温升以及板换温度损失1.5℃，水处理温升2.5℃，为30℃。

热泵系统方案3：

热泵机组+水处理系统，夏季机组进水温度为：月平均水温最大值25℃加1℃的水泵温升和管道温升以及水处理温升2.5℃，为28.5℃。

系统所需冷量为 $Q_c$，热泵机组的制冷系数为 $COP_c$，水泵耗功率为 $W_{pc}$，水处理耗能量为 $W_{tc}$，计算中不计人工费能耗。末端设备和冷却、冷冻水泵耗功对于三种系统其值相等，因此只对机组能耗、取水泵能耗和水处理能耗进行分析比较。另外对于各系统 $W_{pc}$ 差别不大，可认为相同。

方案1的单位冷量功耗 $\lambda_{c1}$：

$$\lambda_{c1}=\frac{\dfrac{Q_c}{COP_{c1}}+W_{pc}}{Q_c}=\frac{1}{COP_{c1}}+\frac{W_{pc}}{Q_c} \tag{5.5}$$

方案2的单位冷量功耗为：

$$\lambda_{c2}=\frac{\dfrac{Q_c}{COP_{c2}}+W_{pc}+W_{tc2}}{Q_c}=\frac{1}{COP_{c2}}+\frac{W_{pc}}{Q_c}+\frac{W_{tc2}}{Q_c} \tag{5.6}$$

方案3的单位冷量功耗为：

$$\lambda_{c3}=\frac{\dfrac{Q_c}{COP_{c3}}+W_{pc}+W_{tc3}}{Q_c}=\frac{1}{COP_{c3}}+\frac{W_{pc}}{Q_c}+\frac{W_{tc3}}{Q_c} \tag{5.7}$$

方案2相对于系统1单位冷量的功耗增加量：

$$\Delta\lambda_{c2}=\lambda_{c2}-\lambda_{c1}=\frac{1}{COP_{c2}}-\frac{1}{COP_{c1}}+\frac{W_{tc2}}{Q_c} \tag{5.8}$$

方案3相对于系统1单位冷量的功耗增加量：

$$\Delta\lambda_{c3}=\lambda_{c3}-\lambda_{c1}=\frac{1}{COP_{c3}}-\frac{1}{COP_{c1}}+\frac{W_{tc3}}{Q_c} \tag{5.9}$$

从公式（5.8）和（5.9）可以看出方案2和方案3相对于方案1的单位冷量功耗增加，一方面是由于温升而引起的制冷系数的降低，另一方面也是由于水处理功耗的增加。

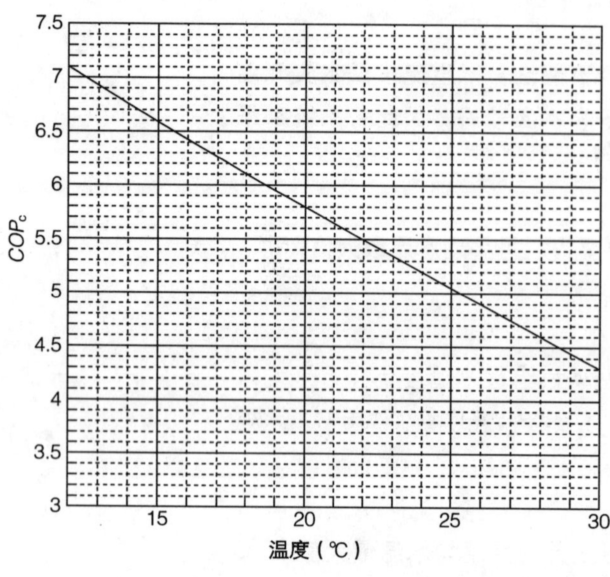


图5－8 热泵机组性能系数曲线

以某建筑面积为50000平方米的公共建筑采暖空调系统为比较对象，单位面积冷负荷取 $q_c$ =100 瓦/平方米，则 $Q_c$ 为5000千瓦。取机组冷冻水供水温度为7℃，回水温度为12℃，而取江水传热温差为5℃。参考机组性能曲线见图5－8。当取冷凝器进水温度为26℃时，$COP_{c1}$ 为4.9，系统设计用水量为 5000 ×（1＋1/4.9）×0.859/5＝1034 立方米/小时；冷凝器进水温度为28.5℃时，$COP_{c3}$ 为4.5，系统设计用水量为5000×（1＋1/4.5）×0.859/5＝1050立方米/小时；冷凝器进水温度为30℃时，$COP_{c2}$ 为4.3，系统设计用水量为5000×（1＋1/4.3）×0.859/5＝1058立方米/小时；水处理方式为微絮凝直接过滤，水处理功耗按照同比价格计算得 $W_{ct2}$ 为 1058×0.27＝286千瓦，$W_{ct3}$ 为656×0.27＝284千瓦。

取水泵扬程为机组安装水平高度187.5米和长江重庆段夏季月平均水位最小值165.5米的水位之差22米，则取水泵功率为：

$$W_{pc}=\frac{c\cdot G_c\cdot\ (\rho_f\cdot g\cdot H)}{\eta\cdot 3600\cdot 1000}=92.9\text{千瓦}$$

其中 $c$ 为备用系数，取1.2；$G_c$ 为水泵流量，取1034立方米/小时；$\rho_f$ 为水的密度，取998.2千克/立方米；$g$ 为重力加速度，取9.81米/秒$^2$，$H$ 为水泵扬程，单位为米；$\eta$ 为水泵效率，取0.8。

则 $\Delta\lambda_{c2}=\frac{1}{4.3}-\frac{1}{4.9}+\frac{286}{5000}=0.086$

$$\Delta\lambda_{c3}=\frac{1}{4.5}-\frac{1}{4.9}+\frac{284}{5000}=0.075$$

$$\lambda_{c1}=\frac{1}{4.9}-\frac{92.9}{5000}=0.223$$

则方案2比方案1的单位制冷量功耗增加：

$$\frac{\Delta\lambda_{c2}}{\lambda_{c1}}=\frac{0.086}{0.223}=38.6\%$$

则方案3比方案1的单位制冷量功耗增加：

$$\frac{\Delta\lambda_{c2}}{\lambda_{c1}}=\frac{0.075}{0.223}=33.6\%$$

采用江水直接进入机组系统具有很大的节能性，方案二比方案一单位制冷量增加功耗38.6%；方案三比方案一单位制冷量增加功耗33.6%。同时由于方案2增加了板式换热器和水处理设施，方案3增加了水处理设置，因此这两个系统的初期投资也将增加。

### 5.3.2　关键技术

由上一节可以看出直接利用的开式系统最为节能，这样需要解决的江河水作为建筑冷热源的关键技术则为开发新的适合于江河水换热的换热器。

解决泥沙的堵塞和沉淀问题，有如下方案：

方案 1：江河水在换热管外流动，而制冷剂（或被冷却介质）在换热管内凝结，实施如图 5－9 和图 5－10 所示。含有泥沙的江河水，由入口进入，从换热器壳体（简称壳程）右上部向下流动（图 5－9），经过右部挡板底部时，会继续在右部挡板和中间挡板之间向壳体上部流动，到达壳体上部时，沿着中间挡板和左部挡板之间向壳体下部流动，然后经过左部挡板底部后，折流向上，由出口流出（为增加江水流动速度，挡板可设置多个，图中仅示出三个挡板）。在流动过程中，由于含有泥沙的江河水和管内流体存在温度差，两种流体会在整个壳体内通过换热管束表面进行热交换。被冷却或者加热的流体由右下部入口管箱（图 5－10），然后进入下部换热管束，通过换热管束表面与含有固体杂质的流体进行热交换后，流入左侧的管箱，从管箱再进入上部管束，再次进行热交换，最后由出口流出。

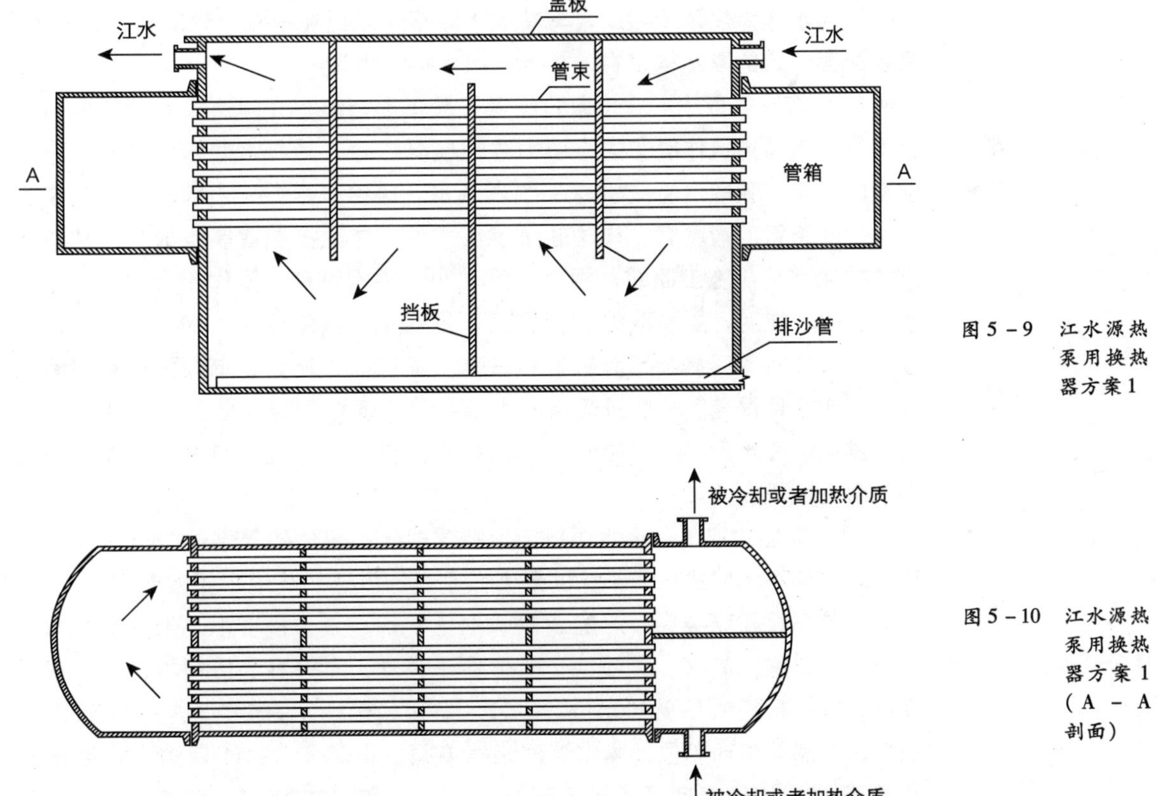


图 5－9　江水源热泵用换热器方案 1

图 5－10　江水源热泵用换热器方案 1（A－A 剖面）

含有固体杂质的江河水在壳程流动时，江河水中的固体杂质颗粒由于重量和壳体内流体流动速度较小的原因，会产生一定的沉淀，沉淀的泥沙会落在挡板、换热管束、集沙斗边壁和底部，由于重量作用，泥沙最终会滑落到集沙斗中形成堆积。可以利用集沙斗底部的排沙管将泥沙排除，排泥沙方式可以选择连续排沙和定期排沙。

为方便换热器的清洗，换热器壳体与盖板活动连接，即将换热器盖板设计成可以拆卸的，当需要冲洗换热器时，可将盖板打开，对换热管束进行彻底清洗。

方案2：采用套管式换热器。套管式冷凝器是将一根或者多根换热内管套在一根外管中，制冷剂在内外管之间流动，冷却介质在内管流动，两种介质逆向流动，以便加强换热。套管式换热器的优点是：结构紧凑，制造简单，传热特性好。由于冷却介质只在换热管内流动，流道简单，流体不会产生滞流或者强烈涡旋，因此不容易产生沉淀，而且冷却水可以保持较高的流速，管道壁面不容易产生结垢。也可以避免由于流速降低和涡流产生沉淀堵塞。

第一种方案适合于大型水源热泵机组，第二种适合于中小型水源热泵机组。

### 5.3.3 配套系统

江河水作为热泵冷热源，与其他水源不同之处在于取水难度大，投资多，需要配套一定的取水构筑物，常用的取水构筑物有：

（1）缆车式取水。将水泵机组置于缆车上，缆车在岸边坡地设置的轨道上滑行，用卷扬机作缆车的牵引力并控制其位置，随着水源水位的变化移动缆车的位置，吸取河流或水库中的表层水。这种取水方式由缆车车身、牵引设备、联络管、输水管、岸边轨道、出水池、岸边控制室等组成。这种取水方式的优点是：施工简单，相对投资较小，供水可靠，操作简便。缺点是当水位变化较快时，更换联络管很麻烦，特别是它只能取岸边的水，水质往往较差，岸坡轨道容易淤死而影响泵车上下滑行，另外因缆车内面积和空间较小，工作条件很差。一般只适用于水流平稳、河床稳定、便于布置轨道的河段，避免设在水深不足、冲淤严重的地方，也要避免设在回水区或在岸坡凸出的附近地段。

（2）浮船式取水。将水泵机组设在浮船上，船体随着水位的涨落而上下移动。这种取水方式与缆车比的最大差别是，以浮船代缆车，因而无需轨道，但需加装摇臂和球接头。浮船式取水的主要优点是：投资小，无复杂的水下工程，因此施工简便，见效快；船体便于移动，有较高的适应性，取水保证率高。缺点是船体易受到水位、风浪、航运的影响，安全性较差；河流水位涨落时，需要移动船位，操作管理相当麻烦。适用条件：①河流水位变幅在10~35米，水位变速不大于2米/小时；②河道水流平稳，风浪小，停泊条件好；③河床稳定，岸边有较适宜的倾角（与缆车要求同）；④当联络管采用阶梯式接头时，岸坡的角度以20°~30°为宜；⑤采用摇臂式接头时，岸坡角度越陡越有利，一般宜大于45°；⑥取水河段的漂浮物少，不容易受冰凌、船只等的撞击。

（3）圆筒形深井泵房取水。在水面涨落幅度较大、水位变化较快的河段，采用圆筒形深井泵房比较普遍，是一种比较传统的取水方式。其泵房在最高水位及以下部分采用钢筋混凝土结构，以上部分为砖混结构，泵房与岸边的连接采用交通桥。另外，为保证取到表层含沙量低的水，沿进水廊道侧壁在不同高度处开有进水孔。为保证最枯水位时也能取到水，在远处设有取水头部，并通过引水管与泵房进水廊道连接。这种泵房采用圆筒形构筑物将水隔开，或者将水引进泵房内再由泵提起（湿室），其主要优点是：泵房下部或一侧为进水廊道，地面以上部分设操作室，运行管理较方便，工作可靠；采用立式深井泵时可以减少泵房面积，同时取水的保证率高。缺点：①土建工程量大，工程投资多，特别是水位高时，圆筒也高；②防渗和抗浮稳定的要求高，前者在高水位时最不利；③因上下交通不便，于深井中的水泵机组检修困难，维护不方便；④通风、散热和采光条件差。一般适用于水位变幅大、机组台数少的场合。

（4）淹没式泵房取水。这种泵房平面布置、结构与深井泵房大体相似，不同的是去掉了上部的圆筒，改用钢筋混凝土密闭顶盖，从而形成了淹没式泵房（内部为干室）。为便于交通，它与岸边之间设交通廊道，泵房内装机组，岸上设控制室。这种取水的最大特点是泵房常年位于洪水水位以下，其优点是：泵房高度低，土建投资省，不受水位变幅影响；建筑物隐蔽性好，一般不影响库区或河流的航运。缺点是：①水泵不便取库中表层水；②泵房及廊道长年处于淹没状态，泵房通风、散热、采光等条件差，机组检修、维护不方便。为解决上述问题，通常将控制室设在岸上，泵房和廊道内设机械通风，廊道里布置有出水管、通风管、电缆管、设备运输小车和轨道，控制室内设有卷扬机。适用条件：①河岸地基比较稳定，河流的含沙量较少；②河流水位变幅可以很大，但洪水期历时短，长时期为平枯水期水位最好。

由以上介绍和对比可见，考虑到利用建筑用冷热源用水量少，且为节省初投资，以浮船式取水方式为好。

## 5.4 案例对比

评价江河水源热泵系统作为一种可再生能源利用方式是否具有节能减排的优势，需要与常规供暖空调方式相对比，下面对江水源热泵系统（RWSHP）与冷水机组+燃气锅炉系统（WCUGB）以及风冷热泵机组系统（WCHP）的能耗和一次能源利用率进行对比，从节能角度对其进行分析。

### 5.4.1 江水源热泵与常规空调系统的能耗比较

以重庆某建筑面积为50000平方米的商业建筑为例，经计算建筑全年冷、热负荷为 $Q_c=1.88\times10^{10}$ 千焦，$Q_h=1.22\times10^{10}$ 千焦，以下分别为各种系统的能耗（以耗电量计量）及一次能源利用率计算公式：

1. 冷水机组＋燃气锅炉系统

冷水机组＋燃气锅炉系统全年能耗和全年能耗可表示为：

$$W_{sc}=\frac{Q_c}{3600(\varepsilon)_{sc}}(1+\xi) \tag{5.10}$$

$$W_{bh}=\frac{Q_h\eta_f}{3600\eta_h}(1+\xi) \tag{5.11}$$

式中 $W_{sc}$ 为冷水机组空调能耗，千瓦时；$W_{bh}$ 为燃气锅炉供暖能耗，千瓦时；$\varepsilon_{sc}$ 为冷水机组的制冷系数；$\eta_c$ 为燃气锅炉效率；$C_r$ 为燃气机组发电效率，35%；$\xi_c$ 和 $\xi_h$ 分别为空调和供暖辅助设备及末端设备能耗比例系数。

2. 风冷热泵机组系统

风冷热泵机组系统全年空调费与供暖费可表示为：

$$W_{ac}=\frac{Q_c}{3600\varepsilon_{ac}}(1+\xi) \tag{5.12}$$

$$W_{ah}=\frac{Q_h}{3600\varepsilon_{ah}}(1+\xi) \tag{5.13}$$

$W_{ac}$ 为风冷热泵机组空调能耗，千瓦时；$W_{ah}$ 为风冷热泵机组供暖能耗，千瓦时；$\varepsilon_{ac}$ 为风冷热泵机组的制冷系数；$\varepsilon_{ah}$ 为风冷热泵机组的制热系数。

3. 江水源热泵系统

$$W_{rc}=\frac{Q_c}{3600\varepsilon_{rc}}(1+\xi) \tag{5.14}$$

$$W_{rh}=\frac{Q_h}{3600\varepsilon_{rh}}(1+\xi) \tag{5.15}$$

式中 $W_{rc}$ 为江水源热泵机组单位面空调能耗，千瓦时；$E_{rh}$ 为江水源热泵机组供暖能耗，千瓦时；$\varepsilon_{rc}$ 为江水源热泵机组的制冷系数；$\varepsilon_{rh}$ 为江水源热泵机组的制热系数。

对于冷水机组＋燃气锅炉系统，辅助设备及末端设备能耗比例系数考虑为主机的20%；对于空气源热泵机组，由于不考虑冷却水泵的能耗，辅助设备及末端设备能耗比例系数考虑为主机的15%；对于江水源热泵机组，考虑到取水泵的能耗，辅助设备及末端设备能耗比例系数考虑为主机的25%。江水源热泵机组的性能系数，参照国产水源热泵机组样本中夏季水源侧进口温度为25℃、出口温度为30℃，冬季水源侧进口温度为11℃、出口温度为6℃时的工况确定。其中夏季水源侧进水温度取长江水全年月平均温度的最高大值25℃；冬季进水温度取长江水月平均温度最低值11℃；供回水温差取5℃，江水源热泵系统形式采用江水直接进入热泵机组的系统形式。

参考《冷水机组能耗限定值及能耗效率等级（GB19577—2004）》，冷水机组平均制冷系数取值为4.0；风冷热泵机组制冷平均性能系数2.9，制热平均性能系数取值3.0；燃气锅炉燃烧效率取0.9；江水源热泵机组参考国内热泵产品参数取制冷性能系数平均4.9，制热平均性能系数取值4.5。

**各种型式供暖空调系统能耗比较**　　**表5-3**

| 机组型式 | 机组制冷系数 | 机组制热系数/锅炉效率 | 空调能耗（$10^6$ 千瓦时） | 供暖能耗（$10^6$ 千瓦时） | 全年总能耗（$10^6$ 千瓦时） | 对比 |
|---|---|---|---|---|---|---|
| WCUGB | 4.0 | 0.9 | 1.57 | 1.58 | 3.15 | 1.39 |
| WCHP | 2.9 | 3.1 | 2.00 | 1.26 | 3.26 | 1.43 |
| RWSHP | 4.9 | 4.5 | 1.33 | 0.94 | 2.27 | 1 |

由表可以看出，采用江水源热泵系统比冷水机组+燃气锅炉节约能耗39%，比风冷热泵系统节省年运行费用43%。

### 5.4.2　江水源热泵与常规空调系统的一次能源利用率比较

供暖空调系统全年一次能源利用率可表示为：

$$PER_0=\frac{Q_c+Q_h}{\frac{Q_c}{PER_c}+\frac{Q_h}{PER_h}}=\frac{1+\frac{Q_h}{Q_c}}{\frac{1}{PER_c}+\frac{Q_h}{Q_c}\cdot\frac{1}{PER_c}} \tag{5.16}$$

式中 $PER_h$ 为供暖一次能源利用率；$PER_c$ 为制冷一次能源利用率。

其中电动制冷（热泵）时有：

$$PER=\frac{\varepsilon\cdot\eta_f\cdot\eta_s}{(1+\xi)} \tag{5.17}$$

锅炉燃烧供暖时有：

$$PER=\frac{\eta_h}{(1+\xi)} \tag{5.18}$$

式中 $\varepsilon$ 为机组的性能系数；$\eta_h$ 为燃气锅炉效率，90%；$\eta_f$ 为一次能源发电效率，取35%；$\eta_s$ 为电力输送效率92%；$\xi$ 为辅助设备及末端设备能耗比例系数。

**各种型式供暖空调系统一次能源利用率比较**　　**表5-4**

| 机组型式 | 空调 $PER_c$ | 供暖 $PER_h$ | 全年 $PER_0$ |
|---|---|---|---|
| WCUGB | 1.07 | 0.75 | 0.92 |
| WCHP | 0.84 | 0.87 | 0.85 |
| RWSHP | 1.26 | 1.16 | 1.22 |

利用长江水源热泵机组相对于冷水机组+燃气锅炉系统可提高一次能源利用率33%；相对于风冷热泵系统提高可提高一次能源利用率43%。

由以上分析可见，作为一种可再生能源，江水相对于常规空调系统具有明显的能源节约效果。

### 5.4.3 热污染分析

冷水机组、风冷机组、直燃机组等制冷空调是直接或者间接以大气为冷源，直接向大气中排放废热，是城市热岛效应，即城区温度高于郊区温度的主要产生源之一。而江水源热泵系统则可以直接将太阳辐射以及市区内热源产生的热量（如人体热、机械排热）带出市区，不会直接提高或影响市区温度，可减轻热岛效应。另外，由于热岛效应，当市区温度高于郊区温度时，会使得空调负荷进一步加大，机组冷凝温度上升，因此，风冷机组、直燃机组将会因热岛效应产生能耗附加值。

现分析由于热岛效应的产生而使得空调系统附加能耗的增加情况：

由于热岛效应而使得市区温度升高而产生的能耗增加率 $\delta_r$ 定义为：

$$\delta_r = \frac{1}{[1-\Delta\varepsilon\ (T_S - T_J)]}\left[(1-\xi)\ \frac{T_S - T_N}{T_J - T_N} + \xi\right] - 1 \qquad (5.19)$$

$T_S$、$T_J$ 分别表示分别为市区、郊区室外温度（℃）；$T_N$ 为室内设计温度（℃）；机组制冷系数为$\varepsilon_c$；$\Delta\varepsilon$ 为冷源温度每升高1℃，机组制冷系数下降百分比；$\xi$ 为室内热源形成的负荷占建筑总负荷的百分比。

以重庆地区为例，当采用空气为冷源时，取 $T_N$ =26℃，$T_S$ =39℃，$T_J$ =36℃，取$\xi$=0.6，$\Delta\varepsilon$ 为0.03℃，则$\delta_r$ =23.1%。可见由于热岛效应使得以空气为冷源其能耗可增加14.9%。如果以江水为冷源，则由于江水的流动性，在一个地区内，其温度差别不大，可认为是相等的，则$\varepsilon_{CS} = \varepsilon_{CJ}$，利用（5.19）计算得到$\delta_r$ =12%。比较以空气为冷源和以江水为冷源，由于热岛效应而使得空调能耗增加了11.1%。

在利用空气为冷源时，由于将废热排入大气，从而促进了热岛效应的形成，而利用江水则不会有这样的现象出现。热岛效应的形成会造成市区空调系统的能耗增加，从而使得两者具有叠加促进的作用，使得城市热环境更加恶化。如果利用江水作为冷热源，单一分析由于空调系统产生的热岛效应时，不存在热岛效应的产生，进而也就不会增加空调系统的能耗。

# 第 6 章　海水冷热资源利用

能源问题已成为举世关注的焦点，海洋作为容量巨大的可再生能源在目前尚未得到充分的开发。我国海岸线长达 3 万多公里，有众多的岛屿和半岛。各沿海地区的海洋资源极为丰富，海水源热泵空调系统将是人们关注的一个重要课题。我国大部分海域海水温度适合水源热泵对温度的要求。根据有关部门测定资料，黄海冬季海水（水面以下 5 米处）在 1 月 15 ~31 日，其温度不仅高于空气温度而且相当稳定。当空气温度为 −6℃时，海水温度在 6℃ 左右。在夏季 7 月 16 日至 8 月 23 日，海水温度变化范围不大，在 20 ~25℃范围内，东海、南海沿海岸夏季水温在 27 ~28℃。我国漫长的海岸线，绝大水域海水均适宜做热泵机组的冷热源，这就为海水源热泵提供了广阔的市场。

## 6.1　海水冷热资源的分析评价

### 6. 1. 1　海水水温变化情况和稳定性分析

海水温度条件主要涉及最冷月和最热月海水各层的温度，在这方面我国黄、渤海地区有很好的水温条件。以渤海地区典型地点大连老虎滩的近几年水温变化情况看，水温稳定。以 2005 年的全年温度变化为例，整个夏季的水温基本保持在 23℃以下，是很好的低位冷源。2005 年 1 月 1 日到 3 月 31 日共 90 天，低于 2℃以下的水温没有，低于 2 ~3℃的水温出现的天数有 37 天，其他均在 3℃以上，是很好的低位热源。而对于黄海地区，其典型城市为烟台和青岛。烟台 2005 年出现 2℃以下的天气天数在 64 天，其中最低为 0. 3℃，出现在 2 月 1 日。2006 年出现 3℃以下的天数为 28 天，最冷温度仍然为 0. 3℃，出现在 2 月 9 日到 10 日。2007 年 3℃以下的天数为 21 天，最冷为 2℃，出现在 2 月 3 日。2008 年出现的最低海水温度为 0. 8℃。青岛在 2005 年出现 3℃以下的天数为 17 天，最低 2. 5℃；2006 年出现 3℃以下的天数为 3 天，其中最低海水温度为 2. 8℃；2007 年没有出现海水温度低于 3℃的天数，其中的最低温度为 4. 7℃；2008 年低于 3℃的天数有 3 天，其中的最冷海水温度为 2. 7℃。从海洋局的观测数据看，历史的最低海水温度为 1. 8℃，该数据出现在 2000 年 1 月 1 日。1992 年的海水表层水温分布见表 6 −1。

**1992 年表层海水平均温度统计（单位:℃）　　表 6－1**

| 海名 | 冬季 | 春季 | 夏季 | 秋季 |
| --- | --- | --- | --- | --- |
| 渤海 | 0.7 | 9.2 | 24.1 | 9.9 |
| 黄海 | 8.7 | 12.9 | 25.7 | 15.6 |
| 东海 | 16.5 | 21.4 | 28.9 | 22.3 |
| 南海 | 22.8 | 27.5 | 29.6 | 24.6 |

1997 年冬季各海域平均温度：渤海 1.01℃，黄海 6.72℃，东海 13.80℃，南海 21.63℃。与常年相比，各海区普遍偏高，其中渤海偏高 0.50℃左右，北黄海偏高 1.43℃左右，南黄海偏高 1.72℃左右，东海、南海偏高 0.50℃左右。长江口附近海域高于常年 1.95℃左右，浙江、福建、广东沿海则低于常年 0.50℃左右。夏季各海域平均温度：渤海 24.76℃，黄海 25.67℃，东海 27.16℃，南海 29.42℃。与常年相比，渤海偏低 0.42℃左右，北黄海偏高 0.47℃左右，南黄海偏低 0.34℃左右，东海大部与常年基本持平，南海偏高 0.23℃左右。长江口附近海域偏低 0.34℃左右，浙江、福建、广东沿海与常年基本持平。与 1996 年相比，渤海、南海略高于 1996 年，而黄海、东海则低于 1996 年。

2008 年 2 月 10 日各海域温度：黄海为 0.5～11.9℃；东海为 6.8～23.3℃；外缘海域为 16.8～26.9℃；南沙群岛海域为 28.6℃左右。2008 年 2 月 28 日各海域温度：黄海为 2.2～13.7℃；东海为 8.5～23.8℃；外缘海域为 17.4～28.1℃；南沙群岛海域为 28.9 度左右。2008 年 7 月 10 日各海域温度：黄海为 19.3～25.1℃；东海为 24.2～29.2℃；外缘海域为 22.3～30.5℃；南沙群岛海域为 30.6℃左右。2008 年 8 月 20 日各海域温度：黄海为 24.2～28.9℃；东海为 28.2～30.3℃；外缘海域为 27.8～30.6℃；南沙群岛海域为 31.0℃左右。

从中国近海的多年水温分布看，夏季的海水温度稳定性好，而冬季的海水温度变化较大。

### *6.1.2　海水的水质概况分析*

中国近岸海域水质中溶解氧、化学需氧量、活性磷酸盐、无机氮、汞、铅、镉、石油类等 8 项评价因子均有超过一类海水水质标准的测值，其中活性磷酸盐、无机氮、铅的超标率分别为 66%、62%、57%。主要污染指标是无机氮、活性磷酸盐、铅、汞，污染指数分别为 3.12、2.46、2.18、2.10。无机氮最大测值（2511 微克/升）在东海 D3108 测站测得，超过四类海水水质标准（0.5 毫克/升）4 倍；活性磷酸盐的最大测值（425.28 微克/升）在黄海 H2103 测站测得，超过四类海水水质标准（0.045 毫克/升）近 9 倍；铅最大测值（7.23 微克/升）在东海 D3103 测站测得，超过二类海水水质标准（0.005 毫克/升）；汞的最大测值（1.26 微克/升）在渤海 B2101 测站测得，超过四类海水水质标准（0.0005 毫克/升）1.5 倍。镉、石油类、化学需氧量、溶解氧的算术均值也接近一类海水水质标准评价结果。

1. 渤海近岸海域

重金属污染相当严重，铅和汞超标普遍，超标率分别高达 95% 和 94%；石油类有一半测站超标；溶解氧超标率在 10% 左右；其他评价因子超标率在 40% 左右。汞的污染指数达 10.7，全海域中的最大测值（1.26 微克/升）出现在渤海，超标测站的均值为 0.44 微克/升，接近四类海水水质标准（0.5 微克/升）；镉的污染指数为 4.32，其超标测站均值为 7.30 微克/升，超过二类海水水质标准 0.5 倍；铅的污染指数为 3.93，其超标测站均值为 4.27 微克/升，接近二类海水水质标准；营养盐类、石油类、化学需氧量的所有测值海区算术均值已超过一类海水水质标准；溶解氧的污染指数最小，为 0.75。

2. 黄海近岸海域

该海域营养盐有一半左右测站超标，超标测站污染程度严重。活性磷酸盐的污染指数为 4.3，其超标测站均值为 81.6 微克/升，超过四类海水水质标准近 1 倍；无机氮的污染指数为 1.22，其超标测站均值为 382.53 微克/升，接近三类海水水质标准，其最大测值（581.28 微克/升）已超过四类海水水质标准；石油类、铅的超标率分别为 45% 和 42%，超标测站均值分别为 0.1 毫克/升和 3.42 微克/升，污染指数分别为 1.45 和 1.78；其他评价因子超标测站在 30% 以内或没有超标。

3. 东海近岸海域

无机氮、活性磷酸盐和铅均有 80% 左右测站超标，尤其是无机氮和活性磷酸盐超标测站污染程度非常严重。无机氮超标测站的均值为 1155.9 微克/升，超过四类海水水质标准 1.3 倍，污染指数为 5.35；活性磷酸盐超标测站的均值为 45.87 微克/升，已超过四类海水水质标准，污染指数为 2.67，最大测值为 96 微克/升，超过四类海水水质标准 1 倍多；铅的超标测站均值为 2.97 微克/升，介于一、二类海水水质标准之间，污染指数为 2.47；其他评价因子也有超标测站，但超标率在 30% 以内。

4. 南海近岸海域

无机氮、活性磷酸盐和溶解氧的超标率分别为 61%、68% 和 68%，污染指数分别为 3.12、1.43、1.16，溶解氧最低测值为 2.59 毫克/升，低于四类海水水质标准（3 毫克/升）；无机氮超标测站污染程度严重，其均值（854.71 微克/升）超过四类海水水质标准 0.7 倍，最大测值（1397.5 微克/升），超过四类海水水质标准近 2 倍；其他评价因子有 10% 测站超标或没有测站超标。

从以上的数据看，海水的水质差，不利于水源热泵系统。海水磷酸盐过高，在管路系统中容易形成垢体，导致管路流通半径减小，在换热器中形成垢层影响传热。海水中溶解氧过高，会导致换热器氧化。由于海水中有海生物幼体，氧气有助于海生物幼体成长，这将导致堵塞管路系统。其他海水污染物均会对系统造成损害。因此，如何对海水水质进行有效的处理，是应用海水源热泵的关键技术。

### *6.1.3 海水水位变化及稳定性分析*

海水水位的年变化幅度以及季节变化幅度不大，这是区别内河的主要特征。水位变化小，稳定性好，就能够保证取水口设置方便。

以1992年的海水水位为例。该年度全国沿岸海平面与常年（1975~1986年的平均值）相比，平均偏高3.3厘米，渤海偏高4.9厘米，黄海偏高3.1厘米，东海偏高3.3厘米，台湾海峡偏高2.9厘米，南海偏高2.6厘米。与1991年相比，1992年海平面平均稍有下降；但降幅不大，黄海下降2.2厘米，东海下降0.6厘米，其他海区与去年基本持平。

1992年各海区月平均海平面的年较差为：渤海47.3厘米，黄海42.3厘米，东海36.1厘米，台湾海峡43.1厘米，南海38.0厘米（见表6-2）。与上年相比，除南海年较差加大6.5厘米外，其他四海区均有减小，渤海、黄海、东海、台湾海峡分别减小8.7厘米、4.7厘米、1.8厘米、5.5厘米。

1992年度各月海平面与常年同月相比，均有偏高现象，特别是3月、4月、5月、10月份偏高明显。3月份平均偏高9.1厘米，其中渤海的塘沽，黄海、东海各站偏高8.0~20.0厘米；而南海的闸坡、北海、东方各站略偏低（0.7~3.0厘米）。4月份平均偏高7.9厘米，从渤海塘沽至东海大陈站偏高7.6~13.1厘米；5月份平均偏高6.2厘米，连云港至大陈站，较常年同月偏高7.6~20.0厘米；10月份平均偏高7.1厘米，其中海口站偏高最大为17.1厘米，北海、厦门、汕尾、东山站偏高11.3~13.8厘米，塘沽、闸坡站偏高10.0~10.3厘米。

1992年4月、5月、6月、8月、9月份与1991年同月相比，春季呈上升趋势，夏秋季呈下降趋势。4月份平均上升4.7厘米，其中鲅鱼圈、烟台站上升最大，为10.0~10.3厘米，东海的大戢山和黄海、渤海各站上升3.1~9.7厘米；5月份平均上升6.9厘米，吕泗站上升最大为16.1厘米，其次是闸坡站上升13.8厘米，三沙、台湾海峡和汕尾站上升9.5~10.9厘米；6月份平均上升2.5厘米，闸坡站上升最大为14.2厘米，三沙至汕尾各站上升6.3~10.4厘米。8月份平均下降7.4厘米，连云港下降最大为15.1厘米，长涂、大戢山、吕泗和成山头各站下降10.5~10.9厘米；9月份平均下降3.9厘米，其中闸坡、汕尾站下降最大10.0~10.9厘米；连云港、东海各站，台湾海峡，北海、海口、东方各站下降量为4.5~8.8厘米。

**1992年海平面统计**　　　　**表6-2**

| 站名 | 年变速率（厘米/年） | 1993年与常年偏差（厘米） | 年较差（厘米） |
| --- | --- | --- | --- |
| 小长山 | | 5.3 | 42.6 |
| 老虎滩 | 0.12 | 5.6 | 42.7 |
| 鲅鱼圈 | | 3.3 | 43.2 |
| 葫芦岛 | 0.11 | 0.5 | 47.7 |
| 秦皇岛 | -0.21 | 2.8 | 46.8 |
| 塘　沽 | 0.22 | 9.2 | 51.3 |
| 烟　台 | -0.11 | 5.0 | 41.6 |
| 成山头 | | 1.6 | 37.9 |
| 石臼所 | 0.15 | 4.6 | 42.5 |
| 连云港 | -0.26 | 4.6 | 44.6 |
| 吕　泗 | 0.72 | 7.4 | 44.0 |
| 大戢山 | | 5.5 | 43.4 |
| 滩　浒 | | 5.8 | 44.5 |
| 长　涂 | 0.28 | 2.8 | 39.5 |
| 大　陈 | | 5.2 | 34.5 |
| 坎　门 | 0.20 | 3.3 | 35.0 |
| 三　沙 | 0.06 | 3.9 | 34.9 |
| 平　潭 | 0.29 | 3.7 | 37.3 |
| 厦　门 | 0.25 | 2.1 | 43.7 |
| 东　山 | 0.16 | 3.0 | 48.3 |
| 汕　尾 | 0.29 | 3.2 | 39.3 |
| 闸　坡 | 0.13 | 2.2 | 38.1 |
| 北　海 | 0.20 | 1.8 | 38.9 |
| 海　口 | 0.23 | 7.4 | 37.8 |
| 东　方 | 0.21 | -0.1 | 36.1 |

2007年，中国沿海海平面比常年高62毫米，受海平面起伏上升规律的影响，上升趋缓。与2006年相比，渤、黄海海域基本持平，东、南海海域略有降低，降低范围为10~20毫米。近30年中国沿海部分验潮站历史海平面变化见图6-1。

具体我国近海的水位变化情况如下：

- 渤海

渤海海平面平均上升速率为2.2毫米/年。

2007年，渤海海平面比常年高53毫米，与2006年基本持平，季节性变化趋势与常年基本接近，但1~3月的海平面比常年同期高102毫米。近30年来渤海海平面总体上升了118毫米（图6-2）。预计未来10年，渤海海平面将比2007年上升29毫米。

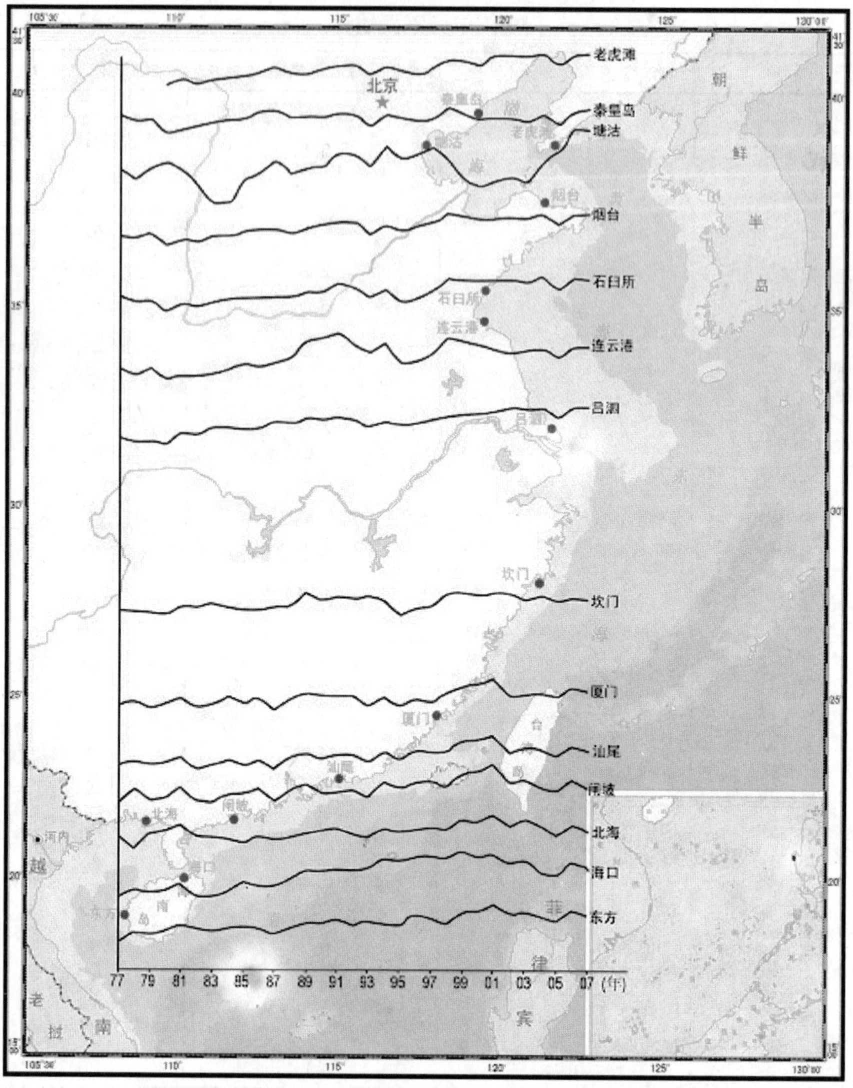

图 6－1　中国沿海部分验潮站历史海平面变化曲线

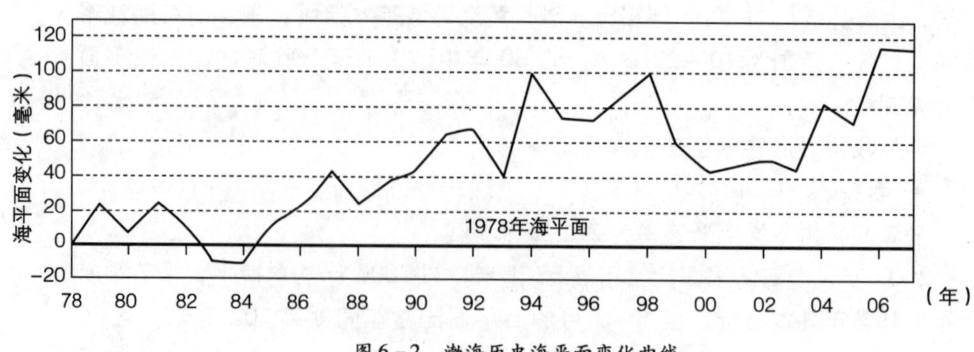


图 6－2　渤海历史海平面变化曲线

- 黄海

黄海海平面平均上升速率为 2.5 毫米/年。

2007 年，黄海海平面比常年高 75 毫米，与 2006 年基本持平，季节性变化趋势与常年相近，但 3 月和 9 月海平面分别比常年同期高 148 毫米和 130 毫米。

近 30 年来黄海海平面总体上升了 87 毫米（图 6－3）。预计未来 10 年，黄海海平面将比 2007 年上升 31 毫米。

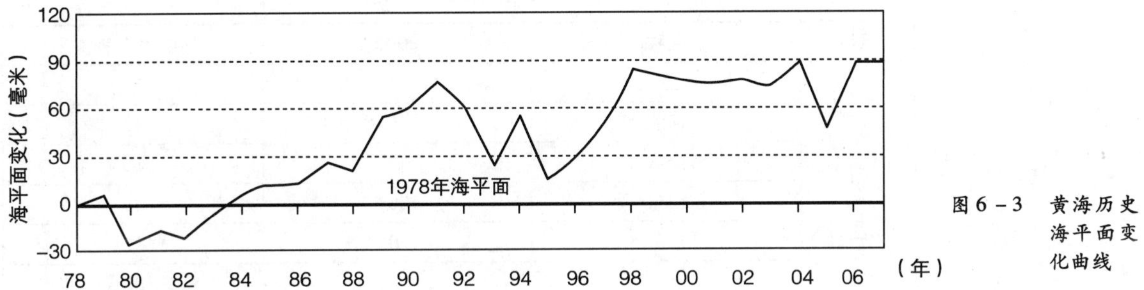


图 6－3 黄海历史海平面变化曲线

- 东海

东海海平面平均上升速率为 3.1 毫米/年。

2007 年，东海海平面比常年高 63 毫米，比 2006 年低 11 毫米，季节性变化趋势与常年基本接近，但 3 月和 9 月海平面分别比常年同期高 122 毫米和 94 毫米。

近 30 年来东海海平面总体上升了 86 毫米（图 6－4）。预计未来 10 年，东海海平面将比 2007 年上升 37 毫米。

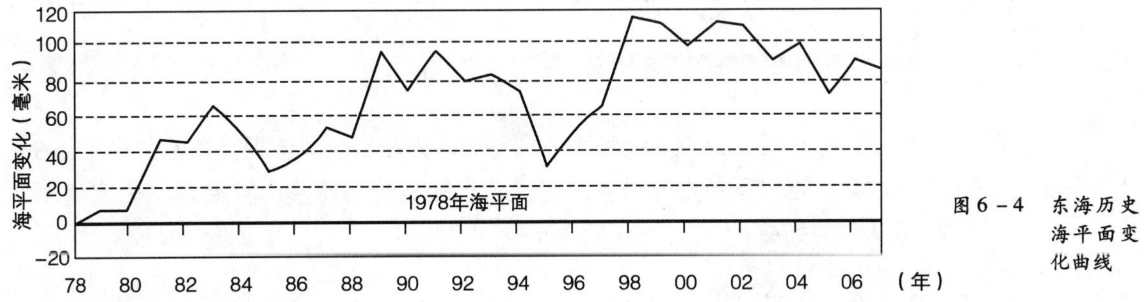


图 6－4 东海历史海平面变化曲线

- 南海

南海海平面平均上升速率为 2.4 毫米/年。

2007 年，南海海平面比常年高 65 毫米，比 2006 年低 19 毫米，季节性变化趋势接近于常年，但 3 月和 11 月海平面分别比常年同期高 107 毫米和 129 毫米。

近 30 年来南海海平面总体上升了 72 毫米（图 6－5）。预计未来 10 年，南海海平面将比 2007 年上升 30 毫米。

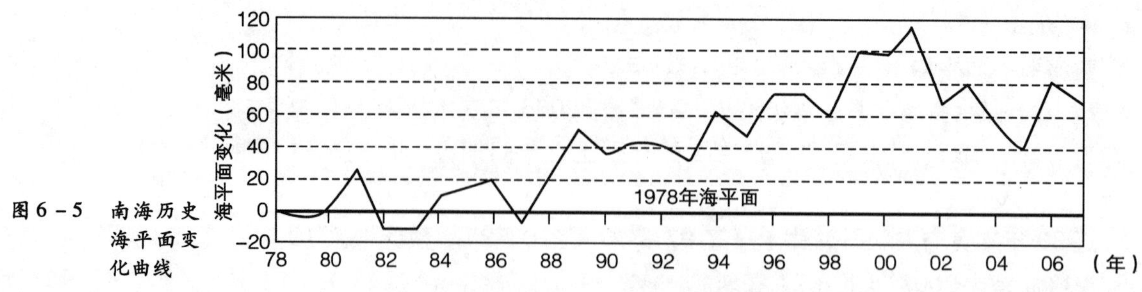


图 6-5 南海历史海平面变化曲线

**中国沿海海平面变化**

| 区域 | 名称 | 过去30年变化 | 未来10年预测* |
|---|---|---|---|
| 沿海省（自治区、直辖市） | 辽宁 | 109 | 35 |
| | 河北 | 48 | 18 |
| | 天津 | 196 | 39 |
| | 山东 | 96 | 29 |
| | 江苏 | 78 | 31 |
| | 上海 | 115 | 38 |
| | 浙江 | 98 | 35 |
| | 福建 | 47 | 24 |
| | 广东 | 55 | 29 |
| | 广西 | 81 | 34 |
| | 海南 | 80 | 33 |
| 海区 | 渤海 | 118 | 29 |
| | 黄海 | 87 | 31 |
| | 东海 | 86 | 37 |
| | 南海 | 72 | 30 |
| 全海域 | | 90 | 32 |

*相对于2007年平均海平面（单位：毫米）

图 6-6 中国沿海海平面变化图

以上说明中国近海的海水水位稳定，即使出现大潮期，其水位变化也在1米以内。这对于海水源热泵应用是一个优势，即能够比较准确地确定海水源取水头的标高。

### 6.1.4 综合评价

从前面的分析看，海水的温度在夏季完全满足海水源热泵的运行要求。对于冬季海水温度，渤海除大连海域的冬季存在温度较低的情况看，其他海域均能够满足海水源热泵的运行要求。由于夏季南海和东海的水温较高，若能注意取水水泵的能耗的设置，夏季仍然可以将海水作为水源热泵夏季制冷的低位热源。

整个海水的水质情况不理想，要获得海水的冷热资源，必须通过一定的技术措施来保证获取海水的能量。若想海水直接进机组，必须进行机组换热器的改造。

取水泵的能耗是海水源热泵成功实施的关键因素之一。和其他江河比较，海水水位稳定，不存在像江河等地表水冬季和夏季水位差异过大的情况，这是海水源热泵取水的优势。

## 6.2 利用条件、应用范围和利用方式

### 6.2.1 海水利用中存在的技术问题

海水对金属尤其是黑色金属有强烈的腐蚀作用。如何解决海水对材料的腐蚀问题，而且要简单易行，成为海水源热泵技术的关键。在材料选择和换热器结构上要考虑海水的腐蚀性，同时采取相应防腐措施。传统的海水机组方式一般为，海水进入换热器前首先经过机组与海水抽水井间设置的可拆卸的钛板式换热器，以解决海水对换热器的腐蚀问题。这样做虽然解决了腐蚀问题，但是又带来了其他问题。首先是钛板换热器价格昂贵，其次水路系统复杂。另外，在换热器海水与循环水交换中间存在温差。制热工况下进入蒸发器的水温降低，而在制冷工况下进入冷凝器水温提高，使制热量、制冷量降低，机组效率下降。所以如何从真正意义上解决海水的腐蚀问题，是海水源热泵能否大量应用和推广的关键。

海洋生物包括固着生物（藤壶类、牡蛎等）、粘附微生物（细菌、硅藻和真菌等）、附着生物（海藻类等）和吸营生物（贻贝、海葵等）。它们在适宜条件下大量繁殖，给海水循环带来极大危害。有些海生物极易大量粘附在管壁上，形成黏泥沉积引起结垢，严重时可直接堵塞管道。同时海生物给海水循环带来严重的腐蚀问题，海生物控制是海水源热泵的常见技术措施。

常用海生物控制的措施有：

1. 设置过滤装置。过滤是防止海生物等污染物质进入循环冷却水系统的有效方法。它包括：海水入口的一次滤网，即各种拦污栅、格栅及筛网，主要阻止海生物等异物进入海水冷却系统；进入凝汽器前的二次滤网，即在凝汽器入口尽可能设置粗滤器及涡流过滤器等设备，使进入的一些海生物等异物不能最后进入冷凝器。

2. 防污涂漆。防污涂漆的主要成分以有机锡系和硅系漆为主。涂层的主要部位包括循环水系统（循环水管、海水管、冷凝水室、循环水泵等）和吸水口周围设备（旋转筛网等）。防污漆法是通过漆膜中的防污剂的药物作用和漆膜表面的物理作用来防止海生物污损的。

3. 投加杀生剂。海生物包括菌藻、微生物及大海生物，其中控制菌藻、微生物的药剂有许多种类，但控制大海生物如贝类等的药剂很少。控制海生物的杀生剂主要包括氧化型杀生剂（氯气、二氧化氯和臭氧等）和非氧化型

杀生剂（新洁尔灭、十六烷基氯化吡啶和异氰尿酸酯等）两大类。黏泥杀菌剂有松香胺、松香胺与环氧乙烷聚合物等。

取水水泵的腐蚀问题是海水源热泵的技术问题之一。若泵轴本身没采取任何防腐措施，泵上下轴承支撑结构导致海水在泵管内形成滞留区，下轴承区导流罩外处于主流道的位置，海水流量大，不锈钢易保持钝性状态，泥沙不易沉积。导流罩内海水受到阻滞，不锈钢不易钝化，轴和轴承之间的润滑通过辅助叶轮将水打入轴承间隙润滑，上轴承安装在由泵体伸出管上，海水通过盘根和泵体上压盖间隙维持循环，如果泥沙堵塞或流量减少，形成恶劣的局部环境，造成上轴承区轴的严重腐蚀，而下轴承区相对较轻。另外，腐蚀部位集中在海水流动性差、结构缝隙的部位，表面腐蚀的发生和发展与相对静止的环境有关，腐蚀不会在运转期间发生，而是在静止期间发生。

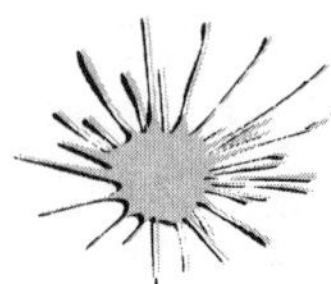

**补充知识：**

海水源热泵应用过程中需解决取水水泵的腐蚀问题，相应技术措施有：

（1）改变密封盘根材料，将吸潮的石墨盘根改为聚氟塑料盘根，避免停止运行时长期保持潮湿状态，消除电偶腐蚀。

（2）加装淡水冲洗装置。海水由下至上从水室接管和盘根间隙排出，存在两个问题。一个是海水在缝隙中残留，停运期间引起点蚀和缝隙腐蚀；另一个是缝隙部位淤积泥沙，在泵启动时对轴产生磨损。因此，在启动前1小时和停泵后1小时应冲洗盘根缝隙残留海水，以避免启动时的干摩擦和停运期间海水影响，减少磨损和腐蚀的风险。

（3）在泵轴上加装牺牲阳极。即将泵体锥形连接管（碳钢管道）内原有的牺牲阳极与轴连接起来，可以起到保护作用。

（4）泵轴腐蚀点的处理采用微区电脉冲点焊+电刷镀进行处理，即采用微区电脉冲点焊对腐蚀区域进行填补，恢复泵轴的外形尺寸后再对表面进行电刷镀，以保证表面能达到耐磨、耐腐蚀的效果。微区可控脉冲点焊技术是采用可控脉冲电能把补材（片材、丝材或粉材）固定到机件应修补部位，在微区内逐层成坯的修补新技术。该技术不但可得到高结合强度的表面覆层外，还对基材的热量控制在一定的范围内，工艺过程对母材不产生热变形和软化，所选用的补材面宽，对传统的维修手段是一种补充。电刷镀主要采用了特快镍、镍磷合金的刷镀液，使表面获得比母材更好的耐磨和耐腐蚀覆层，减少被磨损和腐蚀的几率。

### 6.2.2 取水方式

对于海水的取水，目前有两种方式：直接取水和间接取水。直接取水即通过管道和水泵将海水直接送至机房；而间接取水则是通过海滩砂层的过滤作用，海水渗透到建筑附近的取水井，利用取水管道将取水井的水送至机房。渗透取水的水质较好，避免了藻类等对系统不利的因素。更为重要的是，由于渗透经过了土壤的热交换，冬季水温要比海水本身的温度高，有利提高海水源热泵的效率。直接取水时因为海水的分层现象不明显、水温稳定、水位稳定，不会因冬季和夏季水位的不同而需要考虑合适的取水口，即取水口的设置相对简单。

为避免取水扬程过大，同时在过渡季节取水管道中无水的现象，取水一般在取水头侧设置潜水泵，水泵出水管道安装止回阀，防止管道缺水。为避免海浪对潜水泵的冲击造成位移，在潜水泵的安装位置要设置取水构筑物固定水泵。同时，潜水泵的供电线路沿取水管道走向进行铺设，并做好防腐措施。

### *6.2.3 海水水质*

海水水质对系统的影响主要是盐和藻类对管道和换热器的腐蚀。为提高海水源热泵系统的能效，系统设计时要尽量考虑海水直接进机组。这种方式对机组提出了较高要求，普通的水源热泵无法满足海水水质要求，即换热器必须进行材质改造。目前，随着满液式水源热泵机组的发展，用海军铜或镍黄铜作为传热管可以比较容易解决海水腐蚀问题，而且不论制热还是制冷工况均有较高的效率。这样不论是蒸发器还是冷凝器均可以解决海水腐蚀问题，海水在管程内流动，传热管采用耐海水腐蚀的材料，其他和海水接触部分，如管板外侧、封头内壁也采用防腐蚀材料和相应措施，一般换热器管板外侧与海水接触侧采用复合管板；换热器封头采用耐腐的铸铁件材料，内置活泼金属锌块。这种方式的缺点是机组的造价高。

避免海水水质处理的技术措施可以采用闭式换热系统，这就避免了处理海水的工艺。但是，闭式换热系统存在较多的应用技术难点，只能在条件适宜的小范围内使用。

大量的海水源热泵工程的应用还在于对开式系统的研究。开式系统存在较多的技术问题，问题的根源就在于海水的水质。只有解决海水对系统的腐蚀和堵塞问题以及开发出适合海水水质的海水源热泵机组，海水源热泵才能得到广泛的应用。

### *6.2.4 海水利用方式*

在海水源热泵系统利用的初期，直接取水方式一般采用在海水和机组之间加中间换热器的传统做法，中间换热器采用价格昂贵的钛合金换热器避免海水的腐蚀。这种方式却增大了海水的传热温差，即不能有效地利用海水的能量，同时由于要设置一次水泵和二次循环水泵，也导致水泵的能耗增加。这种海水利用方式可以满足传统的水源热泵机组的要求，但是不能达到较大的系统能效比。

另外一种方式是应用海军铜，改变传统水源热泵机组的构造，海水直接进机组成为可能。这种方式减小了传热温差，提高了机组的效率。

海水间接利用方式通常采用闭式系统。这种方式避免了海水取水口设置问题。但由于管材采用防腐蚀的塑料管材，海水和管壁之间有传热温差的存在，会导致不能充分利用海水的能量。特别是在冬季温度较低的区域，闭式系统内的循环水可能结冰。因此，海水侧的循环水可能要充注防冻液。

大规模采用闭式海水源热泵系统，换热器在海水中的安装是技术难点。海浪对海中物体的冲击，将可能导致损坏固定闭式换热器的设施。另外，近海人员和船只的活动也可能损坏换热器。对于建筑负荷相对较小、建筑紧临海岸、便于管理的区域，可以采用闭式海水源热泵；而建筑负荷大、不便管理的区域，建议不采用闭式海水源热泵系统，而应采用其他利用方式。

## 6.3 利用的原理和关键技术

### 6.3.1 比较与选择：海水源热泵开式系统和闭式系统

开式海水源热泵和闭式海水源热泵系统的区别在于是否和海水直接换热。对于开式系统，海水源热泵机组可以直接利用海水的能量；而闭式系统由于存在管材和海水之间的传热损失，海水要损失1～3℃的能量。从海水侧循环水泵的能耗看，一般情况下开式系统的一次侧水泵能耗要大于闭式系统。从海水水质的处理情况看，闭式系统由于没有和海水直接接触，避免了开式系统中对海水进行水质处理等技术要求。而从投资看，闭式系统中所采用的水源热泵机组可以是普通机组，一次侧水路也仅仅采用普通的塑料管，投资低；开式系统由于要设置海水构筑物，再加上设备和水质处理等相应措施，开式系统的投资一般要大于闭式系统。但是从安装角度看，闭式换热器的安装固定难度较大，相比开式系统的取水设置要复杂。

要得到接近海水温度的闭式换热系统，其换热器长度较大；在大负荷的建筑中使用海水源闭式系统，将在海水中安装大量的换热器。这些都对系统的维护和管理不利。因此，闭式系统只能在小负荷的建筑中应用。

开式系统低位冷热源直接从海水中提取能量，在海水中只存在取水管道的设置问题，建筑负荷的大小仅仅取决于海水量的大小。因此，开式系统对负荷的适应性较宽。

### 6.3.2 关键技术

利用海水作为建筑冷热源的关键技术是海水源热泵机组的优化和海水利用方式。

要取得海水源热泵系统较高的能效，直接将海水引入机组是一个有效的技术措施。海水的水质问题决定了将海水处理成满足普通水源热泵机组的进水要求以适应海水源热泵系统的技术思路是错误的，必须对水源热泵机组进行改造以满足海水源热泵的进水要求，研发专用海水源热泵机组成为海水源热泵系统推广的关键。

## 参考阅读：海水做冷热源的水质配套系统

由于海水盐度、硬度、总固溶物及其他杂质的含量均较高，易造成反渗透膜污染和结垢等问题，必须对海水进行适当的预处理，才能保证系统的稳定。超滤预处理技术是近几年发展起来的膜法预处理技术，主要用于反渗透法海水淡化（SWRO）的预处理过程，它克服了反渗透传统预处理工艺出水水质不稳定、胶体和溶解有机物去除效果差以及使用多种化学试剂等诸多缺点和不足。该处理方式设置在取水口，对海水进行预处理。

海水中海生物幼体在满足阳光和氧气的条件下就能够生长。在生长和繁殖过程中，海生物会堵塞管路，同时也会对设备和系统造成破坏。这种性质决定了海水水质配套系统的重要性。目前传统的做法是在管路系统中添加氯作为杀生剂来抑制海生物生长，但是，由于海水侧循环系统为开式，加氯后会对海水造成污染。而且，这些氧化生物杀灭剂对于软体生物和其他微生物侵蚀的控制效率是有限的，因为生物能够感觉到氧化物的存在，并通过合拢它们的贝壳和减少呼吸活动来使其接触的氧化物最小化，因此间断加氯对藤壶、蚌类无效。

非氧化性杀生剂具有广谱、高效、低毒、对环境友善、选择性好的特点，其最大优点是对贝类、蛤类、藻类等有独特的杀灭效果，对鱼虾类等影响非常小，试剂对设备没有腐蚀，加药设备简单，维护量极少。其优点具备：

（1）非氧化性杀灭剂一般是季铵化合物。对于较大的有机体如藤壶、蚌类等，药品对金属和其他材料的膜化作用会在表面形成较高的浓度，对有机体产生刺激，并使它移动，被海水冲走。同时，变得光滑的管道表面使其吸附变得困难。

（2）非氧化性杀灭剂的活性物质在环境中的生存是短期的，季铵盐是阳离子型的，容易为中性或阴离子型的基质物和沉积物所吸收，使季铵盐的毒性得到降解，从而对水环境和有益的微生物群不再构成危害。

（3）阳离子表面活性剂与氯气和其他氧化剂相比，具有许多环境、性能、成本方面的优点。

（4）减少了排放到环境中的化学物品，同时，减少了对于冷却水携带的浮游生物的影响。

（5）在整个应用过程中，产品的浓度可以检测和验证。

（6）由于加药设备只需要计量泵、储存罐和管道，十分简单，投资少。

（7）药品的投入量通常与海水的温度、水质情况和海洋生物种类有关，通常建议使用的浓度如下：每5～30天加药处理一次，连续投加5～24小时，投加浓度为3～8毫克/升。由于所需要的化学品大大减少，运行成本更低。

输送海水的铁管道内添加一定比例的碘代丙炔基氨基甲酸酯（IPBC）防藻剂，机房内设置自动反冲过滤器，对海藻进行处理，防止阻塞机组换热器。

专用海水源热泵机组涉及抵御海水腐蚀的材质选用问题。解决换热器的堵塞问题，应该考虑改变换热器的构造。对于热泵系统，大冷量的机组不能依靠四通转向阀来进行冬季供热和夏季供冷的转换，而需要依靠水路转换来实现，即蒸发器和冷凝器均存在海水水质问题，如何保证两器均能满足海水条件，是机组研发的关键技术。

海水的利用方式也是海水作为建筑冷热源的关键技术之一。利用表层海水是一个相对简单的方式，但是表层海水水温相对较高，而深层水温温度很低，完全可以利用来作为冷源而不再需要机组进行供冷。如我国黄、渤海地区的夏季，在水深35米处，海水温度多在12~14℃左右，在山东半岛附近受冷水团影响，等温线更密集，可以取得更低的海水。南海水温的分布具有明显的热带深海特征，表层水温年均值，除北部沿岸外，大部分为28.6℃，南北部水温差一般为4℃，夏季更小，仅差2℃。深层水温最低可达2.36℃，几无季节变化。取用深层海水作为建筑物的直接冷源，需要解决安装、保护等关键技术。

## 6.4 案例分析——青岛发电厂海水热源利用

### 6.4.1 工程实例概况

该工程位于青岛发电厂内，建筑共2层，一层为职工食堂，二层为工会办公楼，层高均为4.5米，建筑面积2400平方米。空调总面积为1871.5平方米（不计算浴室面积）。此热泵空调系统同时供应洗澡热水，按100立方米/天计。一层为职工食堂，分就餐区和厨房灶间两部分，24小时正常营业。厨房灶间由于有蒸汽锅等散热量较大的设施、设备，冬季白天温度大约在26~28℃，需要制冷运行，晚上需要制热运行。二层为工会办公室、歌舞厅、健身活动室以及会议室，各自冷热温度需求不同，使用时间分散且不固定。

按照采暖通风与空调设计规范选取，其参数见表6-3：

**室内空气设计参数** **表6-3**

| 房间类型 | 夏季 | | 冬季 | | 噪声 |
|---|---|---|---|---|---|
| | 温度（℃） | 相对湿度（℃） | 温度（℃） | 相对湿度（℃） | NC |
| 餐厅 | 23~26 | 55~60 | 21~30 | 20~30 | |
| 厨房 | 26~28 | — | 21~23 | — | — |
| 办公室 | 24~26 | 40~50 | 20~22 | 20~30 | 33~35 |
| 会议室 | 25~27 | 40~50 | 18~20 | 20~30 | 34~36 |

1. 海水设计温度

青岛沿海海水温度水下5米处，冬夏海水温度变化不大，因此本设计海水温度按照最低水位水下5米计算，其数值夏季（7月）25.2℃，冬季（12月）6.39℃，冬季（1~2月）3.74℃。

2. 空调负荷

夏季冷负荷：*QL*——231.5千瓦；冬季热负荷：*QR*=187.2千瓦；浴室热负荷：*QR*=273.5千瓦。

海水中含有一些生物活性和高含量的固体粒子（沙子、有机物质等），含盐量也很高。这些颗粒可能会在表面形成沉淀物，结果会增加生物活性以及微生物腐蚀的可能性。为了避免这些，在海水引入口安装一个机械过滤器来过滤掉这些颗粒，还要通过杀死细菌的方法减少生物活性。

3. 换热系统设计

为了避免海水直接进入热泵机组而对蒸发器产生腐蚀，该系统设计中引入了抗海水腐蚀的二级换热器，换热器采用钛板制作，其示意图如图6－7所示。

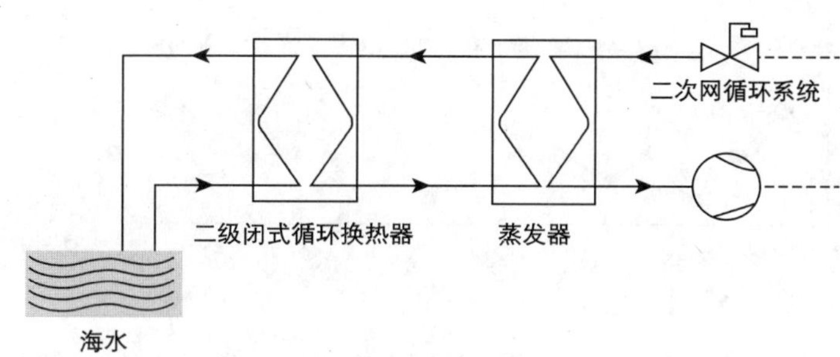


图6－7 蒸发器

4. 海水管道设计

海水管道采用硬聚氯乙烯给水管材，海面下管道在海底开槽挖沟安装，陆地上管道直埋敷设。

### 6.4.2 全年运行调节

1. 循环水系统控制

本工程采用变流量、变供回水温差运行，一二次网循环水泵均采用变频控制，根据海水温度的变化控制水泵的启停和运转频率。

2. 空调系统与洗澡水系统运行控制

冬季，空调系统与洗澡水系统均在制热模式下运行，两个系统并联运行。夏季，空调系统在制冷模式下运行，而洗澡水系统在制热模式下运行，将空调房间内的热量转移到洗澡水系统中，可以实现系统间能量转移，节省一次网能量。当二次网回水温度高于设定的最低温度时，两个系统并联运行；当二次网回水温度低于设定的最低温度时，两个系统串联运行。

3. 系统补水控制

二次网循环水泵补水定压点处安装有电接点压力计。当测得的压力值低于设定值时，补水泵启动运行；当测得的压力值高于设定值时，补水泵停止运行；当压力超过安全压力时，安全阀开启泄压。

4. 新风口控制

水—空气热泵机组的风机停止运行后，装在新风口处的电动调节阀自动关闭。

### 6.4.3 能耗特征与节能性分析

本工程2004年8月开始施工，2004年11月调试完毕投入正常运行使用。经过整个冬季制热和夏季制冷运行监测，机组运行效果非常良好，达到设计预期目标。运行期间实测的数据如图6-8、图6-9所示。

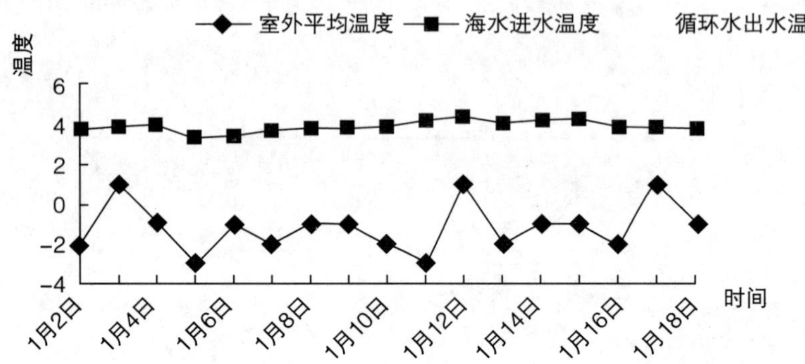


图6-8 海水进水温度、循环水出水温度及室外温度随时间的变化（2005年）

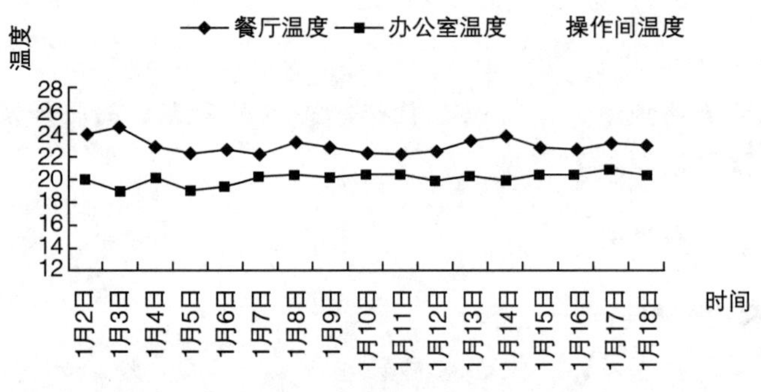


图6-9 室内温度随时间的变化（2005年）

从图6-8可以看出，室外空气温度的变化幅度较大，而海水供水温度则变化比较缓慢，且受室外空气温度的变化影响小，最高供水温度为4.3℃，最低供水温度为3.2℃，平均供水温度为3.8℃，从总体趋势来看海水供水温度较为稳定。

图6-9显示在测试期间餐厅、操作间、办公室的平均温度分别为22.9℃、25.1℃、20℃，满足空调房间的室内温度要求。即使在海水供水温度较低的1月5日，各房间的室内温度分别达到22.2℃、25.6℃、18.9℃，说明海水作为热泵空调的热源具有稳定可靠的优点，即使海水供水温度低也能使空调房间满足冬季的采暖要求。

海水源热泵系统仅用少量电能实现采暖、制冷，不燃气、不燃煤，无污染物的排放，环保效益显著。海水源热泵空调系统一个采暖及空调（制冷）季总运行费用 <30元/米·年，比传统中央空调可节能约30%~40%。

# 第 7 章　城市排水冷热资源利用

## 7.1　城市排水冷热资源利用概述

### 7.1.1　城市排水概述

城市排水主要包括工业废水、工业冷却水及生活污水等。其中生活污水由于不含工业污染物、水温条件好、排水量巨大等特点，是城市排水冷热资源利用的主要对象。以重庆地区为例，重庆地区冬季城市生活污水温度一般为 15℃，最低不低于 13℃，夏季污水温度一般为 25 ~28℃，最高不超过 30℃，是合适的冷热源。城市排水作为冷热源具备良好的环境友好性和社会允许性，具有极大的经济价值。

城市污水是污水源热泵系统研究和应用的重要对象，是污水源热泵系统的热源和热汇。因此，城市污水本身的特点得到了广泛的关注。

城市污水渠中的原生污水很显然是“污水”，其固体污杂物含量为 0. 2% ~0. 4%上下，主要成分为烂菜叶、泥沙、粪便以及少量的塑料片、纱布条、头发丝等。

城市污水冷热资源利用的对象是经处理后的污水或未经处理的污水，城市污水具有以下热能方面的特点。

1. 冬暖夏凉

与河水水温和气温相比，城市污水水温在冬季最高，夏季则最低。这种差值是因为城市污水吸收大量城市中排放的能量造成的，在有些地区这种现象可能更为明显。随着城市设施不断完善、人民生活水平不断提高和经济的快速发展，城市人均能源消费水平进一步增加，城市热量排放增多，冬季污水水温变得更高，这将有利于把城市污水作为热源回收利用。

2. 年水温变化幅度较小

城市污水处理厂的出水水量稳定，水温比较恒定，常年保持在一定的范围内，具有冬暖夏凉的特点。以北京市某污水处理厂为例，其处理后的二级出水冬季水温可达 13. 5 ~16. 5℃，平均高出周围环境温度 20℃左右，夏季出水水温为 22 ~25℃，要低于外界环境温度十几度。重庆市城市生活污水温度夏季在 22 ~27℃，冬季在 14 ~20℃。所以，城市污水中含有大量的低位能源，若以适当的途径加以利用，可以节约大量能源，降低部分污水处理费用，还可以为节约能源与新能源的开发利用寻找一个有效的途径。

3. 受气候影响小

利用太阳能的主要缺陷是除夜间不能利用外，还受阴、雨等气候因素的影响很大，因而太阳能是一种不稳定的热源。而城市污水中的热能利用，则受气象等因素的影响很小。表 7 –1 是实际测试重庆主城区的自来水温度、污水温度和空气温度的对比，图 7 –1 是其温度年变化曲线图，反映出污水温度受气候影响小、冬暖夏凉的特性。

**自来水、污水及空气温度全年变化** **表 7 –1**

| 月份 | 自来水温度（℃） | 污水温度（℃） | 空气温度（℃） | 月份 | 自来水温度（℃） | 污水温度（℃） | 空气温度（℃） |
|---|---|---|---|---|---|---|---|
| 1 | 14.10 | 14.92 | 8.4 | 7 | 28.10 | 24.21 | 28.1 |
| 2 | 14.60 | 15.25 | 10.6 | 8 | 18.90 | 24.70 | 27.7 |
| 3 | 16.90 | 16.79 | 14.1 | 9 | 25.20 | 22.35 | 24.2 |
| 4 | 20.80 | 19.40 | 19.6 | 10 | 22.30 | 20.70 | 18.5 |
| 5 | 22.70 | 20.67 | 21.7 | 11 | 19.30 | 18.60 | 13.1 |
| 6 | 24.30 | 21.74 | 25.6 | 12 | 15.70 | 15.70 | 9.6 |

注：污水温度为重庆九龙坡区某污水三级干管内污水温度，测试时间为 2006 年；逐日测试平均温度、空气平均温度资料来源为中国建筑科学研究院提供的重庆 T 米 Y 数据。

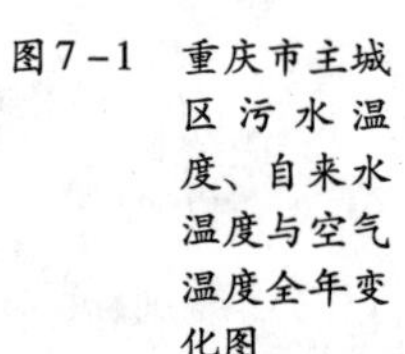
图 7 –1 重庆市主城区污水温度、自来水温度与空气温度全年变化图

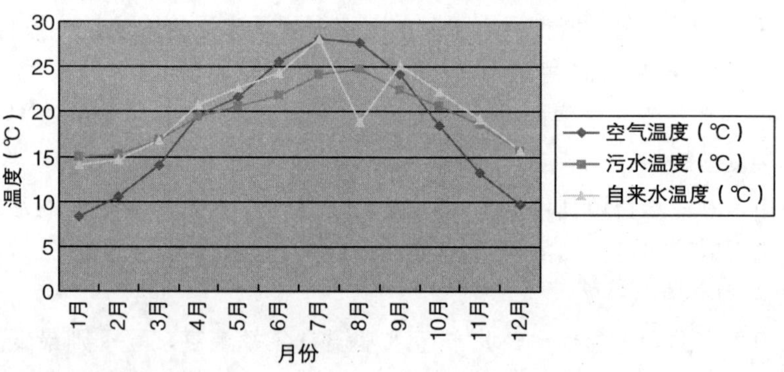


4. 热能的赋存量较高

看似没用的城市污水中其实蕴藏着不少能源，如黄河以及长江流域污水处理厂的二级出水冬季温度为 17 ~28 ℃，在整个采暖期内水温波动不大，因此城市污水是热泵系统优良的低温热源。目前，热泵技术已发展到可直接回收利用未经处理的城市污水的热能。我国大部分城市均可应用污水源热泵系统，图 7 –2 是我国主要城市生活污水中蕴藏着的可利用能源示意图。根据日本东京都下水道局的测算，在可利用的城市热能中，城市污水的热量最高，约占总体的 39%。在尚未有效利用的低位能源中，城市污水因一年四季温度变化较小、数量稳定、具有冬暖夏凉的温度、赋存的热量较大、易于通过现

有的城市污水管道进行收集等特点，被公认为是可回收和利用的清洁能源。有效回收与利用城市污水热能，将是今后城市污水资源化的一项理想的先进技术。

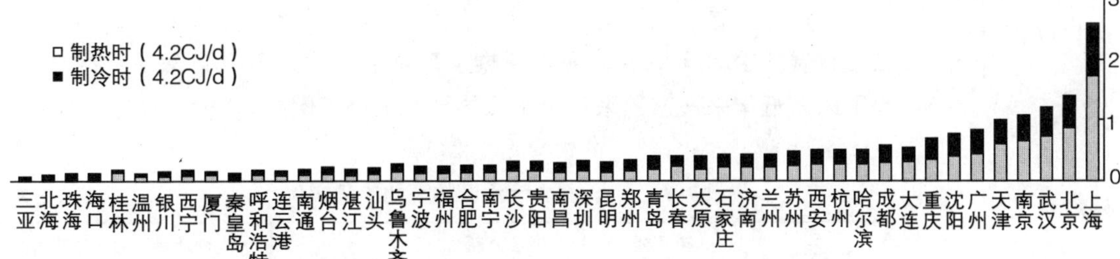


图 7－2　我国主要城市污水中蕴藏着的可利用能源

5. 污水热能可在低温区利用

虽然城市污水热能赋存量很大，但从有效利用的角度看却不适于用做动力，只适合在 50℃ 左右以下的低温区内进行利用，而在这一区域则有很大的潜力。随着人民生活水平的提高和城市化进程的加快，城市生活中在空调（冷气和暖气）和热水供应方面所消耗的能源增加显著，而这种能源需求受气候影响较大，温度要求通常在 5～60℃ 范围内的低温区域。对这部分庞大的能源消费，目前通常是通过燃烧化石燃料来获取几百度到上千度以上的高温来实现的，从而导致了大量的能源浪费。如果通过利用城市污水中赋存的热能来满足这部分能源需求，无疑会大大节省能源，并且提高能源的综合利用效率。

6. 污水排放量的趋势

城市每天都要排出大量污水，并且逐年在提高，预计到 2015 年我国城市污水年处理量将达到 420 亿吨。图 7－3 是我国 20 世纪末期城市污水排放的统计图。随着生活水平的提高，我国城市污水的排放还在逐年提高。

### *7.1.2　污水源热泵技术*

1. 污水源热泵技术简述

污水源热泵技术是城市排水冷热资源利用的主要技术。污水源热泵系统是指把赋存在污水中的低位热能加以回收，通过能量品位的提升而加以利用，夏季则可向污水中排放热量。城市生活污水冬暖夏凉，而且排水量大、水温稳定，是一种尚未有效开发利用的可持续能源，具有明显的节能性、经济性、环保性和广阔的应用前景，是污水资源化利用的有效途径，是建设节约型社会、实现循环经济的理想技术，对我国建筑节能具有重要意义。

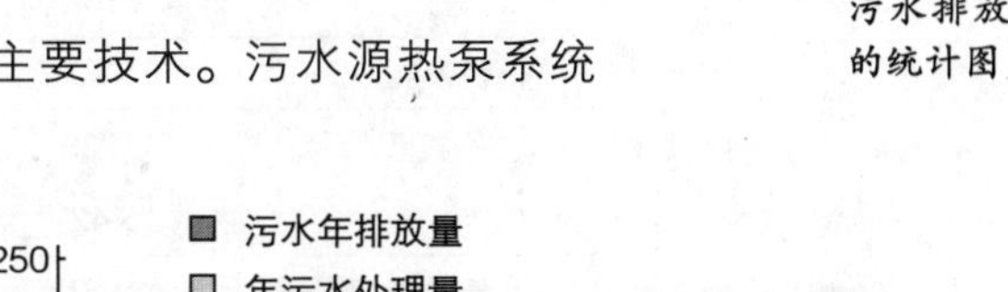

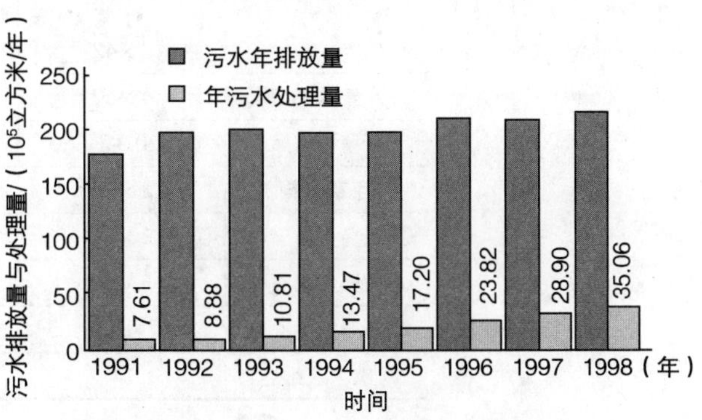


图 7－3　我国城市污水排放的统计图

在国外，挪威、瑞典、日本、美国等相继建设了较多的利用城市污水干管中的污水作为低温热源的热泵站，投入运行后效果良好，节能效果显著。据报道，采用热泵技术回收家庭生活污水余热可节能达50％，对于10人以上的住宅可节能达60％。而我国采用的污水源热泵系统，部分工程总结后认为，采用污水源热泵后运行费用减少40％；一次能源用量减少20％～40％；二氧化碳减少20％，相对于水源热泵系统投资节约20％。表7－2、表7－3是国内外近年来报道的采用污水源热泵的工程实例。

**国内污水源热泵的工程实例　　表7－2**

| 工程名称 | 望江楼宾馆 | 亦庄高新开发区 | 太古商城 | 高碑店污水处理厂 | 某污水处理厂 |
|---|---|---|---|---|---|
| 工程地点 | 哈尔滨 | 北京市 | 哈尔滨 | 北京 | 北京 |
| 运行时间 | 2003年10月14日 | 2006年 | 2005年6月13日 | 2000年7月25日 | |
| 系统功能 | 供暖、制冷、生活热水 | 供暖、制冷、生活热水 | 供暖、制冷 | 供暖、制冷 | 供暖、制冷 |
| 建筑面积 | 15000平方米 | 65230平方米 | 34000平方米 | | 7000平方米 |
| 空调面积 | 13000平方米 | 61050平方米 | 34000平方米 | 900平方米 | 3300平方米 |
| 采暖负荷 | 1000千瓦 | 4585千瓦 | 1600千瓦 | | 198千瓦 |
| 热水负荷 | 210千瓦 | 530千瓦 | | | |
| 空调冷负荷 | 1100千瓦 | 6145千瓦 | 1260千瓦 | | 264千瓦 |
| 设计制热/制冷系数 | 4.0/－ | | | | －/3.5 |
| 实得制冷系数 | 3.7/4.2 | | | 3.34/3.96 | |
| 室内设计温度（冬/夏） | 22℃/26℃ | 18℃/26℃ | 18℃/26℃ | 18℃/26℃ | 18℃/26℃ |
| 备注 | 部分工程总结后认为，采用污水源热泵后运行费用减少40％；一次能源用量减少20％～40％；二氧化碳减少20％，相对于水源热泵系统投资节约20％ | | | | |

**国外污水源热泵的工程实例　　表7－3**

| 地点 | 容量（$10^6$瓦） | 制造厂 | 投入工作时间 | 低温热源 |
|---|---|---|---|---|
| 伊索喔 | 1×80 | Asea-stal | 1986年 | 城市污水 |
| 哥德堡 | 27＋29 | Gotaverken | 1983/1984年 | 城市污水 |
| | 2×42 | Gotaverken | 1986年 | 城市污水 |
| 索尔纳 | 4×30 | Asea-stal | 1986年 | 城市污水 |
| 斯德哥尔摩 | 2×20＋2×30 | Asea-stal | 1986年 | 城市污水 |
| 厄勒布鲁 | 2×20 | Asea-stal | 1985年 | 城市污水 |
| 乌穆奥 | 2×17 | Asea-stal | 1984年 | 城市污水 |
| 耶夫勒 | 14 | Stal-Laval | 1984年 | 城市污水 |
| 奥斯特桑德 | 10 | Sulzer | 1984年 | 城市污水 |
| 恩歇尔茨维克 | 14 | Stal-Laval | 1984年 | 工业废水 |

续表

| 地点 | 容量（$10^6$ 瓦） | 制造厂 | 投入工作时间 | 低温热源 |
|---|---|---|---|---|
| 博尔隆格 | 12 | Asea-stal | 1985 年 | 工业废水 |
| 赛德维肯 | 12 | Stal-Laval | 1986 年 | 工业废水 |
| 阿拉乌 | 10.5 | Frigor/York | 1982 年 | 工业废水 |
| 卡尔斯塔德 | 2×14 | Elajo/Sulzer | 1984 年 | 工业废水 |

2. 污水源热泵的工作原理

污水源热泵系统是热泵的一种形式，它以污水作为提取和储存能量的冷热源。如图 7－4 所示，冬季循环中换热器 1 作为冷凝器，工作系统中的循环工质经压缩机压缩以后，变成高温高压的热蒸汽，流经换热器 1（冷凝器），与循环水进行热交换，放出热量为用户提供热水供热（一般热水温度为 45℃左右），同时，热蒸汽冷凝成为液态工质，经膨胀阀的降压节流转变为低温低压的液态工质（其温度要低于污水的温度），经换热器 2（蒸发器）在出水井中与污水进行热交换，吸收污水中的热量后温度升高，蒸发为低温低压的气态工质后被吸入压缩机进行压缩，依此，工质进行下一个工作循环过程。通过这样的一个循环过程后，工作系统可以将污水中的低位热能转化为可以直接利用的高品位热能。夏季循环中，通过四通阀和单向阀的换向作用，循环工质在工作系统中的流向恰好与冬季相反，故换热器 2 作为冷凝器，换热器 1 作为蒸发器。工质经过类似冬季的循环过程后，吸收室内的热量，然后释放到污水中，从而达到制冷的目的。

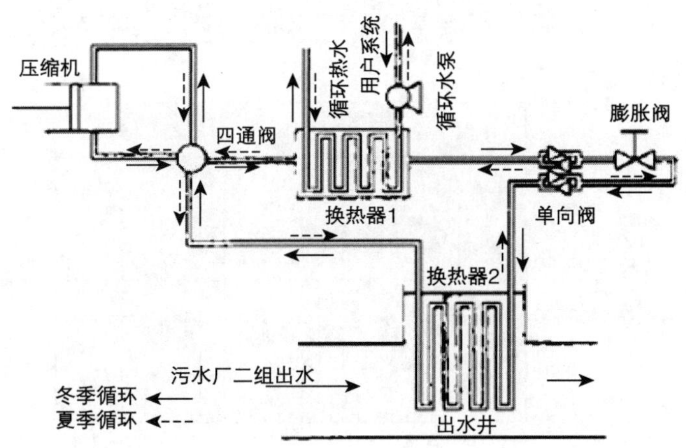


图 7－4　污水源热泵工作原理图

## 7.2　利用的条件和方式

### 7.2.1　利用的条件

要利用城市排水中蕴藏的冷热资源，需要具备以下一些基本条件：

1. 排水温度要适合作为冷热源的品位要求。例如，当建筑物需要热量而排水温度低于建筑物内的温度时，不能直接将排水冷热资源用于供热中，而是要通过热泵等装置消耗电能或其他形式的能量与热能之间的转化来吸收排水中的热量以达到制热的目的。而热泵的效率直接和排水温度相关，热泵效率随排水温度的降低而减少。当排水温度降低到某一临界值时，即使技术上可行，但利用排水冷热资源在经济上已失去了可行性时，该排水的品位就失去了利用的必要。

2. 排水量要满足可靠性和稳定性的要求。一定数量的城市排水量所能提供的冷热资源总是有限的，因此，要满足城市排水作为建筑冷热源的容量要求，必须要求有足够的排水流量。城市排水量在全天和全年均具有明显的时间峰谷性，图7-5、图7-6是某城市排水干管全天和全面的动态流量分布图。排水流量须在波谷期间满足流量要求，否则将需要其他形式的能量供应形式来弥补城市排水冷热资源容量波动的缺陷。

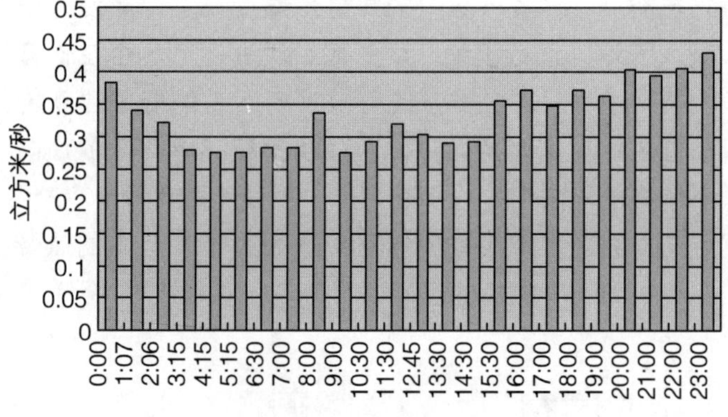


图7-5 某污水干管日流量变化柱状图

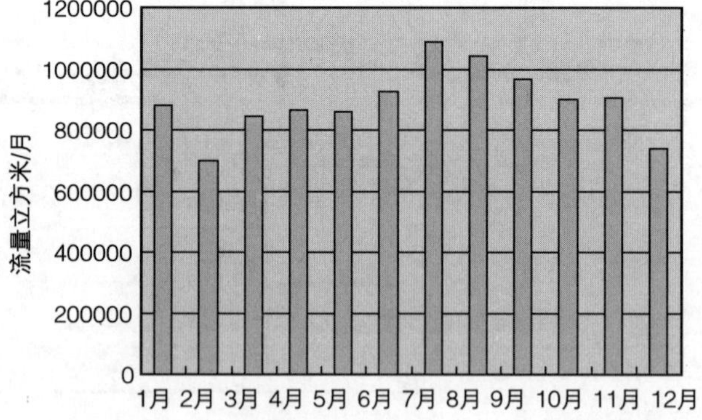


图7-6 某污水干管全年流量变化柱状图

3. 排水水质要满足水处理技术难度的要求。对城市排水冷热资源的利用必然伴随着对排水水质的处理，水质处理程度可能随排水水质和排水冷热资源利用技术本身而不同。简易的水质处理技术，如过滤、沉淀等，是城市排水冷热资源利用在技术和经济上可行的前提。

4. 应用选择要满足环境和相关法规要求。城市排水冷热资源利用选址要确定在排水量丰富并稳定的排水管段，并且尽量与所服务的建筑保持较近的输配距离以节省取水和能量输配所需的能量。此外，选址对环境的影响要小，排水尤其是污水的臭气对居民和环境的影响要通过环境影响评价。选择还不能影响市政排水系统原来设计的流量分布，需要和城市市政实施管理部门和城市排水系统管理部门取得协调，满足国家和地方相关的法规要求，不能因为排水冷热资源的利用而造成城市排水系统的紊乱。

### 7.2.2　利用的方式

污水源热泵技术是城市排水冷热资源利用的主要技术。根据采用的水质不同，污水源热泵系统可分为两类：(1) 以未处理污水为热源；(2) 以二级出水或中水为热源。未经处理的污水称为原生污水，是污水源热泵系统应用的主体对象，在城市污水干管上广泛分布，资源丰富，取水方便；而二级出水或中水则局限于污水处理厂，应用地点受到限制。目前污水源热泵系统首推的是前者，即原生污水源热泵系统。

根据污水是否直接进入热泵机组，污水源热泵系统可分为直接式与间接式两类。若污水直接进入热泵机组的蒸发器或冷凝器换热则为直接式系统，若污水与中介水换热，中介水进入机组则为间接式系统。图 7－7、图 7－8 分别是应用原生污水的直接式和间接式系统示意图，图中蓄冷/蓄热槽通常在实际工程中就是空调末端系统或者卫生热水供应的用水末端器具。

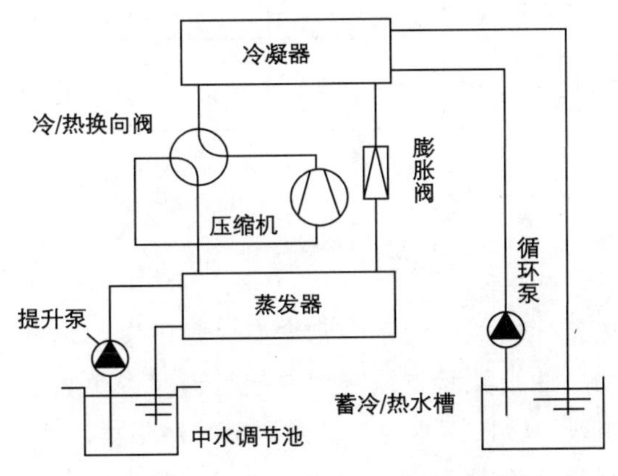


图 7－7　直接式污水热泵系统示意图

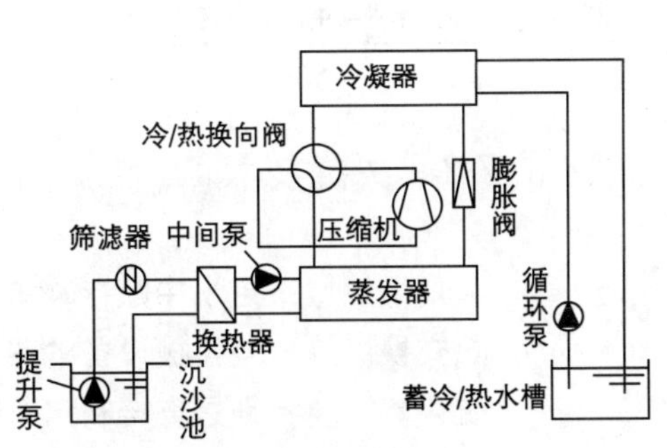


图 7－8　间接式污水热泵系统示意图

直接式系统对水源水的水质有较高的要求，或者说对蒸发器、冷凝器适应较差水质的能力有较高的要求。蒸发器或冷凝器须有可靠的防堵、防污染与腐蚀能力。根据国内外实际工程经验，在兼顾热泵系统可靠性和经济性的前提下，对各类水源水体特点归纳如表 7－4 所示。

间接式系统由于使用水源水换热器替代蒸发器与冷凝器取热（冷），因此对水源水水质的处理要求大大降低。工程实践已经证明，即使是水质极差、完全不加处理的城市原生污水，只要使用旋转反冲洗的防阻技术，整个系统便可长期连续安全取热、取冷运行。

由于直接式系统对污水源热泵机组蒸发器与冷凝器的抗堵塞、污染与腐蚀的能力有很高的要求，故蒸发器与冷凝器必须使用合金钢材质，例如镍、铜合金、钛合金等。又由于同样的原因，换热表面不可采用波纹、内肋等加强换热、节省换热面积的措施，蒸发器应为满液式，这些都将大大提高合金钢用量，从而提高蒸发器与冷凝器的制造成本。与此相比，虽然间接式系统需多设一级换热器，但该换热器完全可以使用碳钢材质，而蒸发器与冷凝器中由于是水的闭式循环，其造价可大大降低。因此总的来看直接式系统的初投资要高于间接式系统。另一方面，间接式系统比直接式多了一级中间换热，显然会增大整个系统的阻力损失，这就意味着系统能源利用效率的降低以及相应运行费用的提高。但由于间接式系统的可靠性和对机组防腐防堵性能要求的降低，目前实际工程中应用较多的还是间接式污水源热泵系统。

**各种水源的水体及特点　　表 7-4**

| 性能与特点 / 水源名称 | 固态污杂物含量（平均，近似） | 腐蚀性 | 可否直接进机组的蒸发器与冷凝器 |
|---|---|---|---|
| 浅层地下水 | 很小 | 弱 | 可 |
| 污水处理厂中的二级出水 | 不稳定 | 弱 | 不可 |
| 中水 | 很小 | 弱 | 可 |
| 江、河、湖水 | 0.003%（黄浦江） | 弱 | 不可 |
| 海水 | 0.005% | 强 | 不可 |
| 城市污水渠中的原生污水 | 0.3% | 弱 | 不可 |

## 7.3 关键技术

虽然城市污水中赋存较多的热量，但城市污水中常含有大量的容易堵塞热交换器等一些机械设备的悬浮物、油脂类污物以及容易使管道腐蚀生锈的硫化氢等。特别是直接利用未经处理的城市污水时，其悬浮物、油脂类污物、硫化氢等均要比二级处理水高出十倍乃至几十倍。因此，为了有效地回收与利用城市污水热能，使城市污水热能回收与利用系统达到理想的运行效果，必须解决以下相应的技术上的问题。

### 7.3.1 防堵塞

为了不堵塞热交换器，保证连续稳定地回收污水中的热量，应自动清除污水中的各种杂物和传热管管壁、管内的污垢，且该清除装置是密闭的。为此，应在该系统中的传热管中设置自动清洗装置（主要是用来去除因溶解于污水中的各种污染物而沉积在管道内壁的污垢），并在传热管自动清洗装置之前设置自动筛滤器（主要是用来去除污水中的浮游性物质）。

为防堵塞，先行过滤是最容易想到的物理方法。就物理机理而言，过滤永远是容易的，人们可以采用多级过滤将污水处理到任意的洁净程度。过滤工艺的难点永远都是如何清理滤面，以保证过滤过程能够连续地进行。定期更换滤面是一个方法，但这个方法并不是最优的方法。

对滤面进行水力反冲洗是人们尝试过的另一个方法，但以往的思路局限在变换水流方向、定时对滤面反洗的思路上。对污杂物含量很低的江、河、湖水，该思路是可行的，当然，变换流动方向所带来的能量损耗和换热过程的间断是人们必须承受的。但对污杂物含量很高的原生污水，这种间歇反冲洗的方法则完全不可行。某酒店于2003年曾尝试了“多滤面交叉反冲洗”的方法，其设备结构如图7－9所示：由于污水中的污杂物含量太高导致了该工艺方法的最终失败，因为反冲再生周期远远大于滤面被堵塞的极短周期。此外此工艺即使用于污杂物含量较低的地表水，也会由于其阀门频繁切换而带来运行不可靠等潜在隐患。

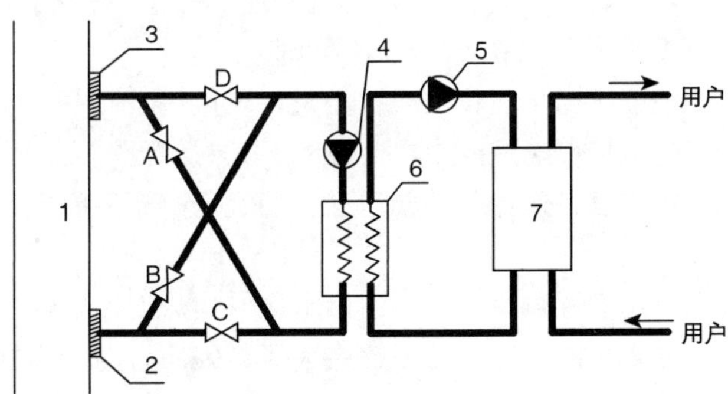


图7－9　多滤面交替反冲洗防阻工艺原理图

1. 污水干渠　2、3. 过滤格栅　4. 污水泵　5. 中介水循环泵　6. 污水、中介水换热器　7. 热泵机组　A、B、C、D. 水路切换阀门

最好的解决污水堵塞方法是对滤面进行连续的水力反冲洗，其原理如图7－10所示。

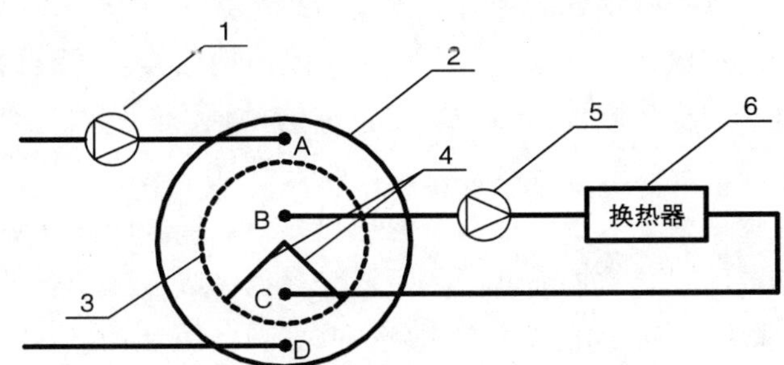


图7－10　滤面过滤功能水力连续再生装置原理图

1. 一级污水泵　2. 外壳　3. 旋转滤网　4. 内挡板　5. 二级污水泵　6. 污水换热器

该装置又称“滤面的水力连续自清装置”，简称“防阻机”。滤面自身旋转，在任意时刻都有部分滤面位于过滤的工作区，另一部分滤面位于水力反冲区。在滤面旋转一周的几秒到十几秒时间内，每个滤孔都有部分时间在过滤的工作区行使过滤功能，另一部分时间在反冲区被反洗，以恢复过滤功能，这里称之为滤面过滤功能的再生。污水经由过滤后去换热设备无堵塞换热，换热后的污水回到污水热能处理机的反冲区对滤面实施反冲，并将反冲掉的污杂物全部带走至排放处。该装置可适用任何污杂物含量的污水，工作可靠，价格低廉，无需人工清理污杂物，即使是对水质较好的江、河、湖、海水，也是较为适宜的。

### 7.3.2 防腐蚀

系统中各种与污水接触的机械设备的材质，特别是热交换器的传热管，应使用耐用和耐腐蚀的材料，且传热管应选用传热性能好的材质。

首先，关于腐蚀问题，城市的生活污水虽然水质极差，但其 pH 值却近似为 7。地面水的酸碱度也近似为中性。这就决定了它们对碳钢的腐蚀不会很严重，特别是在不暴露于大气中、密闭运行的情况下。

同腐蚀问题一样，当水质较差或很差时，对换热表面的污染也是不可避免的。污染带来的直接影响是换热热阻增大，换热效果降低。根据工程实践，使用城市原生污水壳管换热器的传热系数，在经历一个采暖季运行后，降低将近 20%。

就暖通空调所用水源热泵而言，不良水质对换热设备腐蚀与污染问题的严重性在一些专业人士的心目中往往被夸大了，因而为防止腐蚀往往对换热器采用了特种防腐材料。比如从目前日本的实际应用状况来看，东京都森崎污水处理厂的污水热能回收系统，使用处理后的城市污水，采用铜质材料传热管；东京后乐一丁目的集中空调系统，因使用未经处理的城市污水，采用价格较贵的钛质传热管；东京汤岛污水泵站，使用的虽然也是未经处理的城市污水，但传热管采用的是镀铝管材。实际上地面的自然水和城市污水对换热设备的腐蚀与污染问题在实际工程中都不很显著，大可不必过分地应对，换热设备采用通常的碳钢材质即可。完全不腐蚀是不可能的，轻度的腐蚀仅会些许降低换热系数，假定运行一个相当长的周期后换热器腐蚀到了即将泄漏的程度，换一台换热器也比当初采用特种钢材经济。针对污染问题，污染的后果不过是传热系数的些许降低，设计时按常规做法将换热面积取一个余量系数，即可保证整个采暖或空调季的换热效果。换季时将换热器打开清洗是正常的维护程序，壳管换热器的人工清洗操作方便，成本很低，是很容易的事情。设计时最好将总的换热面积分为几台，几用一备，这样即可在任何时刻对换热器进行人工清洗了。这里主张的人工清洗似乎不够高级，没有推崇国外的一些机械或水力的自动方案，但实际工程应用中，达到同样效果时，最经济的方案就是最科学的方案。

**参考知识**

污水换热器常用的换热方式有紧凑式换热器、非紧凑式套管换热和浸泡换热器三种。

采用紧凑式换热器换热须解决好堵塞、污染与腐蚀三个问题。考虑到这三个问题，在所有的紧凑式换热器形式当中，壳管换热器的管程是最适合于非洁净水的（壳空间无法清理）。其他换热器形式，例如板式、螺旋板式等，解决上述问题都难度很大。

非紧凑式套管换热方法抛弃了换热器应该紧凑的概念。该方法将在地下埋设的输运管路改为环管，污水走有足够管径防堵的内管，载热介质走环形空间。该环管代替了专门的输送管路和机房中的换热器，输运兼换热。当污水渠距离建筑物较远时，该方法是经济的。

浸泡法是将换热管束浸泡于水源水池、坑、井、箱等大空间中进行换热的方法。这个方法看似原理简单，实施容易，但在流动的污水渠中一般不可以设换热盘管浸泡，因为这样做会占据排水渠的流通面积而影响正常排水；在大容积池、罐、坑中安排浸泡盘管通常是可以的，但往往存在换热面积大、土建费用高、污杂物挂壁清理困难等问题，因此该法实际上使用起来很受局限。

根据已有工程经验，实际应用中往往较多采用防阻机＋紧凑式换热器换热的污水取水方式，既能防止污水堵塞，也可减少污水泵房占地面积，减少土建费用。

## 7.4　应用案例——重庆市主城区某公共建筑

1. 项目概述

以重庆市主城区某公共建筑为例，该项目共 4 层，包括地下一层、地下二层、地上一层和地上二层，功能设置主要有客房、餐厅、会议室、游泳池、配套足疗区、休闲茶水吧、电子游戏区、网吧区和休闲娱乐区等，总建筑面积 3.7 万平方米。

项目紧邻市政污水干管，该污水干管距离本项目水平距离约 25 米，垂直距离约 12 米，项目具有非常良好的污水源热泵空调地利条件。项目业主方和技术支持单位经论证分析，认为项目旁的市政污水干管内常年流动的污水是本项目实施建筑节能的良好资源，决定申报重庆市 2008 年可再生能源建筑应用示范推广项目，采用污水源热泵空调系统，为本项目空调提供冷热源，同时提供部分生活热水。污水流量经测试满足项目空调负荷要求，经方案比选优化，拟采用从污水干管直接取水＋污水处理的间接式污水源热泵系统，夏季为空调系统供冷，在空调非峰值期间同时供应部分卫生热水；冬季供热，同时供应卫生热水（重庆市空调热负荷明显小于空调冷负荷，部分机组可供热水），实现建筑节能 65％以上。污水换热器采用专利设计的防阻防腐专用污水换热器，同时在污水入口侧设置污水防阻机。

2. 污水流量

该项目实施对污水流量进行了详细的论证，确保污水流量在各时段内均满足项目需要流量。通过详细计算，确定了空调和卫生热水供应需要的取水量，再与污水干管内逐月的流量进行对比，判断项目实施污水源热泵的流量可行性，如表7－5。图7－11是计算污水量与实际污水流量的对比图示。从图7－11可见，污水干管内的已有污水流量满足需要流量要求，并且有较大的流量富裕，污水流量满足可靠性要求。

**计算污水总流量与实际污水流量的对比** **表7－5**

| 月份 | 卫生热水需要污水流量（立方米） | 冷负荷需要污水流量（立方米） | 空调热负荷需要污水流量（立方米） | 总需要污水流量（立方米） | 实际污水流量（立方米） |
|---|---|---|---|---|---|
| 1 | 118825.32 | 0 | 79747.20 | 198572.52 | 880827.46 |
| 2 | 116695.83 | 0 | 79747.20 | 196443.03 | 697249.92 |
| 3 | 53450.10 | 0 | 39873.60 | 93323.70 | 845490.94 |
| 4 | 45145.10 | 0 | 0 | 45145.10 | 863590.13 |
| 5 | 57538.70 | 266001.40 | 0 | 323540.10 | 861866.4 |
| 6 | 60307.02 | 376835.30 | 0 | 437142.32 | 924782.65 |
| 7 | 59199.71 | 443335.70 | 0 | 502532.41 | 1089399.13 |
| 8 | 98382.25 | 443335.70 | 0 | 541717.95 | 1043720.21 |
| 9 | 71550.73 | 399002.10 | 0 | 470552.83 | 967875.97 |
| 10 | 58731.22 | 266001.40 | 0 | 324732.62 | 899788.52 |
| 11 | 87010.78 | 0 | 47848.32 | 134859.10 | 908407.19 |
| 12 | 112010.96 | 0 | 67785.12 | 179796.08 | 739481.37 |

3. 污水取水及排水方案

本项目采用间接式的污水源热泵系统，从污水干渠中提取污水，污水靠重力自流到污水集水池，再通过污水潜水泵输送到污水换热器进行换热，然后排放到污水干渠下游。

系统流程为：污水经过一级污水泵的作用，到污水防阻机中滤掉杂物，通过二级污水泵的作用使污水进入污水换热器中换热，换热后的污水返回到污水防阻机进行反冲洗，冲洗后带有杂物的污水排放到污水排水井附近设置的污水泄压井（直径1米，深1.5米）内，再由污水泄压井自流到污水排水井内，排回污水干管。

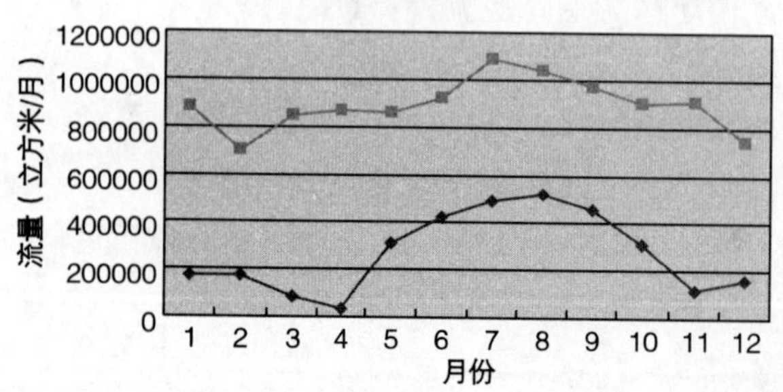


图7－11 污水计算流量与实际流量的对比

经过初步计算，污水集水池设置在污水干渠附近草坪下方，长5米，宽3米，深4米，有效储水容积大于30立方米，在污水集水池附近设置一个换热机房（长14米，宽9.5米，高4米），将防阻机、污水换热器、二级污水泵放置在换热机房内。换热机房的标高高于污水干管，可防止干管污水在高峰流量（比如暴雨期间）时灌入换热机房。在污水排水井附近设置污水泻压井（直径 1 米，深 1.5 米），热泵机组侧中介循环水泵放置在空调机房内，污水干渠与污水集水池连接采用明开挖方式，污水取水管管径为 *DN*600（PE 管）；污水排水管采用明开挖方式，管径为 *DN*400（PE 管）；由换热机房至空调机房间的中介水管采用明开挖方式，管径为 *DN*400（焊接钢管或无缝钢管），工艺流程如图 7－12 所示，项目系统原理图如图 7－13 所示。

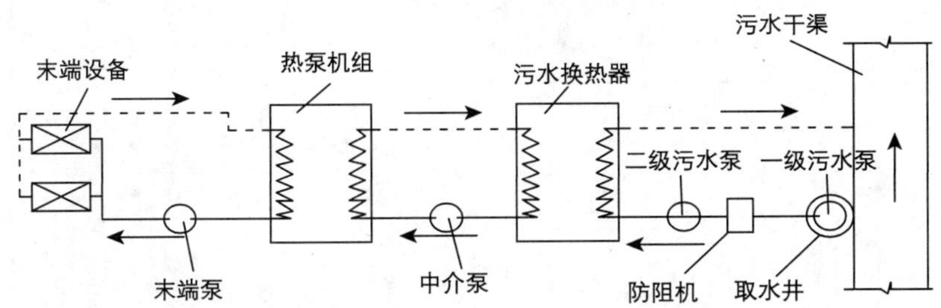


图 7－12　污水源热泵系统制冷供热工艺原理图

注：污水换热器一次侧排水实际先经过防阻机进行反冲后再排入污水干渠，上图只表示污水源热泵系统工艺。

4. 经济效益

项目投资分析表明，采用污水源热泵空调方式全年运行节省电能 2130626 千瓦时，全年运行能耗节约率为 30.2%。污水热泵系统建设增量投资 298 万元，但污水源热泵空调系统全年节省运行费 374467 元，卫生热水全年节省的运行费用 392283 元，采用污水源热泵系统全年节省的运行费为 374467＋392283＝766750 元。项目全年总制冷制热量为 7143427 千瓦时，项目的费效比为 0.4171 元人民币/千瓦时，项目的增量投资的回收年限约为 4 年。

5. 节能效益

根据本工程的实际使用情况，经过详细深入的可行性研究，与传统的冷水机组＋冷却塔＋燃气热水机组的空调冷热源相比，本项目采用污水源热泵系统，实现全年的空调冷热量供应，全年运行节省电能 2130626 千瓦时，节约一次能为 $2.5\times10^6$ 千焦，节省自来水补水量 40381 吨/年，节能效果显著，全年运行能耗节约率为 30.2%。

6. 环保效益

项目全年运行节省燃煤 852.3 吨/年，减少二氧化碳排放 2769.8 吨/年，减少二氧化硫排放 19.474 吨/年，减少二氧化氮排放 7.074 吨/年，减少灰渣排放 134.25 吨/年，环境效益明显。

7. 环境影响评价

本项目污水取水直接取自市政排水干管，污水使用后在下游约 100 米处再排回干管。污水流量和污水水质没有改变，只是污水温度发生改变，设计

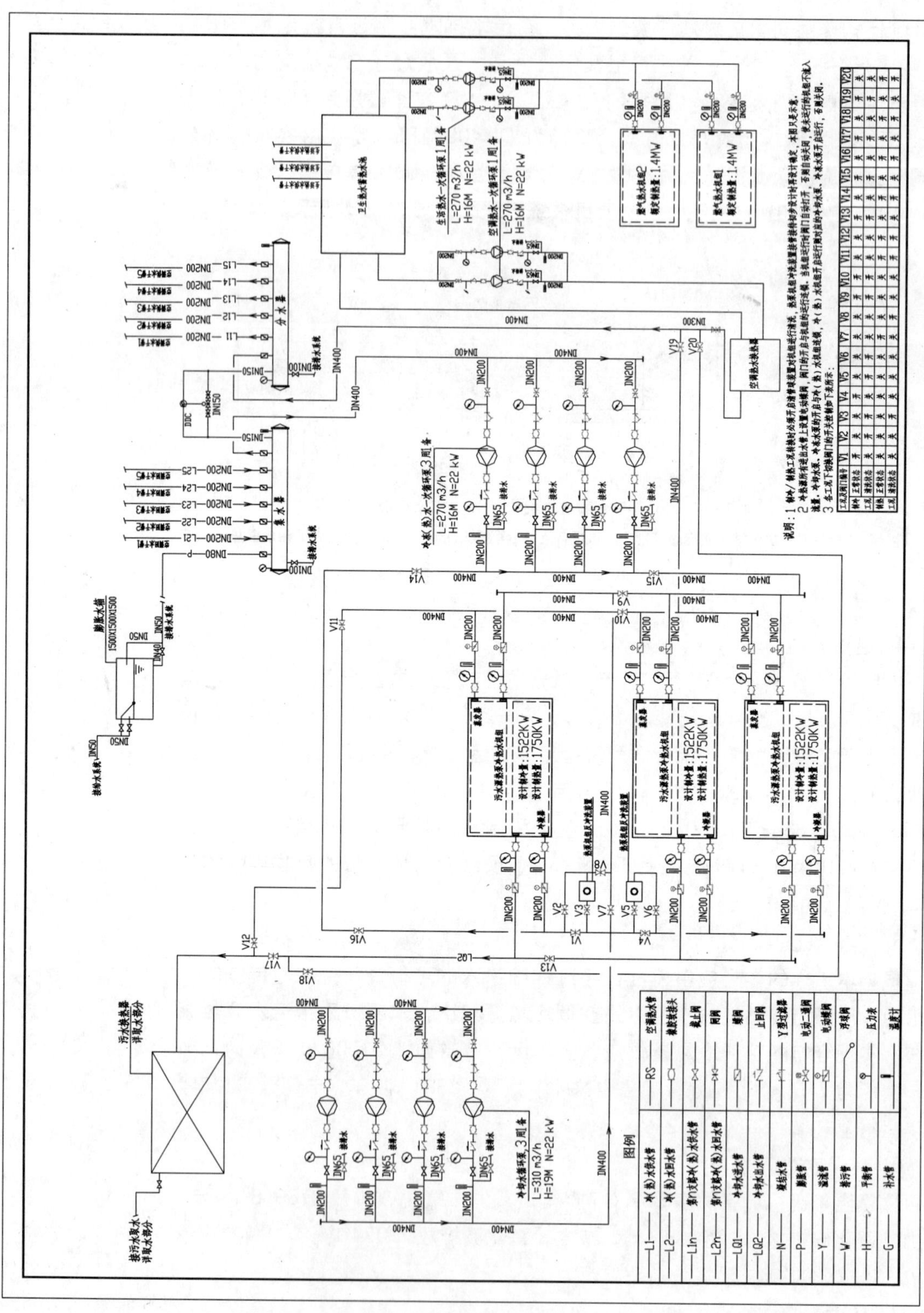


图 7-13 污水源热泵空调及卫生热水供应系统原理图

污水温度变化最大值为5℃。该温度变化对下游污水处理厂的污水处理工艺基本无影响，加上污水取水点距离污水处理厂距离约30公里，污水在沿途流动过程中温度逐渐得到恢复，可以认为本项目取水和排水对市政污水干管基本无影响。本项目的取水方案也已经向当地市政设施管理局和排水办报告并得到同意，相关主管部门支持该节能示范项目的实施。

该项目污水取水修建了专门的取水泵房，平时该泵房处于关闭状态，污水的臭气和泵房内水泵噪声都能够得到抑制；排水直接排向原排水干管，排入干管前污水先进入了排水井，相当于原排水干管增加了一个检修井。由于该排水井经常是处于封闭状态，只有在该井堵塞检修时才打开排水井的盖板，污水臭味不会溢出影响周围环境。

项目环境影响分析表明，污水取水和排水对周边环境都基本无影响，取水不会改变干管内的流量和污水水质，不会影响下游污水处理厂的处理工艺，项目环境影响评价是可行的。

8. 风险分析

污水源热泵技术本身不是刚出现的新技术，国内外早已有大量的工程实例。污水源热泵系统应用的相关产品已经形成，其专利产品已经推向市场。只要在项目实施过程中选择具有污水源热泵技术应用能力的技术支持单位配合，设计过程通过专家咨询会专题讨论完善，确保设计方案的合理，结合当地独特的水文、地质、地理、气候、水质等条件，优选适合的污水水源热泵适用技术，技术风险是完全可以规避的。

# 第 8 章　浅地层岩土冷热资源利用

我国地质构造演化的长期性、多旋回性和复杂性，决定了我国地史上的多期成盆、多旋回沉积、多种类型的沉积环境和不同构造体制控制下的原型盆地叠加的特点，因此我国的烃源岩的分布无论是纵向上还是平面上都十分广泛。

全国地质的分布如图 8 –1 所示。岩层地质构造带分为 10 个。典型地质状况描述如下：

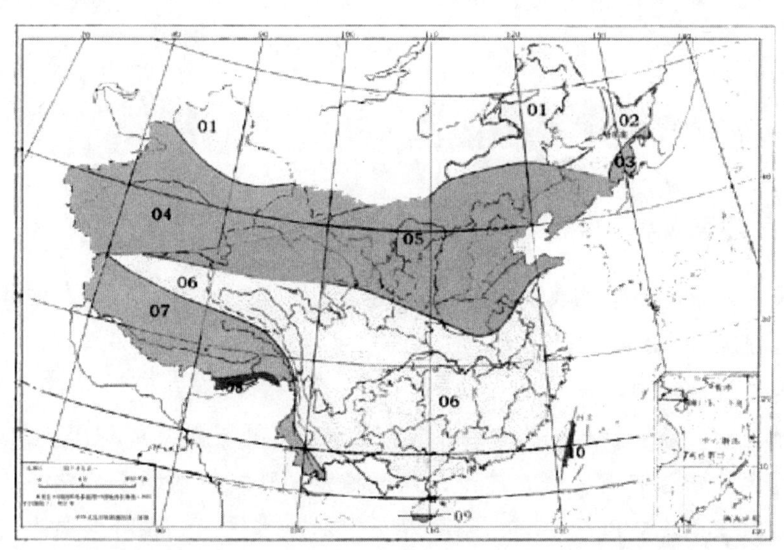


| 图 | | 例 | |
|---|---|---|---|
| 01 | 北疆兴安地层大区 | 02 | 张广才岭完达山地层大区 |
| 04 | 兴凯地层大区 | 04 | 塔里木南疆地层大区 |
| 04 | 华北地层大区 | 06 | 华南地层大区 |
| 07 | 藏滇地层大区 | 08 | 印度地层大区 |
| 09 | 南海地层大区 | 10 | 台湾东部地层大区 |

图 8 –1　全国地质分布图

北疆兴安地层大区主要由巨厚的火山岩、千枚岩、砂岩和灰岩组成。下段以酸、中性火山岩为主，上段为千枚岩夹含铁石英岩，有时夹砂岩。

张广才岭完达山地层大区主要下部以砾岩、砂砾岩组成；中部为页岩夹砂岩；上部为砂岩、页岩夹煤层。产植物化石。其底界以砾岩整合在安民组之上，其顶部被金家屯组安山岩或流纹质角砾岩平行不整合覆盖。

兴凯地层大区主要是以石英质碎屑岩夹硅质千枚岩为主的变质岩层。

塔里木南疆地层大区主要分布为：下部为杏仁状、斑状钠长浅粒岩；中部为磁铁钠长浅粒岩夹磁铁矿体，向上渐变为石英磁铁矿与石榴绿泥角闪片岩互层；上部为石榴角闪绿泥片岩和角闪钠长浅粒岩。

华北地层大区主要为冲积层。以棕黄、灰黄色泥质砂砾石为主，夹灰黑、灰绿色黏土、亚黏土、亚砂土凸镜体，岩相变化较大。

华南地层大区主要由粉砂质页岩及砂岩夹灰岩组成，含古鳞木化石。多受花岗岩侵入产生热力变质，形成大理岩及角岩。

岩土源地源热泵系统主要靠土壤和岩石作为系统的低位冷热源，岩石的传热性能较好，从资源的分布看，我国的大部分地区适合岩土源地源热泵系统。华北地区岩层分布较华南地区松软，而传热性能低于华南地区。

## 8.1 浅地层岩土冷热资源分析评价

### 8.1.1 浅层地温

浅层地温能是指地表以下一定深度范围的岩土体内（一般为恒温带至200米埋深）、温度低于25℃，在当前技术经济条件下具备开发利用价值的地温能。浅层地温能是地热资源的一部分。随着地源热泵技术逐步推广，浅层地温能日益受到人们的重视，成为目前城市地区地热能利用新的途径。浅层地温能资源丰富，分布广泛，温度稳定，开发技术臻于成熟，在我国城市地区正逐步应用于供暖和制冷以及生活热水供应。浅层地温能可持续利用，可以作为化石能源的替代资源，减少温室气体的排放。浅层地温能利用系统具有绿色环保、运行成本低、技术成熟、不消耗地下水等特点，应用前景广阔。

地球内部的高温热能以传导、对流方式向地表传递。在地表测量的大地温度是地球内热量最为直接的显示。地面的大地热流值，一部分来源于地壳浅部放射性元素衰变所产生的热能，其值随地质条件而变化；另一部分是来自上地幔的热能，与岩石的热导率有关。评价区域浅层地温能的可利用量应该以大地热流值为依据。我国的大地热流研究始于20世纪70年代，目前已累计获得了近千个大地热流测量数据。中国的大地热流的特征是西南最高，为70~85毫瓦/平方米，西北最低，为43~47毫瓦/平方米，华北—东北为

59～63毫瓦/平方米，华南为66～70毫瓦/平方米。大地热流值采用恒温带以下地温数据和热导率数据进行计算。

从地温的估算看，基本接近当地气候的全年年平均温度。而全国的年平均温度，夏季低于30℃，冬季大于0℃，可以作为很好的低位冷热源。

### 8.1.2　浅地层岩土冷热资源的负荷适应性

岩土源地源热泵的使用原理就是利用岩土地温的恒定性。浅地层的地温分布基本接近当地的全年平均温度，这就给岩土源地源热泵的使用提供了有利条件。夏季室内的负荷可以通过系统将热量排入到岩土中，而冬季可从岩土中吸热以满足建筑的需求。但是，由于岩土的传热特性是一种不稳定的传热过程，某一时间周期内输入到地下的“热量”不可能立刻传导到远边界，这种蓄能特性在地源热泵系统与负荷特性不匹配时，可能导致系统的不稳定。

在夏季，如果室内的热量不断地输入到岩土中，将导致地下换热器周围的地温不断升高，降低换热效率。而冬季，地下换热器不断地从岩土中吸热，远边界的热量无法立即从周围传热到换热器周围，导致一定范围内的岩土温度不断降低，其结果仍然是使冬季岩土源热泵的效率降低。因此，岩土冷热资源的利用必须要和负荷相适应。

针对地源热泵的可行性和运行性能的变化，其动态负荷特征从工程实际应用出发，提出以下三个特征量来描述：历年负荷总量的累积特性、负荷强度的变化性以及负荷持续性。

负荷总量的概念是指地源热泵的使用时间内，为了维持室内环境质量，要求地源热泵系统排放给大地或从大地提取热量的总和。对于地源热泵系统，室内的多余冷热量是通过地下换热器排放给大地。地下换热器与大地的换热状态是一种不稳定传热。热量的排放是以换热器为中心逐渐向周围岩土扩散；热量的提取是以换热器为中心，从周围岩土逐渐汇集。从前期的研究看，随着负荷总量即排放总量的增加，热量大量聚集在换热器附近的岩土中，热量的扩散更加缓慢，地下换热器换热能力是持续衰减的。地下换热器换热能力的恢复，要依靠从周围岩土中将热量提取出来，反之亦然。但是，如果历年累积的冷热负荷总量存在差异，并随使用时间的增加而累积起来，就会导致大地失去自然调节能力，最终会使地源热泵难以正常运行。因此，负荷总量的累积特征对地源热泵系统影响很大，甚至可能是决定地源热泵系统寿命的关键因素。从岩土承担的负荷分析看，并非所有工程均适合地源热泵系统。因此，负荷分析是决定岩土源地热泵方案的前提。

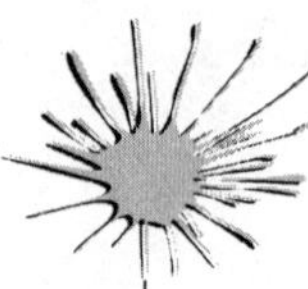

## 补充资料

岩土冷热资源与负荷的适应性分析：

图8-2表征了3种典型的负荷总量累积变化特征。第一种是平衡型，若工程是冬季开始投入使用，地源热泵从大地提取热量，地下换热器周围岩土中的热量逐渐减少，温度逐渐降低，取热条件逐渐恶化，地源热泵能效比逐渐下降，直到取热结束。过渡季后，转为夏季排热。冬季的取热为夏季排热创造了良好的条件，地源热泵排热初期的能效比很高。排热使地下换热器周围岩土中的热量逐渐增加，温度逐渐回升，排热条件逐渐恶化，能效比下降到排热结束。过渡季后，又将转为冬季取热工况。若此时夏季的累积排热总量与上一个冬季累积的取热总量相等，换热器周围岩土的热量和温度将恢复为原状。若每年均如此，负荷总量变化曲线如图8-2中的曲线①，始终在零总负荷线下波动。每年触及1次零总负荷线，但不跨越零总负荷线。如果工程是夏季开始投入使用，则总负荷线在零总负荷线上波动，每年触及1次零总负荷线，但也不跨越零总负荷线，如图8-2中的曲线④。显然。冬季开始投入使用的工程，有利于夏季季节能效比的提高；夏季开始投入使用的工程，有利于冬季季节能效比的提高。

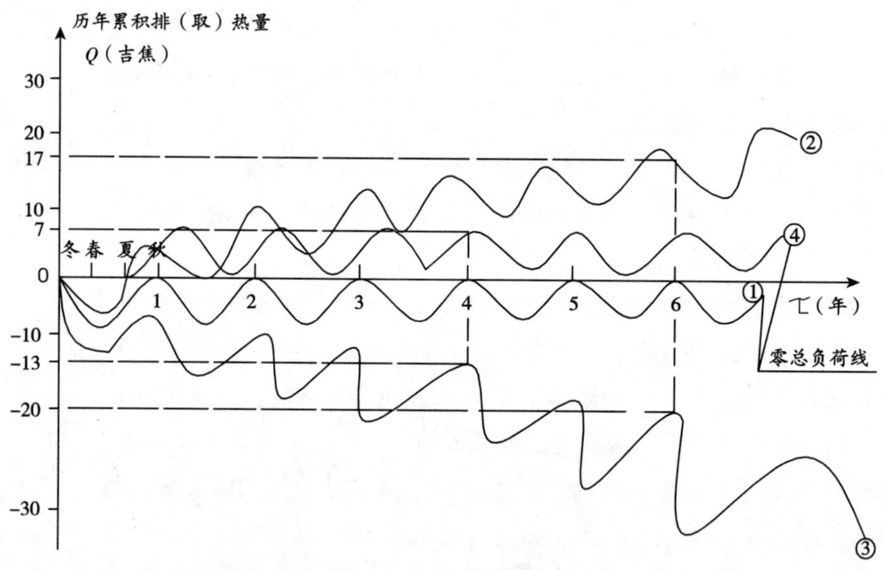


图8-2 历年负荷总量累积曲线

冬季开始投入运行：①平衡型；②累积排热型；③累积取热型

夏季开始投入运行：④平衡型

在实际工程中，某一年负荷总量变化曲线可能向上或向下跨越零总负荷线。但必须在这一年后不长的时间内由相反的方向跨越零总负荷线，保持历年负荷总量累积曲线始终在零总负荷线上下波动。这样的负荷总量变化特征，表明大地的自然调节能力能够充分发挥，地源热泵能长期有效运行。

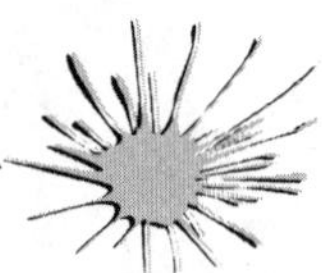

第二种负荷总量变化特征是累积排热型。仍以工程是冬季开始投入使用为例进行分析。冬季的取热使负荷总量变化曲线从零总负荷线下降，到冬季结束时曲线下降到最低点，随后的过渡季中，曲线水平伸展。到夏季排热时，曲线转而上升，若夏季排热总量超过冬季取热总量，曲线将向上跨越零总负荷线，下一个冬季的取热可能使曲线向下跨越零总负荷线，但由于取热量小于前一个夏季的排热量，曲线没有降到前一个冬季所达到的最低点。随后又一个夏季的排热，曲线再次向上跨越零总负荷线，并超过前一个夏季上升的高度。随着逐年的累积，负荷总量累积曲线越来越偏离零总负荷线，向上攀升，如图 8－2 中的曲线②。这意味着地下换热器周围岩土中累积的热量逐渐增加，温度逐渐上升，地源热泵排热的能效比逐年下降，最终不能运行。这种情况下必须采取措施增加取热量，将累积排热型调整为平衡型，才能实现地源热泵的长期持续使用。

第三种负荷总量变化特征是累积取热型。在这种负荷总量变化特征下长期运行，负荷总量累积曲线将逐年向下偏离零总负荷线，如图 8－2 中的③。这意味着地下换热器周围岩土温度逐年下降，使地源热泵取热的能效比逐年下降，最终仍不能运行。调整的关键措施是增加排热。

上述分析表明，负荷总量的累积，决定了地源热泵系统的使用寿命。正常运行的地源热泵系统，通常具备一定的恢复期，这个恢复期实际为大地自然调节能力的表现，但这种调节能力必须受到负荷时间和负荷总量的限制。当负荷积累达到一定程度时，地下换热系统对大地的吸放热量就会超过大地的自然调节能力，即逐渐偏离零负荷总线，这种偏离度随自调能力的不同而不同。实际工程中，若不能消除累积取热型、累积排热型负荷总量变化特征，是不能采用地源热泵的，因此可用累积热量作为表征负荷总量变化性的特征参数。如图 8.2 中的①和④的历年累积热量为零，而曲线②的 4 年累积热量为 7 吉焦（1 吉焦 $=10^9$ 焦）；6 年累积排热量为 17 吉焦。曲线③的 4 年累积热量为 13 吉焦；6 年累积排热量为 20 吉焦。曲线①和④的工程项目适宜采用地源热泵，曲线②和③的工程项目不宜采用地源热泵。

### *8.1.3　浅地层岩土冷热资源利用的环境影响评价*

由于岩土源地源热泵的不断使用，地温在逐渐发生变化。上节所提到的负荷适应性就是要维持地温的稳定性。前面分析到，地源热泵地下埋管系统的恢复依靠远边界地温的稳定性，若原边界地温发生变化，将导致该地源热泵系统运行不正常。

对于一个区域或一个城市而言，一个工程的地下埋管系统的远边界发生变化恶化到一定程度时，即整个区域或城市的地下岩土的热量“堆积”到了极限。因此，必须要控制岩土源地源热泵的规模。根据地下换热的传热原理，热量堆积到一定程度后，热量大部分将向地表进行传热，这将导致地表温度的升高。而在冬季负荷需求大的地区，这将导致地温降低。

地温变化将对环境将造成影响。夏季地温升高，直接后果是城市或区域的“热岛”效应。城市下垫面温度升高，逆温层高度增加，其形成的混合高度上部，逆温层的大气呈稳定状态而不扩散，就像热的盖子一样使得发生在热岛范围内的各种污染物都被封闭在热岛中。因此，地表温度升高对大范围的大气污染有较大的影响。

土壤是岩石圈表面的疏松表层，是陆生植物生活的基质。它提供了植物生活必需的营养和水分，是生态系统中物质与能量交换的重要场所。由于植物根系与土壤之间具有极大的接触面，在土壤和植物之间进行频繁的物质交换，彼此影响强烈，因而土壤是植物的一个重要生态因子。植物根系对地表温度的敏感性很高。土壤温度能直接影响植物种子的萌发和实生苗的生长，还影响植物根系的生长、呼吸和吸收能力。大多数作物在 10 ~35℃的范围内生长速度随温度的升高而加快。温带植物的根系在冬季因土温太低而停止生长。土壤温度过高也不利于根系或地下储藏器官的生长。土壤温度太高或太低都能减弱根系的呼吸能力，如向日葵在土温低于 10℃和高于 25℃时其呼吸作用都会明显减弱。此外，土壤温度对土壤微生物的活动、土壤气体的交换、水分的蒸发、各种盐类的溶解度以及腐殖质的分解都有显著影响，而这些理化性质与植物的生长有密切关系。因此，地表温度变化将对陆生植物产生影响。

地下水的温度往往取决于地下含水层的地层温度，地表温度的改变同样要对地下含水层产生影响。相互的影响结果导致地下水温度的改变，而温度的改变将导致水体水质的改变。

## 8.2 利用条件

### 8.2.1 水平埋管的应用条件

从我国岩土源地源热泵的研究发展看，原天津商学院高祖琨早在 20 世纪 70 年代就进行了水平埋管用于地源热泵系统的研究，但到目前为止，水平埋管用于地源热泵的典型项目不多。这是由水平埋管的应用局限性造成的。

从水平埋管的换热指标看，一般在 15 ~30 瓦/米。这种换热量要在较大的负荷中使用水平埋管，其占用面积就直接受到了限制。另一方面，专为水平埋管开挖 2 ~3 米的埋深深度，其土石方的工作量也很大，特别是在是岩土层的地质条件地方使用水平埋管实施岩土源地源热泵就更是得不偿失。因此，实施水平埋管就更应注意其应用条件。

水平埋管应该在小负荷的建筑中使用。负荷大，实施水平埋管就必须占用较大的面积，即使是软土的地质条件，也仅仅有占用水平面积大或水平深度大两种选择。如果说软土层的深度不够而面积较大，则只能考虑一 ~二层的水平埋管；若软土水平面积不够，就只能考虑向深度方向发展，但由于开挖深度和安装的限制，也只能控制水平埋管系统在四层以下。按照一层 1 米的竖向间距，四层的间距为 3 米，再加上第一层水平埋管应该控制在 1.5 米以下以避免太阳辐射的影响，整个开挖深度将接近 5 米，而且施工过程中要不断地做保护层和回填层，这也给施工带来了难度。

水平埋管还应该应“势”而建，即不能为做水平埋管而去实施水平埋管，关键是看是否有可利用的条件，即深度方向的“开挖”不是为水平埋管服务的，而是利用这种条件去实施水平埋管。这有两种利用方式，一是高填方建筑，二是建筑的基础。对于不同地块天然标高的不同，要将低标高的地块填到一定的标高，若标高差异很大，填方的量也很大，这就称为高填方。这种地貌中的建筑就可以适用水平埋管。因为填方的目的不是为水平埋管服务，而是建筑需要将低标高的地块回填。水平埋管可以利用回填的过程将水平埋管在施工中埋入，这就大大降低了水平埋管的造价，而且还可以根据填方高度控制水平埋管的层数，特别是有的城市填方高度达到十多米，水平埋管可以做到 10 层左右。当然，其应用条件是必须在平场之前就确定使用水平埋管地源热泵，而且在施工过程中，暖通专业必须提前介入，否则将破坏埋入的水平埋管。

对于建筑基础，一般情况下均可以使用。在没有筏板基础的地下室，一般采用地梁来承重。而地梁与地梁之间就天然形成了水平埋管的埋设区域，这些区域主要以土壤为主，而地下室形成必须要进行回填形成地下室的地面层，在回填施工过程中，就可以将水平埋管埋入。这同样可以降低造价。由于埋管处于地下，不受到太阳辐射的影响，其换热效果还优于与埋管上垫面为地表的水平埋管系统。

### *8.2.2　竖直埋管的应用条件*

竖直埋管在不同地质条件下，施工造价不同。在沿海地区，例如上海地区，由于土壤层比较厚，竖直埋管钻孔的费用比较低，钻孔的造价在 40 元/米以下，施工难度不高。在南方地区，例如重庆地区，主要以砂岩为主，竖直埋管的费用较高，孔的造价在 100 元/米左右。而在北方的大部分地区和南方的某些地区，地质状况以卵石层为主，竖直埋管的费用更高，钻孔的造价在 150 元/米以上，其主要原因是在钻孔过程中钻头受力不均匀，钻头容易打坏，形成的孔壁也容易塌方。

因此，不同的地质条件下，岩土源地源热泵系统的造价差异较大，应作具体的技术经济分析才能选择恰当的方案。

若地下地质条件有地下水流动以及溶洞的情况出现，竖直埋管就可能出现问题。由于竖直埋管的换热条件是要保证孔洞内回填的紧密性，出现上述情况就无法保证回填物质能够将孔洞封闭。这就影响到了岩土源地源热泵的使用效率。另外一种情况是，若岩石为金刚石等坚硬岩土，钻孔的难度大，这种情况也建议慎用竖埋管地源热泵系统。

对于孔洞形成过程中，塌方高度高的地质条件，要保证竖埋管地源热泵的使用，必须要使用套管进行护壁，这种情况就会导致竖直埋管的相关技术措施造价过高。

### 8.2.3 冷热源应用方式

以岩土为热源或冷源的地源热泵（GCHP），是由一组水平或垂直埋于地下的高强度塑料管（也称地热换热器）和热泵机组构成，水或防冻剂溶液通过闭式环路进行循环。夏季循环液将室内热量释放给地下岩土层，同时蓄存热量以备冬用，冬季将岩土层的热量提取出来释放给室内空气，整个大地作为一个蓄热体。在地表以下一定深度，岩土的温度基本恒定，它不受大气环境温度的影响，因此这种地源热泵系统的效率比空气源热泵的效率要高，又不受地下水资源的限制，在欧美等国得到了广泛的应用。

土壤源热泵的地热换热器分为水平埋管和竖直埋管。水平埋管的地热换热器有水平单管、水平双管、水平四管和水平六管等形式。最近又开发了两种新形式：即水平螺旋状和扁平曲线状。实践证明，水平埋管换热器的寿命较长。这种换热器通常设置在1 ~2 米深的地沟内。

竖直埋管的地热换热器的形式有单U型管、双U型管、小直径螺旋盘管、大直径的螺旋盘管、立式柱状和蜘蛛状。在竖直埋管换热器中，目前应用最为广泛的是单U型管，埋深大约在30 ~150 米。选择哪种埋管方式，主要取决于场地大小、当地岩土类型及挖掘成本。如果场地足够大且无坚硬岩石，则水平式较经济。当场地面积有限时，宜采用竖直埋管方式。

## 8.3 基本技术路线和关键技术

### 8.3.1 基本技术路线

根据建筑的负荷以及地质条件决定是否使用岩土源地源热泵以及采用的具体形式，这是地源热泵的基本技术路线。建筑的负荷特性是岩土源地源热泵的使用前提。

地源热泵系统由地下换热器和地源热泵机组通过管道连接构成系统。要保证地源热泵系统的高效运行，其基本路线是地源热泵机组的选择以及地下环路的设计。

1. 地源热泵主机组选择

在传统空调设计中，通过负荷计算即可进行设备选型。而地源热泵系统的设计，必须要考虑夏季热量的排放和冬季热量的吸收平衡问题，否则地下换热器就不能处于一个高效的换热环境。同时，地下换热器的关键参数是运行时间，如果地下环路系统始终处于高负荷下运行，这就会对地下换热器的换热能力造成损害。因此，地源热泵系统中的设备选择特别重要。

由于地下换热器处于冬季吸热和夏季排热两种状态，两个季节之间的过渡期是一个恢复期，上一季节地下换热器的换热状态直接影响下一季节的换热状态。如果仅从一年为周期来考虑，夏季的运行导致地温的升高，这种升高实际是有利冬季换热器的运行状况的，同理，冬季的运行导致地温的降低，这种状态恰恰是有利夏季换热器的运行，这同时说明这种恢复期实际并没有提高下一季节换热器的换热质量。但是若没有这个恢复期，夏季的过度运行导致地温升高，有利于冬季的运行，下一个夏季运行却会导致地温升高。同理，冬季的过度运行也会导致下一个冬季地温温度过低。从系统的生命周期看上述两种状况均不利系统的稳定运行，加速了地下换热器换热能力的衰减速度。因此，从系统生命周期看，过渡期有利系统长期高效的运行。在这种情况下，就应保证系统在夏季运行或冬季运行后地下换热器周围岩土温度能够在下一季节运行前恢复。

地下埋管区域与保持周围岩土温度的恒定、输入到地下换热器的热量以及持续时间有关系。这就要求地源热泵系统设备选型必须和负荷的动态变化相匹配。因此，选择地源热泵系统的设备必须要进行全年 8760 小时的逐时负荷分析，在此基础上才能进行地源热泵系统系统设备的选择。

逐时负荷分析应区分冷量或热量的使用时间，在夏季过渡期或冬季过渡期可能没有负荷，这部分时间同样要考虑，这一方面可以确定负荷的形成时间，同时也能分析到季节负荷对下一季节的影响程度。

设备容量确定后对设备进行选择，应根据负荷特性来确定设备的台数。在负荷分析时，也许全年的高峰负荷可能很少，将这部分高峰负荷和大多数运行状况下的负荷进行比较，其差值就可以得到一台较小的设备，该设备就用于保证满足短时间高峰负荷的要求。

负荷持续系数 $R_T$ 小、负荷强度 $Rq$ 太大的工程，不宜按设计负荷（即峰值负荷 $qH$）确定主机容量和地下换热器规模。

设备的装机容量不可能和室内的计算负荷一致，在这种情况下，设备选型的型号对应的负荷值应尽可能大于实际运行负荷。这才能保证设备有部分余冷量或余热量，这种设备匹配就能保证系统运行具有停机时间，使地下换热器有一定的恢复时间。但是，这样就会增加系统的初期投入，需要进行系统周期内的技术经济比较。国外已经有人提出，地源热泵系统可以将系统初期投入和地下换热器效率作为地源热泵的技术经济综合参数，利用该参数作为基准参数，与系统生命周期结束后系统的折旧率和该时期内的地下换热器换热效率折算成另一个技术经济综合参数。该参数和基准参数进行比较，得到一个值，如果该值在合理的范围内，该系统的投资和系统设计就是合理的。

2. 地下环路设计

地下环路是保证系统正常运行的关键。地下环路设计首先是埋管孔阵的布置最优，其次是要保证地下换热器的流量最佳，再次是管路的连接。

(1) 管路布置

管路连接有两种方式：一种是地下换热器的管路各自独立，水系统直接连接到地源热泵机组（或集分水器）；另一种方式是地下换热器之间进行分区，每区内通过串联或并联的方式进行连接。

上述两种方式中，第一种方式的特点是安全。即使地下换热器局部有问题，也不会影响到其他换热器，且管路中可以无接头，防止管路中的隐藏弊病，而且可以采用直埋方式。第二种方式可以方便地进行分区控制，即可以根据实际情况设定为不同的区，根据建筑负荷特征进行有效的控制，相对第一种方式，地下环路的分集水器不多，调节比较容易，但综合造价高于第一种方式。

地下环路布置决定了系统各支路的流量分配是否均匀，如果流量分配不好，可能就会导致某些地下环路流量大，某些环路流量小。流量过大并不一定增加地下换热器的换热量，流量过小又不能最大限度地发挥地下换热器的换热能力。因此，应做到环路流量平衡。第一种方式地下支路独立，接入到集分水器不能够保证做到各支路平衡，第二种方式要保证各管路的水量分配均匀，可以通过同程管来做到各环路平衡，由于分区管路有接头和支环路主管，必须要构筑管沟。同时，管沟内的主管要制作支架，回水应采取保温等措施。

综上，采用两种管路布置对系统的影响是不同的。如果地源热泵系统较小，地下环路小，就没有必要进行分区控制，也没有必要采取管沟等相关措施，各支路的流量不平衡率小；在系统较大的情况下，地下换热器多，环路复杂，不采取分区控制就很难做到各支路流量平衡，同时，由于地下换热器数量大，要保证地下换热器的换热寿命，应该针对负荷特征对地下环路进行分区控制，保证各区都能够做到间歇运行，使地温的波动在一个可控制范围内。建议系统比较小的地源热泵系统环路连接采用第一种方式，系统较大的地源热泵系统环路连接采用第二种方式。

(2) 流量确定

环路流量是地源热泵换热器是否高效运行的重要参数，流量大能增加地下换热器的换热能力，但会增加水泵的能耗；流量小可以降低水泵能耗，但却不能充分发挥地下换热器的换热能力。由于地下换热器与周围岩土换热主要是以不稳定导热进行，导致地下换热器的换热能力有限，在这种情况下利用增加环路流量来增加地下换热器换热量的措施是有一定限度的。因此，在负荷特性下要找到系统的最佳流量值。满足这个流量值，就可以保证地下换热器的换热效果，又能保证循环水泵的功率消耗最小，使得系统的能效比最佳。

(3) 埋管深度

影响岩土源地源热泵推广的主要原因是地下环路的造价过高，即钻孔埋管费高。如果对地下换热器的换热机理和建筑负荷的特征进行认真分析，将导致换热器埋管长度的不合理。换热器埋管长度浅，导致换热能力不足，系统不能保证长期的稳定运行；换热器长度过深，导致换热器的换热能力浪费，既不能增加换热能力，反而增加了系统的初投资。因此，确定合理的埋管深度是决定系统正常经济运行的主要因素。

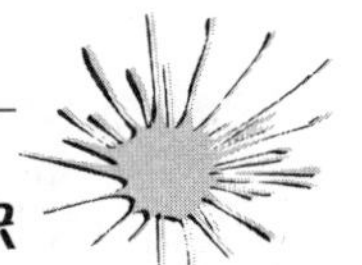

**参考知识**

利用地下换热器动态特征参数合理确定埋管深度：

地下换热器的动态特征参数是三个换热区域内的有效长度。各种动态负荷特征直接决定了岩土换热层竖直方向上的变化，即$L_{饱和}$、$L_{换热}$、$L_{未}$的动态变化，如果在一个季节负荷周期末，$L_{未}$刚刚消失，地下换热器即开始进入到恢复期（这个恢复期的长度以及开始时间由负荷特征决定），则这种埋管深度是很合理的。如果在一个季节负荷周期内，$L_{未}$提前结束，这必然导致换热器换热恶化，换热器的埋设深度不够。第三种情况是季节负荷周期结束后，$L_{未}$还有一个较大值，这说明了埋管深度过大，投资浪费。

合理确定埋管深度是保证地源热泵系统的首要因素。目前，国内传统的设计方法是首先是通过负荷分析后找到埋管总长度，然后根据可能的埋管面积和间距来确定单孔埋管深度，这种设计思路就没有考虑负荷特征对地下换热器的影响。合理的埋管深度确定应在初步确定埋管深度后，对地下换热器进行季节动态特性分析，一方面是保证换热器的热影响面积不能大于埋管之间的间距，更重要的是确定季节负荷周期结束后，保证$L_{未}$处于一个最低值。当这个深度不能保证时，重新调整埋管深度，直到满足上述两个条件后，才能最终确定埋管深度。

岩土源地源热泵系统的运行调节的路线是保持地下换热系统的稳定。地源热泵系统能够长期稳定运行的条件是必须保证系统长期在间歇状态下运行。室外气象参数的变化以及不同天气状况下的负荷特征决定了系统本身在间歇状况下运行情况。由于负荷特征不同，日运行对地下换热器的影响是叠加的，如果日运行结束后，地温得不到恢复，就可能在季节运行或年运行末对地温造成“伤害”；如果每日负荷特征或周负荷特征一致，其季节负荷特征完全由日负荷特征或周负荷特征构成，地源热泵在日运行或周运行后，地温能够恢复到初始状态，则这种状态的负荷特性不会对地温造成“伤害”。如果日运行结束后，地温不能恢复，但在季节结束后，能够保证有足够的地温恢复期存在，同样也不会对地温造成伤害。

对于上述几种状况，其主要方式是通过运行调节方法来保证地源热泵地下换热器能够在日恢复期或季节恢复期里达到初始换热性能。

系统运行，特别是夏季，应尽可能在室外气象允许的条件下保持全新风运行。在这种状态下，系统冷热源不启动，地下换热器就能处于恢复期。即使恢复期时间很短，对地下换热器仍然是有利的。在冬季状况下，应尽量采用太阳能等辅助措施来进行间歇供暖，让地下换热器处于一个恢复期。

对于负荷的动态变化，地下换热器并非时刻保持全部投入运行，地下换热系统可设计为多区系统。在这种条件下，适应负荷变化的系统调节方式就可以按照分区调节方式进行，保持孔阵中地下换热器为非连续工作，让换热器能有一个“休息期”。在这种条件下，各区中的地下换热器就能保持高效运行，同时又能够与室内环境控制要求适应。

### *8.3.2 钻孔技术*

岩土源地源热泵系统的关键技术是地下换热器的安装。地下换热器是安装在竖直孔洞内，孔洞的形成依靠钻孔技术完成，常用的钻孔机械为旋转钻机。

旋挖钻机施工法又称钻斗钻成孔法，它是利用钻杆和钻头的旋转及重力使土屑进入钻斗，土屑装满钻头后，提升钻头出土，这样通过钻斗的旋转、削土、提升和出土，多次反复而成孔。由于地质的不同，钻机在钻孔形成中，主要遇到的问题是孔壁塌陷和孔垂直度偏差过大。孔壁坍陷将导致成孔深度不够，同时也影响孔洞形成进度。而孔垂直度偏差过大将导致地下换热器不能顺利放入孔洞中，甚至会导致无法放入换热器而使得该孔报废。

对于孔壁塌陷，其主要表现形式为：钻进过程中，如发现排出的泥浆中不断出现气泡，或泥浆突然漏失，则表示孔壁有塌陷迹象。其形成原因为：

(1) 护筒底部为软土、淤泥、砂土、砂、杂填土、卵石等较松散的地质层。

(2) 孔内水位不够。

(3) 钻斗上下移动速度过快，致使水流以较快的速度由钻斗外侧和钻孔之间的空隙中流过，冲刷孔壁；有时还在上提钻斗时在其下方产生负压而导致孔壁坍塌。

(4) 地面上重型施工机械的重力和其作业时的振动，以及地基土层自重应力影响常导致地面以下 10 ~15 米处发生孔壁坍塌。

(5) 有砂砾石、卵石等强透水地层。

(6) 护壁泥浆的配合比和性能满足不了施工的要求。

(7) 安放换热器时碰撞孔壁，使泥膜和孔壁破坏。

(8) 成孔后放管和回填时间过长。

其防治措施有：

(1) 在松散易塌土层中，适当埋深护筒，用黏土密实填封护筒四周。

(2) 随时补充孔内泥浆，保持孔内水位高出护筒底 1 ~2 米。

(3) 控制钻头升降速度，根据不同的桩径和地质情况采取不同的升降速度。

(4) 尽量避免重型机械在施工区域附近行走，掏出来的泥土及时清运。

(5) 充分选用密度和黏度较大的泥浆，必要时向孔内添加黏土。

(6) 使用优质的泥浆，提高泥浆的密度和黏度。

(7) 注意地下换热器的安放，搬运和吊装时应防止变形，下放过程中避免碰撞孔壁。

(8) 注意工序安排，在保证施工质量的情况下，尽量缩短放管和回填时间。

桩孔垂直度偏差的表现形式成孔后孔出现较大垂直偏差或弯曲，其形成原因为：

(1) 钻机安装就位稳定性差，作业时钻机安装不稳。

(2) 地面软弱或软硬不均匀。

(3) 土层呈斜状分布或土层中夹有大的孤石或其他硬物等情形。

其防治措施有：

(1) 场地施工前先夯实平整。

(2) 进入不均匀地层时，钻速要慢。

(3) 遇到孤石地层或硬层时，钻速要慢，钻孔偏斜时，可提起钻头上下反复扫钻几次，以便削去硬土，如纠正无效，应于孔中局部回填黏土至偏孔处0.5米以上，重新钻进。

### 8.3.3 回填技术

回填技术的关键问题是回填材料和回填方式。对于回填材料，目前主要的材料是岩浆、细砂、细砂及岩浆混合物、膨润土及岩浆混合物、超强吸水树脂与源土混合、混凝土等几种。岩浆回填能够很好地保证原有孔洞内岩土的传热性能。由于有大量的水分存在，在灌浆过程中要不断地沉降，保证回填严密。细砂的回填过程中要不断地充水，保证细砂正常沉降。但是若地下换热器运行恶劣，孔洞周围没有其他水分进行补充，运行一定时间后可能会导致一定的空穴，对传热不利。因此，单纯采用细砂仅适合于湿润地层，在其他地方则应该采用细砂及岩浆混合物。膨润土及岩浆混合物回填后，能够有效防止灌浆过程中形成的空穴，膨润土吸湿后膨胀，将堵填空穴，有利传热。但是，膨润土的最大缺点是没有水分后，仍然将形成空穴，同样较适合于湿润地层。超强吸水树脂与源土混合作为回填材料，在注入少量水的情况下，能够很好地改善土壤的非饱和性，增大源土壤的导热系数，提高了土壤的热恢复性能，很明显地增大了单位管长的吸热量，适合于干旱、土壤非饱和以及地下水位比较低的地区。混凝土的传热性能好，只要注意了回填方法，一般不会出现空穴现象，适合所有地质情况，其主要问题是造价较高。

在回填技术中，除选择好回填材料外，关键技术就是回填方式。回填料灌料时，若人工从上边回填，会因压力不够，井内空气排不出来造成填料与井壁及换热器之间空隙较多，严重影响传热效果。在回填过程中，除注意灌浆方向外，还应控制灌浆的速度，即速度不能过快，否则将导致卷入空气，形成空隙。

图8-3 回填示意图

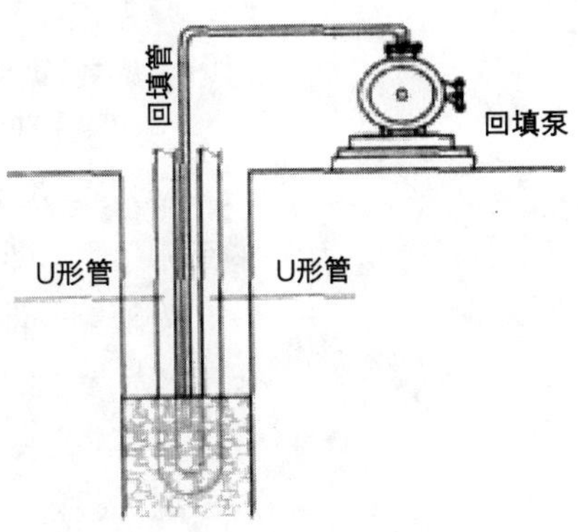

## 8.4 配套技术措施

### 8.4.1 防冻液技术措施

在北方地区，若出现地下换热系统的循环水低于0℃的极端情况，必须要考虑采用防冻液。

地埋管地源热泵工程中常用的防冻液主要是乙二醇溶液，这种溶液对金属锌有腐蚀作用。目前中央空调水系统 *DN*50 以下的管道大多采用镀锌钢管丝接，空调末端设备水—空气换热器水的通道内也有镀锌保护层。大型热泵机组冬夏换向不可能采用制冷剂四通阀而是采用水系统阀门切换供暖工况是末端水流经热泵机组的冷凝器，而地埋系统循环水流经热泵机组蒸发器，如果采用防冻液，则热泵机组蒸发器中充满了乙二醇防冻液。夏季供冷时，末端系统循环水要流经热泵机组的蒸发器，这样换向后蒸发器中的防冻液均进入末端系统管道，对镀锌保护层造成腐蚀。当由供冷工况转入供热工况时冷凝器中的情况也是如此。当然可以将蒸发器、冷凝器中的防冻液全部放掉再进行清洗，但这样浪费太大，也给管理工作带来了很大的麻烦。

目前水泵样本中的技术参数，各种水管道的比摩阻，热泵机组样本提供的蒸发器、冷凝器的水阻力都是按清水测得的。目前还找不到采用某一浓度乙二醇溶液后的修正办法。在设计中如何准确选用水泵扬程还很困难，只能采取多打富裕量的办法，但这又使水泵选型和运行费用都不经济。

乙二醇价格昂贵会增加工程投资和系统运行费用。系统运行时要经常监测乙二醇防冻液的浓度，当溶液中浓度降低时要及时增补乙二醇，给运行管理带来不便。

防冻液一般应具有使用安全、无毒、无腐蚀性、导热性好、成本低、寿命长等特点。目前应用较多的有：① 盐类溶液有氯化钙和氯化钠水溶液；② 乙二醇水溶液；③酒精水溶液等。

### 8.4.2 辅助热源措施

在岩土源地源热泵的使用过程中，负荷周期内出现冬季负荷大于夏季负荷时，应考虑采用辅助热源措施来保证热平衡。同时，由于在某些气候区冬季岩土温度过低，岩土源地源热泵系统的地下换热器内流体可能出现冰冻现象，利用辅助热源系统加热地下换热系统内的流体温度，不仅可以保证系统的正常运行，而且能够提高系统的运行效率。

太阳能—地源热泵系统是以太阳能和土壤热为复合热源的热泵系统，是太阳能和土壤能综合利用的一种形式，主要针对以采暖为主、空调为辅的地区而设计。其构成主要包括太阳能集热系统、地下埋地盘管换热系统及热泵工质循环系统三部分，与常规热泵系统的不同之处主要在于热泵的低位热源由太阳能集热系统和埋地盘管系统共同或交替来提供。结构示意图如图8－4所示，该系统可通过阀门的控制来实现太阳能直接供暖、太阳能热泵供暖、太阳能—土壤源热泵联合（串联或并联）运行供暖、土壤源热泵供暖及太阳能集热器集热土壤蓄热等运行。其工作原理是：夏季使用空调时，以土壤源作为冷源将空调房间内的余热通过埋地盘管释放至土壤中，同时将部分热量蓄存于土壤中以备冬季采暖用；冬季采暖时，以太阳能及土壤中夏季蓄存的部分热量作为低位热源直接或间接通过热泵提升后供给采暖用户，同时，在土壤中蓄存部分冷量以备夏季空调用；夏季与过渡季节，太阳能集热器主要用于提供生活用热水。

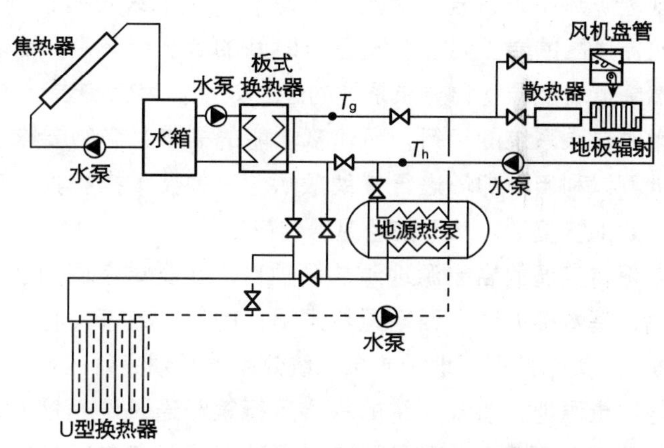


图8－4　太阳能—地源热泵系统示意图

冬季采暖时，当集热器所提供的热量能够满足建筑物的用热时，可以由太阳能集热器直接供暖；当集热器温度较高，供热量有余时，可将部分热量转移到地下土壤中储存，这不仅有助于土壤温度的恢复，而且还可降低进入集热器的流体温度，提高集热效率；如果提供的热量不够，可采用太阳能热泵（晴天白天）或GSI-IP（阴雨天和夜间）的运行方式；当供暖负荷继续增大时，可将集热器与埋地盘管联合起来运行，从两热源中同时取热；同时，冬季也可利用地源热泵来融化集热器表面的积雪。

当太阳能集热器所提供的热量不足以满足建筑物的热需求时，可以考虑启动埋地换热盘管来进行联合运行，具体有如下两种运行方式：

（1）当太阳辐射有一定的强度，集热器的有效集热量大于零，但用其提供的热量作为热泵的低位热源所得的制热量满足不了建筑物的热需要时，可考虑采用太阳能集热器与土壤埋地盘管联合运行的运行方式。

（2）当太阳辐射强度较弱，集热器的有效集热量为零，且蓄热水箱中所储存的热量不足以满足建筑物的热需求时，可考虑采用土壤埋地盘管与蓄热水箱联合运行的运行方式。

### *8.4.3　辅助冷却塔措施*

在夏季负荷大于冬季负荷的条件下，岩土埋管量采用冬季负荷进行埋管，夏季多余的负荷采用冷却塔来承担，这种措施可以避免冬夏负荷的不平衡现象。由于冷却塔的投资在岩土源地源热泵工程项目中占的比例很小，而岩土源地源热泵项目的推广的最大难点是投资过大，利用冷却塔承担部分负荷可以降低岩土源地源热泵的初投资。

在岩土源地源热泵系统中增加冷却塔系统，称为复合式地源热泵系统。加入冷却塔系统并非降低了岩土源地源热泵系统的运行效率，反而会提高系统的整体效率，效率的提高主要表现在保持地下换热系统初始温度的恒定。特别是每日负荷强度大的建筑负荷特征下，采用冷却塔系统提高岩土源地源热泵系统效率效果明显。由于地下换热系统的传热过程是一个不稳定的传热过程，若出现地源热泵系统连续运行，而地下换热系统没有任何“恢复期”的情况，换热器周围的岩土温度会随运行时间的延长而升高，而岩土初始温度的提高必然降低岩土源地源热泵系统的运行效率。为保护岩土的初始温度，必须要停止地源热泵系统的运行，而建筑功能的需求又必须要求空调系统连续运行，这就可以利用冷却塔进行辅助散热。这种技术措施就能够使地下换热系统保持一定的恢复期，从而使地温得到恢复。

对于全年保持空调的岩土源地源热泵项目，在夏季空调的初期，冷却塔的效率比较高，基本接近岩土源地源热泵项目的运行效率，利用冷却塔对地温进行“保护”，实际是保证地源热泵系统效率的长期高效运行。

冷却塔与岩土源地源热泵系统的联合运行策略通过温差控制，即主要对热泵进（出）口流体温度与周围环境空气干球温度之差进行控制，当其差值超过一设定值时，启动冷却塔及循环水泵进行辅助散热，主要有以下三种控制条件：第一种控制条件，当热泵进口流体温度与周围环境空气干球温度差值 >2℃时，启动冷却塔及冷却水循环水泵，直到其差值 <1.5℃时关闭；第二种控制条件，当热泵进口流体温度与周围环境空气干球温度差值 >8℃时，启动冷却塔及冷却水循环水泵，直到其差值 <1.5℃时关闭；第三种控制条件，当热泵出口流体温度与周围环境空气干球温度差值 >2℃时，启动冷却塔及冷却水循环水泵，直到其差值 <1.5℃时关闭。

## 8.5 案例分析：北京九华山庄二期酒店工程地源热泵系统

### 8.5.1 工程实例概况

北京九华山庄二期酒店工程位于北京市昌平区，是一家涉外四星级庭院式度假酒店，建筑面积共计 131262 平方米，地下 1 层，地上 13 层，建筑高度为 55.2 米。建筑总冷负荷为 13 兆瓦，总热负荷为 10.5 兆瓦。建筑外景如图 8-5 所示。

1. 冷热源设计方案

该工程冷热源系统采用地埋管地源热泵复合式系统，地下换热器的数量为 700 个，冬夏季基本负荷由地埋管地源热泵系统承担。峰值负荷冬季由汽

图8－5　建筑外观图

水换热系统承担（蒸汽由原有锅炉房提供），夏季由冰蓄冷系统承担，达到削峰填谷、节省运行费用的目的。其中冰蓄冷系统采用部分负荷蓄冰系统，制冷主机和蓄冰设备为串联方式，主机位于蓄冰设备上游。

地埋管地源热泵系统选用5台热泵机组，单台制冷量为1251千瓦，制热量为1100千瓦。冰蓄冷系统选用3台双工况主机，单台制冷量为1192千瓦，制冰量为821千瓦。蓄冰设备采用蓄冰盘管，总蓄冰量为28128千瓦时，蓄冰盘管安装在箱形基础内。汽水换热器2台，单台装机容量为2100千瓦。

2. 地下换热器系统设计

地埋管地源热泵系统设计的核心是地下换热器的设计。地下换热器的设计与土壤的热工参数、建筑物的负荷情况以及运行时间都有很大关系，不能仅仅根据冷热峰值负荷简单计算地埋管长度，要综合考虑热泵机组全年运行的影响。

（1）不同地质情况岩土导热性能有很大差别，岩土的温湿度以及地下水情况等都会影响地下换热器的设计。因此，设计前做热响应试验来获得土壤的导热系数并把它作为设计依据是非常必要的。在九华山庄相应区域打试验用孔，采用进口测试设备，实际测得当地土壤的初始温度为16.45℃，土壤的导热系数为1.98瓦/（米·开尔文）。

（2）根据热响应试验测出的土壤特性，输入空调负荷，由地下换热器专业计算软件确定工程的埋管形式、竖直埋管的深度、打井数量和分布等情况。该工程共采用700个双U形地下换热器（分为10个区，每个区70个），深100米。

### 8.5.2　全年运行调节

1. 夏季测试结果

热泵机组设计工况运行，开启1台热泵机组，按设计要求地下换热器开启2个区，运行情况如图8－6所示，地下换热器进水温度基本稳定在31.3℃，出水温度基本稳定在27.4℃，与设计参数基本相符。

比设计工况多50%的地下换热器运行开启1台热泵机组，地下换热器开启3个区，当机组正常运行后，调整冷水、冷却水流量至设计值，地下换

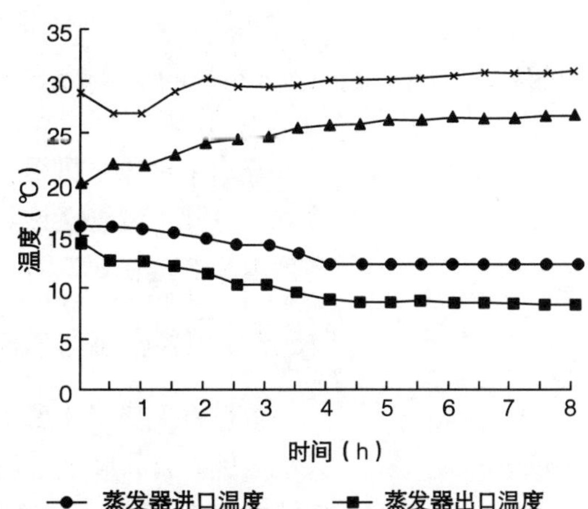


图8－6　夏季设计工况地下换热器运行工况图

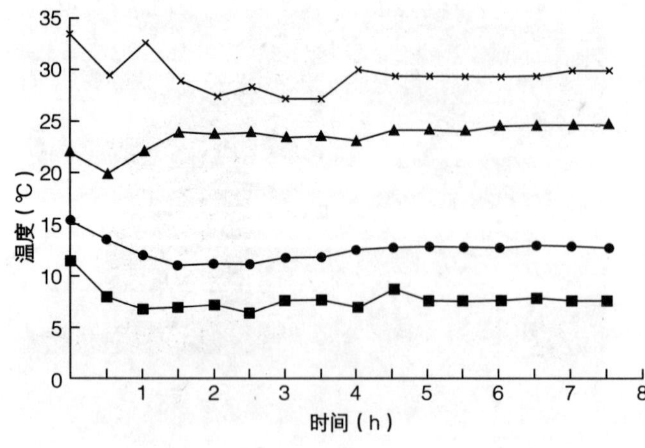


图 8 – 7 夏季比设计工况少 50% 地下换热器运行工况

热器进水温度基本稳定在 29. 2℃，出水温度基本稳定在 24. 6℃，低于设计参数，见图 8 –7。

比设计工况少 50% 的地下换热器运行为了测试地下换热器设计不足的情况，开启 1 台热泵机组，地下换热器开启 1 个区，地下换热器进水温度和出水温度稳中有升，机组满负荷运行 14 小时，停机时地下换热器进水温度超过 37℃，证明地下换热器超负荷运行，机组效率下降，不能达到经济运行的目的，见图 8 –8。

2. 冬季测试结果

热泵机组设计工况运行，开启 1 台热泵机组，按设计要求地下换热器开启 2 个区，如图 8 –9 所示，地下换热器进水温度基本稳定在 2℃，出水温度基本稳定在 5. 1℃。

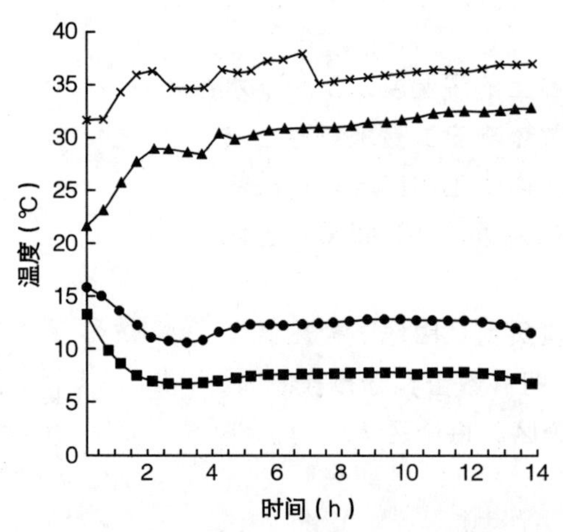

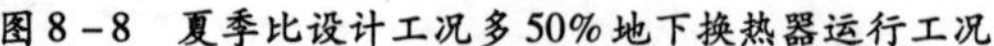


图 8 – 8 夏季比设计工况多 50% 地下换热器运行工况

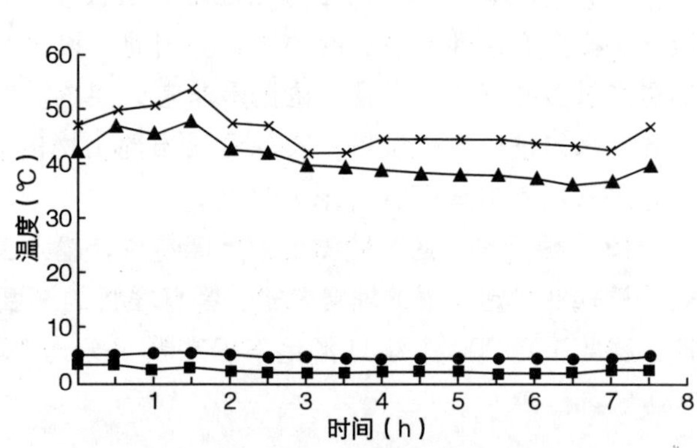


图 8 – 9 比设计工况多 50% 的地下换热器运行

开启 1 台热泵机组，地下换热器开启 3 个区，当机组正常运行后，调整冷水、冷却水流量至设计值，地下换热器进水温度基本稳定在 3. 3℃，出水温度基本稳定在 5℃。

### *8. 5. 3 能耗特征与节能性分析*

该工程采用了冰蓄冷系统来共同承担夏季冷负荷，减少了地埋管地源热泵机组的数量，降低了初投资，也减少了电力装机容量 849 千瓦，夏季转移高峰电量 216547 千瓦时，转移平峰电量 394023 千瓦时，缓解了用电紧张状况，起到了移峰填谷的作用。经过测试，该工程运行费用夏季为 17 元/平方米，冬季为 12 元/平方米。采用地埋管地源热泵复合式系统，比常规电制冷机组 + 燃气锅炉系统每年可节省 30% ~40% 的运行费用，节约 40% 左右的一次能源，同时大大降低了城市大气污染。

# 第9章　夜间天空冷资源利用

白天，太阳是地球的巨大热源，地球与这个热源以辐射换热的形式来获得热量；夜晚，无阳光的太空对地球来说是个冷源，地球同样以辐射的形式来散失热量。在天空清澈无云、无风的秋夜，即使空气温度高于0℃，次日清晨有时仍会发现地面积水表面有一层薄冰。这就是由于水面向夜空辐射散热的结果。我们可以利用这一现象，进行建筑物的冷却、食品保鲜等，可以不消耗或者少消耗能源。

## 9.1　夜间天空冷源特性及其评价

大气层外的宇宙空间接近绝对零度，高层大气的温度也相当低，这形成了一个天然的巨大冷库，宇宙空间容量巨大，可被看作成一个热量的“黑洞”。大气层外的宇宙空间可与暴露在夜空下的地面物体进行辐射换热。如果我们把地面上不需要的热量以电磁波的形式向宇宙空间排放，就可以达到制冷的目的。

### 9.1.1　有效天空温度

天空是建筑外天穹范围180°的空间角度。夜空的空间特性表现为室外180°空间角度的天穹范围；在城市密集的建筑群中，只有最高建筑的屋顶才具有完整的180°空间角的夜空；其他建筑屋顶由于被高于它的建筑遮挡，所具有的夜空均小于180°空间角，尤其是夹在高层建筑缝隙中的低矮建筑。建筑侧墙侧窗的夜空资源最大值为90°空间角的天穹范围。由于建筑间的相互遮挡，实际远小于这个值。另外，乡村建筑的夜空资源比城市丰富得多。

大气层外的宇宙空间接近绝对零度，因此对于地表物体来说，天空是一个巨大的天然冷库。白天，由于太阳辐射的强度影响，天空特性的作用很弱，往往可忽略。夜晚，没有了太阳辐射，天空特性很明显。夜晚电磁波透过大气层时，其中一部分被大气层中水蒸气、二氧化碳和臭氧所吸收，使得夜空与地面物体的辐射换热强度变小。假设夜空与地面物体辐射换热强度不变，电磁波能全部通过大气层，此时大气层外宇宙空间的等价温度用夜空温度（夜间等价天空温度）表示，它由空气温度和空气中水蒸气分压力决定，水蒸气分压力越低，天空温度越低，是夏季夜间的天然冷源。

夜间天空的温度 $T_{sky}$ 可由如下两个经验公式得出：

$$T_{sky} = 4\sqrt{0.51 + 0.208\sqrt{e_a}} \times T_a \quad (9.1)$$

$$T_{sky} = 4\sqrt{0.741 + 0.0062 t_1} \times T_a \quad (9.2)$$

式中 $T_{sky}$——夜空温度（开尔文）；

$T_a$——室外空气温度（开尔文）；

$e_a$——室外空气中水蒸气分压力（帕）；

$t_1$——室外空气露点温度（℃）。

由于夜空温度受到多种因素影响，空气的湿度是一个比较重要的因素。由公式（9.2）得出晴朗和云层密布两种极端情况下的夜空温度。

晴朗的夜空：

空气中水蒸气分压力 $e_a = 0$ 千帕时，夜空温度的最小值

$$T_{min} = 0.845 T_a \quad (9.3)$$

云层密布的夜空：

空气中水蒸气饱和时 $e_a = 3.16 \sim 5.5$ 千帕（空气温度为常温 $T_a = 298 \sim 308$ 开尔文）

此时夜空温度的最大值 $T_{max} = (0.968 \sim 0.999)\ T_a = T_a$ （9.4）

根据公式（9.3）和（9.4）得：

晴朗的夜间：空气温度 $t_a = 25 \sim 35$℃，夜空温度 $T_{min} = 252 \sim 260\text{K} = -21$℃ ~ $-13$℃；

云层密布的夜间：空气温度 $t_a = 25 \sim 35$℃，夜空温度 $T_{max} = 15$℃ ~35℃。

根据夜间天空温度的经验公式可以得到，即使在乌云密布的夜晚，夜空温度也低于当时空气的温度，夜空是一个可利用的冷源。在夜间空气潮湿的地区，夜空的温度是接近于夜间气温的，其提供冷量的能力非常弱。我国长江流域虽然夏季高温不及中部和东部地区，但由于气候潮湿，夜空温度不够低，夏季若无空调，夜间室内热环境会更恶劣。而中部和东部地区建筑依靠良好的蓄热性能和低温夜空的利用，仍可以为当地居民提供适宜居住的室内热环境。

### 9.1.2 夜空作冷源的评价

1. 容量大。外层的宇宙空间是无限大的，可以吸收地球上向其排放的大量热量，很难达到饱和。

2. 品位较高。夜空冷源的品位取决于天空的晴朗（空气的干燥）程度。

以重庆为例，夏季连晴高温天气，夜间气温 28℃，相对湿度 70%，即水蒸气分压力为 2.52 千帕时，根据经验公式可得出夜空温度。

$T_{sky} = 4\sqrt{0.51 + 0.208\sqrt{2.52}} \times 301 = 288\text{K} = 15$℃ < 26℃（室内设计温度）

是正品位的冷源，有 11 开尔文的辐射传热温差。

3. 可靠性好。只要太阳降到地平线以下，可作为冷源的夜空就存在了。

4. 稳定性较好（优于太阳辐射）。只要天气稳定，夜空冷源品位不会因为提取冷量而下降，而且随着空气中水蒸气的结露，夜空的冷源品位会越来越高。

5. 持续性好。夜空冷源冷量的易获得性好，其关键设备是辐射换热器。夜空冷源的经济性也较好，但夜空作为冷源利用，成为一种资源主要表现为空间性，其最大的问题是在城市里，各栋建筑可利用的夜空是不大的。

6. 易获得性。高层容易，低层难。

7. 环境友好性好。夜空作冷源的环境友好性是很强的，其容量大小取决于所具有的夜空空间角，夜空空间角是夜空资源多少的量度。社会允许性方面，关键在于不削弱他人的夜空资源，即不遮挡他人的夜空。

## 9.2　夜空作冷源的辐射致冷

### 9.2.1　夜空辐射致冷的原理

夜间环境以四种方式向地面上的物体表面传热：①夜空与物体表面的辐射换热；②周围空气与物体表面的对流换热；③周围其他物体表面与物体的辐射换热；④与物体接触的固体以热传导的方式加热物体，传热随温差的增大而增强。

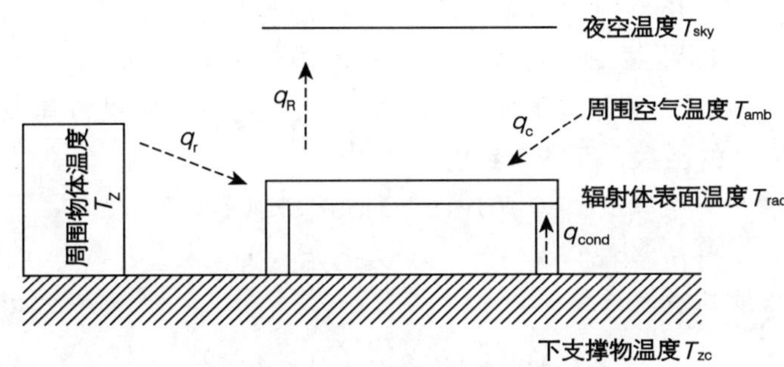


图 9－1　辐射换热原理图

夜空冷辐射致冷原理如图 9－1，辐射体（表面温度 $T_{rad}$）与夜空（夜空温度 $T_{sky}$）进行辐射换热，将自身的热量排放到夜空中，同时周围的空气（温度 $T_{amd}$）以对流换热方式、周围其他物体（表面温度 $T_z$）以辐射换热形式、辐射体的支撑（温度为 $T_{zc}$）以导热形式将热量传给换热面。整个系统时刻存在着动态的平衡，热平衡方程为

$$q_R + q_c + q_r + q_{cond} + q_m = 0 \tag{9.5}$$

其中　$q_R$——辐射体与夜空的辐射换热量（瓦/平方米）；

$q_c$——辐射体与空气的对流换热量（瓦/平方米）；

$q_r$——辐射体与周围物体表面的辐射换热量（瓦/平方米），计算时一般忽略；

$q_{cond}$——辐射体与支撑的导热量（瓦/平方米）；

$q_m$——辐射体上凝结水的潜热换热量（瓦/平方米），未产生凝结水时 $q_m=0$。

辐射体与夜空的辐射换热量：$q_R=\varepsilon_{rad}\sigma\ (T_{rad}{}^4-C_a\varepsilon_{sky}T_{amd}{}^4)$　　(9.6)

$\varepsilon_{rad}$——辐射体的发射率；

$\sigma$——斯蒂芬—波尔兹曼常数，$5.67\times10^{-8}$（瓦/平方米·开尔文$^4$）；

$T_{rad}$——辐射体的绝对温度（开尔文）；

$C_a$——云层系数，$C_a=1+0.0224n-0.0035n^2+0.00028n^3$，$n$ 指云量（晴朗天空为 0，乌云密布天空取 10）；

$\varepsilon_{sky}$——晴朗天空的发射率，$\varepsilon_{sky}=0.711+0.56\ (T_{dp}/100)\ +0.73\ (T_{dp}/100)^2$，$T_{dp}$ 为周围空气的露点温度，

$$T_{dp}=C_3 g\frac{\ln\ (RH)\ +C_1}{C_2-\ [\ln\ (RH)+C_1]}$$

式中，$C_1=\dfrac{C_2\times T_{amd}}{C_3+T_{amd}}$，$C_2=17.08085$，$C_3=234.175$，$RH$ 为周围环境空气的相对湿度（%）；$T_{amd}$——周围环境空气的绝对温度（开尔文）。

有文献介绍，辐射体与夜空的换热量也可用下式计算：

$$q_R=\varepsilon_{rad}\sigma\ (T_{rad}{}^4-T_{sky}{}^4)\ (1-CC) \quad (9.7)$$

$$q_R=4\varepsilon_{rad}\sigma T_{amd}{}^3\ (T_{rad}-T_{sky}) \quad (9.8)$$

其中，CC 类似云层系数，晴朗天空为 0，乌云密布天空取 1。

辐射体与空气的对流换热量：$q_c=h_c\ (T_{rad}-T_{amd})$　　(9.9)

式中　$h_c$——周围环境空气与辐射体的对流换热系数［瓦/（平方米·开尔文）］，其与辐射体周围环境的风速有关，如果将其表示为风速 $v$ 的函数，有如下经验公式[31]：

$$\begin{cases} h_c=2.8+0.76v & 0.5\text{m/s}\leqslant v\leqslant1.5\text{m/s} \\ h_c=3.5 & v\leqslant0.5\text{m/s} \end{cases} \quad (9.10)$$

其他经验公式[19]：

$$\begin{cases} h_c=5.7+3.8v & v\leqslant4\text{m/s} \\ h_c=3.5 & v\geqslant4\text{m/s} \end{cases} \quad (9.11)$$

若辐射体的温度低于周围空气的露点温度，则会在辐射体上产生凝结水，此时凝结水的潜热换热量计算公式如下：

$$q_m=\beta\ (P_{rad}-P_{amb})\ h_{fg} \quad (9.12)$$

式中　$\beta$——以辐射体与周围空气的水蒸气分压力为动力的传质系数（克/秒·毫米汞柱·平方米）；

$P_{amb}$——环境空气的水蒸气分压力（毫米汞柱）；

$P_{rad}$——辐射体表面温度下的饱和水蒸气压力（毫米汞柱）；

$h_{fg}$——水蒸气凝结潜热（焦/克）。

为了减少辐射体与其下边支撑物的导热热损失，一般在辐射体与支撑物

之间加保温隔热层，辐射体与其下边保温材料的导热量：

$$q_{cond}=\frac{k_i}{X_i}\left(T_{rad}-T_{zc}\right) \tag{9.13}$$

式中　$k_i$——保温层的导热系数（瓦/米·开尔文）；

$X_i$——保温层的厚度（米）。

### 9.2.2　主要强化措施

在辐射致冷热平衡方程式中，增加地面物体表面与夜空的辐射换热量$q_R$，首先就要提高辐射体表面发射率，或者在冷却表面上涂上具有选择性辐射特性的涂料，增加其与低温夜空短波辐射量，同时降低与周围物体的长波辐射换热，也可将物体放置于选择晴朗无云遮挡的天空下。其次，减少辐射体表面与周围环境的对流和辐射散热，就要降低周围环境的风速，可以将物体放置于低凹无风处，或者在辐射体上部覆盖一层称为风屏的透明膜，使辐射致冷空间与环境空气隔离开来。如果放置风屏，风屏应在短波大气辐射段有高的穿透率，在其他波段有很高的反射率，以减少外界对冷却物体的辐射加热，如果辐射体表面本身有选择辐射特性就不再需要风屏有选择性透射特性。再次，减少环境对物体的导热，可在其周围加绝热层等，则要求将辐射体与下部的支撑加设保温材料，减少辐射体与下表面的导热热损失。

## 9.3　夜空辐射致冷的具体利用

### 9.3.1　主动（间接）辐射致冷

1. 夜空辐射散热器

（1）夜空辐射散热器原理与形式

夜空辐射散热器是一种以夜空作为冷源，以水或者空气等流体作为传热媒介的换热器，通过夜空与传热媒介以热辐射方式换热。辐射散热器根据传热流体不同，常用的有空气辐射散热器和水辐射散热器，辐射散热器的外观类似太阳能平板集热器，如图9－2所示。其工作原理为：在夜空辐射下，辐射散热器的换热管表面与夜空进行辐射换热，将夜空的冷量传递给管内的传热流体（水或者空气）。将辐射散热器与室内换热设备或者储能设备连接起来，传热流体降温后可以通过自然循环或者强迫循环（泵或风机循环）的方式将冷媒供给室内降温或储能设备运行。

根据基本的辐射致冷模型，风屏与辐射体有两种组合，夜间辐射散热器大多应用后一种组合，即采用“透明”盖板和选择性辐射体。对于太阳能集热器

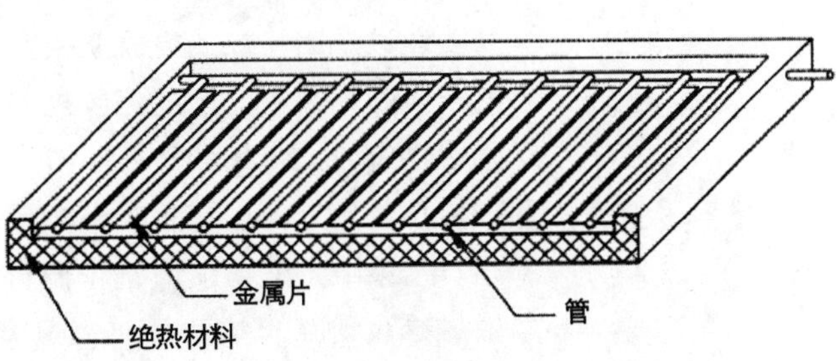


图9－2　辐射散热器

来说，太阳能集热的温度较高，为了防止热量外逸使用盖板，在夜空辐射散热器上则使用为风屏（透明盖板）。夜空辐射散热器上边的风屏是为了减少周围物体与其对流换热。实际研究中发现有时周围环境空气的温度要低于夜空辐射散热器表面的温度，此时散热器表面与周围空气的对流换热是有益的，何况夜空辐射散热器表面温度与周围空气的温差不是很大，即使有冷损失也比较小，因此大多数辐射散热器有没有“透明”盖板，除非它兼作白天的太阳能集热器。没有盖板的夜空辐射散热器就需要换热管表面具有选择性辐射特性，白天可以反射大量太阳光，夜晚可以使得大气窗口附近的光波通过。换热管可以使用钢管、铜管等，在换热管表面贴涂有硫化锌（ZnS）涂层的铝箔、涂有氧化钛（$TiO_2$）为基底的白漆等，使得换热管表面类似理想选择性散热表面，白天可适当遮阳。另外，许多夜空辐射散热器的左右下表面要加保温层，减少三个面的冷损失。

$$\text{辐射散热器的效率 } n_{rad}=\frac{T_{rad,in}-T_{rad,out}}{T_{rad,in}-T_{stag}} \tag{9.14}$$

式中　$T_{stag}$——滞止温度，即散热器为理想辐射体时所能达到的最低温度，

$$T_{stag}=T_{amb}-\frac{\varepsilon_{rad}\sigma\ (T_{amb}{}^{4}-\varepsilon_{sky}T_{amb}{}^{4})}{h_c+4\varepsilon_{rad}\sigma T_{amb}{}^{3}};$$

$T_{rad,in}-T_{rad,out}$——辐射散热器进出口流体温度。

（2）夜空辐射散热器设计

夜空辐射散热器虽然外形与太阳能集热器类似，但是两者也有差别，因此其设计和运行控制可以参考太阳能集热器，但不能照搬。首先，一般散热器出口的温度不会低于15～20℃，散热器进出口温差不是很大，又因散热器尽量与天空平行放置，所以仅靠散热器进出口温差所提供的自然力是不能使散热器中的流体循环起来的，一般夜空辐射散热器供冷系统需要借助水泵或者风机来使其中的流体循环。散热器中流体的流量是影响散热器致冷性能的一个主要因素。减少设计运行时应该注意：流速越大，换热器进口与出口流体的流速越接近，整个换热器的流体平均温度有所增加，与夜空的净辐射量增加，如果此时换热器的表面温度高于周围空气温度，增加流体流速就增加了换热器与空气的对流换热量，是有益的；如果换热器的表面温度低于周围空气温度，效果相反。散热器的管间距越小越好，管长度最大可与建筑物的屋顶长度相同，当管间距为零时整个屋顶都被流动的流体所覆盖。

（3）夜空辐射散热器安装

要通过辐射换热的方式从夜空获得冷量（类似太阳辐射的散射），要有足够的表面敞向夜空。因此这类换热器面积较大，一般将辐射散热器水平放置于建筑物的屋顶，如图9－3。这样散热器占用了屋顶的绝大部分面积，减少了屋顶功能用地面积和用户屋顶活动空间，鉴于此，可以用钢花架将散热器架起，花架下方的屋顶面积依旧可以利用，又不影响散热器的辐射散热。辐射散热器对天空的敞开角越大（最大180°），致冷效果越好。从这点来看，

利用辐射致冷在农村比在城市效果好。因为农村建筑物稀疏、低矮，建筑物之间无遮挡或遮挡不严重，而城市建筑群较为密集，要在城市应用夜空辐射，在城市规划阶段就要为辐射致冷的应用提供足够的空间，要充分考虑建筑物的互相遮挡问题。

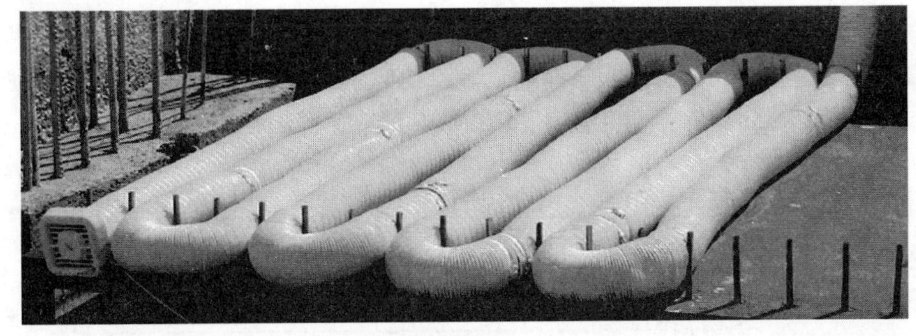

图 9－3　屋顶空气辐射换热器

① 每个建筑都在同一高度设夜空辐射散热器，并且每个散热器都能整个夜空（180°空间角）散热。一般将夜空散热器放置于建筑楼顶。

② 若各个建筑的夜空辐射散热器高度不一，则低位散热器由于受较高建筑的遮挡，其与夜空的辐射换热的角系数变小，两者的净辐射换热量变小，使得低位散热器的散热条件恶化；而高位散热器的情况并没有因其处于较高位置而使得散热加强。

2. 利用空气辐射散热器通风降温（与夜间通风技术结合）

空气辐射散热器是以空气为载冷流体，它是将室外空气吸进散热器，直接向天空释冷，送入室内降温。也可直接抽取室内空气进散热器与其直接换热，再送入室内。由于载冷流体为空气，换热管以及换热器的体积比较大。如置于希腊 Ioannina 大学环境与自然资源管理部 10 米高办公楼的屋顶上的辐射散热器由轻质金属材料制成平板，由许多经过折叠和压制的较长的铝管组成，空气在管内流动。具体制作过程：如图 9－3，有 10 个长 3 米、直径为 10 厘米、壁厚为 2 毫米的圆柱铝管由金属环连接后按照如图 9－3 方式折叠，圆柱管平行排列，之后整体压制圆柱铝管，形成一平板状，以获得更大的辐射表面，如图 9－4 所示，并在平板表面涂以高发射率涂层。将辐射散热铝管与其金属板基础直接铺 3 厘米的绝热材料，减少辐射散热铝管的热损失。辐射散热铝管的一端（入口）装有一风扇，风扇有一时间启动器控制启停时间，保证散热器在夜间（下午 10 点～早晨 6 点）运行。散热器另外一端安装于房间窗口处，由硅胶密封。散热器夜间将室外空气引入管内，经过与金属管冷壁面的对流散热降温后送入建筑物内。

图 9－4　空气辐射散热器

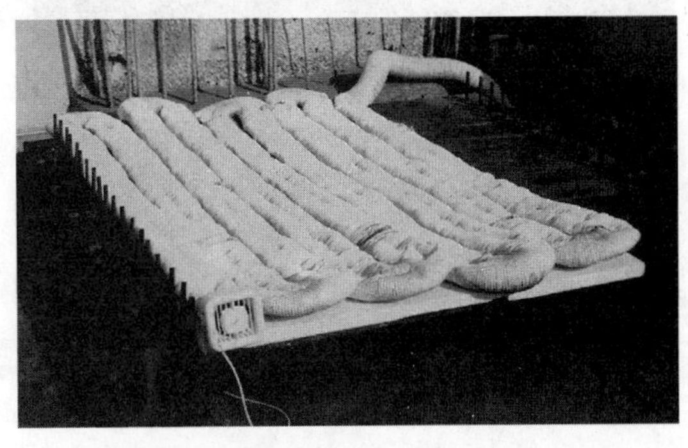

辐射散热器夜间与天空的净辐射换热量越大，管内空气与管壁的对流换热系数越大，散热

器出口的温度越低。这就需要辐射散热器表面具有较高的太阳辐射反射率，使得其在白天吸收尽可能少的太阳辐射，具有较高的长波辐射发射率使得夜晚向夜空发射更多的热量。因此，必须在铝管散热器表面涂一层白漆，使散热器表面具有选择性辐射特性。

图9－5为测试五天（9月15日晚上10点～9月20日早上6点）中室内外气温的对比，曲线A是应用夜间空气辐射散热器的房间的室内温度；曲线B是没有任何制冷设备的同一室内温度，此时室内温度仅取决于建筑外围护结构的热惰性；C室外环境温度变化曲线。

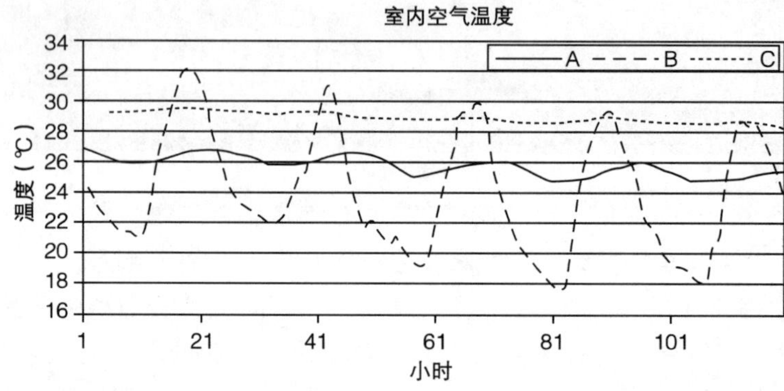


图9－5 室内外温度对比图

由图中可以看出该地区的昼夜温差较大，这五天最高温度32℃，最低18℃，每天昼夜温差达10℃，这十分有利于夜间辐射致冷的应用。如果屋中没有任何制冷设备，全天室内温度在28～30℃之间，利用夜空辐射散热器后室内温度维持在25～27℃之间，平均温降为3℃，使室内达到舒适状态。

3. 水辐射散热器（与吊顶辐射致冷相结合）

水辐射散热器是以水为传热媒介的夜空辐射散热器。其应用技术路线为：可以将水辐射散热器与建筑物内部的制冷设备连接起来用于夜晚降温并蓄冷。由于利用向夜空散热制得的冷水温度不是很低，直接用于风机盘管致冷效果不好，采用吊顶辐射制冷刚好可以解决此问题，它承担一部分建筑物的屋顶冷负荷，同时还可以在混凝土屋顶蓄存冷量，次日白天屋顶蓄存的冷量按照建筑物逐时冷负荷曲线慢慢释放出来，保证白天散热器不运行时室内温度仍然在一个较舒适的范围内。

图9－6 实验屋顶的水辐射散热器

图9－6所示的建筑屋顶为希腊某建筑屋顶铺设的辐射散热管，进行夜空辐射致冷，并将其与吊顶冷板辐射致冷联系起来，这种系统的屋顶结构，如图9－7，包含一个以水为冷媒的辐射散热器和一块吊顶冷板。这种系统形式不但可以充分利用夜空冷资源进行致冷，也考虑了辐射散热器与建筑物相结合的方式——利用吊顶辐射。辐射散热器由一系列平行的水管组成，水管为直径为3/4英寸（1

英寸=25.4毫米）的钢管，水管固定于屋顶一钢板上，其外表面均漆白漆，减少白天太阳辐射的吸收。钢板与屋顶之间铺设8厘米厚绝热材料，减少辐射散热管与屋顶的热损失。建筑的12厘米厚的混凝土屋顶内部埋设类似辐射水管的钢管，辐射散热器中的辐射管与混凝土屋顶内的水管连接起来形成回路，使水在其中循环。则循环水先在辐射散热器中的散热管内将热量散到夜空，降温后流入吊顶内的水管，室内屋顶形成冷板辐射，对室内空气进行降温，而升温后的水再次流入屋顶辐射散热器内降温，周而复始。此系统夏季六七月运行22天以来，室内温度基本保持在28℃左右。

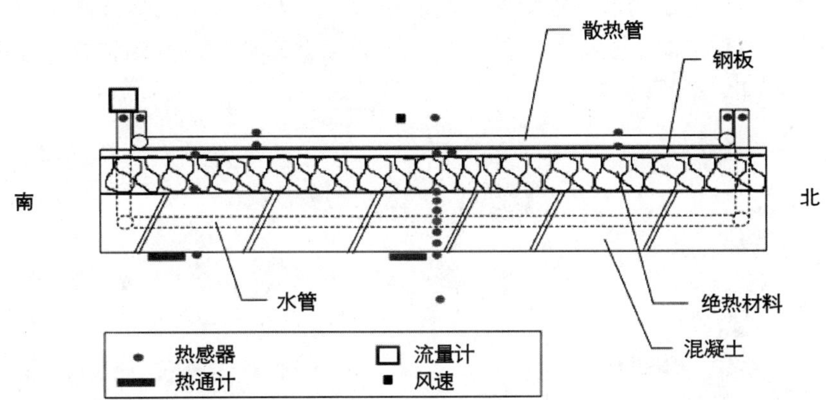


图9－7 屋顶结构剖面图

4. 辐射致冷与太阳能利用相结合

夜空辐射散热器与太阳能集热器无论从原理上还是从结构上都有极大的相似之处，且两者都是利用天空资源，只是一个利用热资源，用于白天，一个利用冷资源，用于夜晚。夜空集冷器与太阳能集热器昼夜轮换利用天空，也就是说利用夜空冷源就是在与太阳能利用争夺空间和时间。如果用于致冷，就要避免白天太阳辐射的反向热作用，就要进行白天遮阳，将热量采集储存应用。这就需要开发新技术——白天太阳辐射集热（遮阳）、夜间天空散热的双功能装置。由于水的蓄热性能较空气要好，以水为媒介的辐射换热器可以肩负这两种功能。

图9－8所示的系统中，是将冷水管与热水管分开集冷和集热，反射板具有类似理想光谱选择的特性。太阳光的辐射光谱主要集中在小于4微米的范围内，白天反射聚光镜可将大部分太阳辐射反射聚焦到吸热管上，加热管内冷水，生产热水或蒸汽供利用。夜间，由于反射板对8～13微米波长（大气窗口段波长）的辐射有很强的发射率，因此有很好的辐射制冷效应，贴在反射板上冷水管内的水被冷却，蓄积的冷量用于降温。

图9－8 辐射制冷与太阳能集热器结合的系统

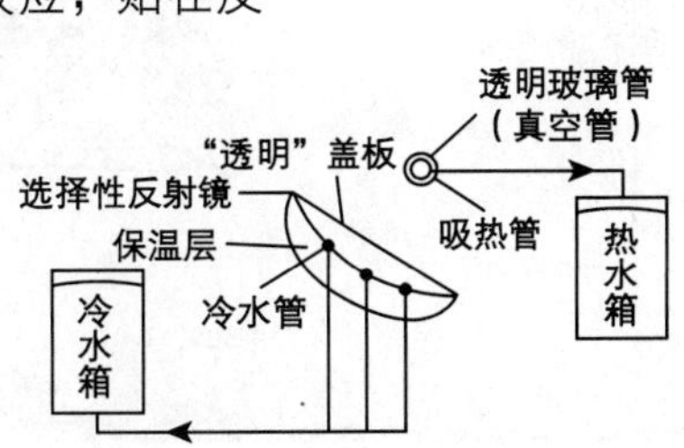


天津大学学者研究了一种新型的太阳能集热—夜空辐射散热器，其系统如图9－9所示。它将太阳能制热与夜空辐射制冷技术结合起来，昼夜流动热冷换热流体，轮流利用天空的能源，是一项绿色节能的技术。这个装置由三部分组成：辐射

板、流体循环管—上下循环管、储能设备—高位储能箱和低位储能箱，利用流体的自然和机械循环达到供热制冷的目的。其中辐射板的结构以及材料见图9－10。辐射板下部、流体循环管、储能设备表面加有30毫米的橡胶—泡沫绝热层。系统的工作流程为：根据工作流体在不同密度下的温度不同，自动地在集热和释热两种模式下切换。白天如图9－9（*a*），在太阳辐射下，循环管中的工作流体被加热，密度减小，上循环管中流体按照图中所示的路线克服自身重力势能和流体阻力流入高位储能箱，下循环管中流体流入辐射板（结构见图9－10），完成一个集热循环。夜晚如图9－9（*b*），在夜空辐射下，循环管中的工作流体被冷却，密度增大，下循环管中流体按图所示的路线流入低位储能箱，上部温度较高的流体通过上循环管流入辐射板，完成一个制冷循环。

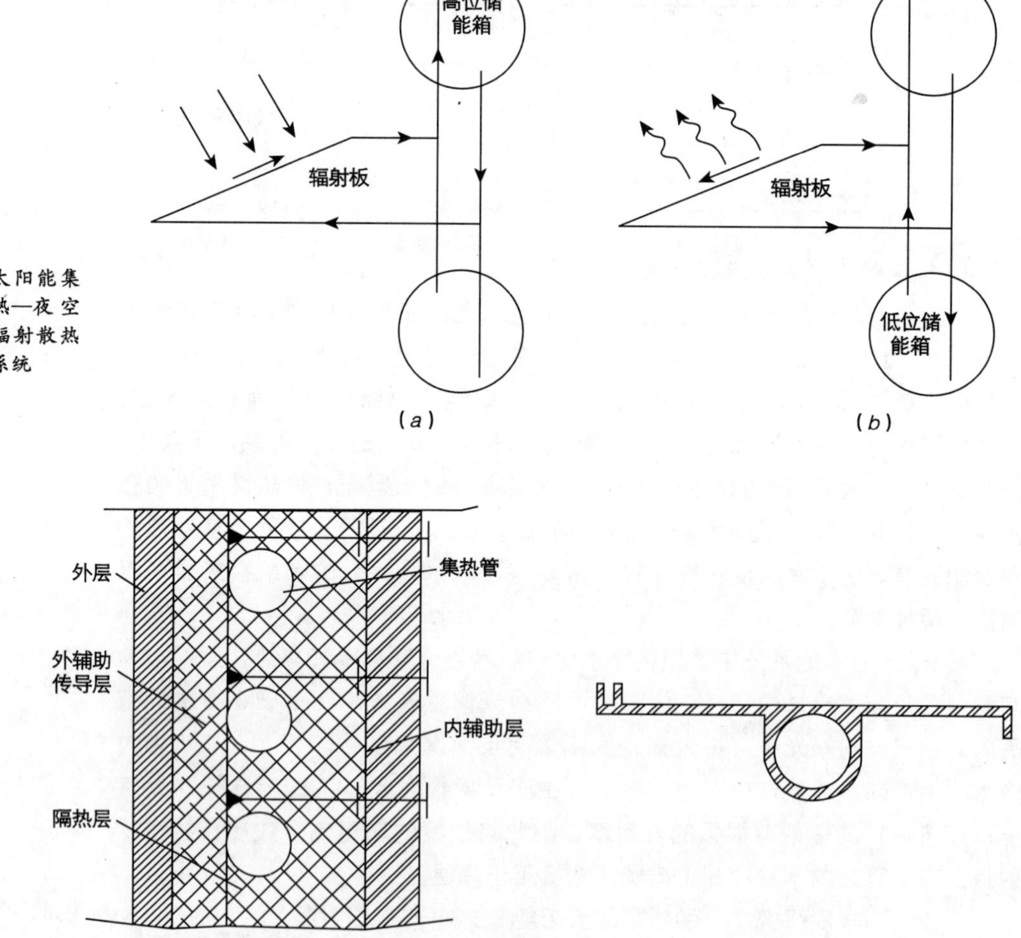


图9－9 太阳能集热—夜空辐射散热系统

图9－10 太阳能集热—夜空辐射散热器的墙结构（纵横剖视图）

研究表明，这种系统有较好的供热制冷效果。辐射板表面未加风屏时使用，晴朗天气下，集热效率为 52% ~73%，夜晚制冷性能为 47 瓦/平方米，在多云天气下，集热效率为 47% ~84%，夜晚制冷性能为 33 瓦/平方米。如果采用聚碳酸酯板或者聚乙烯作风屏，不同天气下，集热效率为 72% ~ 75%，制冷性能为 36 ~50 瓦/平方米。

### *9.3.2　被动式与混合式辐射致冷*

被动式（直接）辐射降温系统是使用建筑围护结构如屋顶、墙体和开启的窗户作为辐射部件。这种致冷形式要求建筑物围护结构直接暴露于空气之中。可以将用于辐射致冷的选择性辐射体与建筑物外围护结构结合在一起或者将选择性辐射涂料涂于建筑外围护结构上，使建筑物白天可以反射大量的太阳辐射热，晚上依靠夜空辐射迅速降温，也属于被动降温的一种。

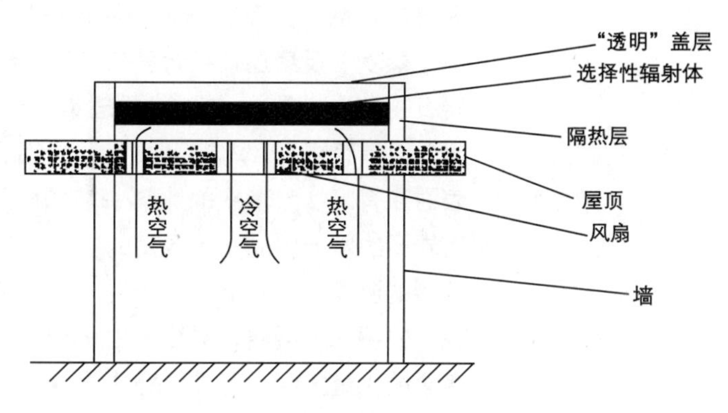


图 9-11　混合式辐射致冷用于建筑物被动降温示意图

对于夜空冷资源的利用来说，白天太阳辐射的影响使得太阳直射的热大于长波辐射散热，达不到制冷降温的效果，因此借助一个夜空辐射换热器，一种合适的流体（空气或者水）在适当的时间在换热器中流动，再将夜空辐射换热器与建筑围护结构结合起来这就是混合式辐射致冷。对于本书中前面介绍的墙结构辐射板换热器，将其用于建筑物的围护结构，可以实现建筑物的被动降温，此项应用正在研究中。

图 9-11 所示就是一种以空气为流体媒介的混合式致冷系统示意图。它利用建筑屋顶和辐射体组成了一个简单的辐射换热器。在建筑物的屋顶上仿照辐射致冷模型，由选择性辐射体和透明盖层组成辐射制冷装置。选择性辐射体与屋顶间留有一定空间，此空间即为致冷空间，屋顶设置一些通气孔。中间的孔内装有排风扇。此系统中屋顶结构相当于一个辐射散热器。夜间，利用屋顶的辐射制冷效应冷却了的致冷空间内的空气被风扇送入房间，房间内的降温效果比较显著，屋内的热空气则顺其他通气孔到达屋顶，通过辐射体放热实现降温。白天，屋顶通气口关闭，不使热量经由屋顶空气带入室内，屋顶上的“透明”盖层和隔热层可以起隔热作用。这种形式可用于仓库、运动场馆及一些低层民用建筑，起降温节能作用。

图 9-12　蒸发—反射屋顶结构示意图

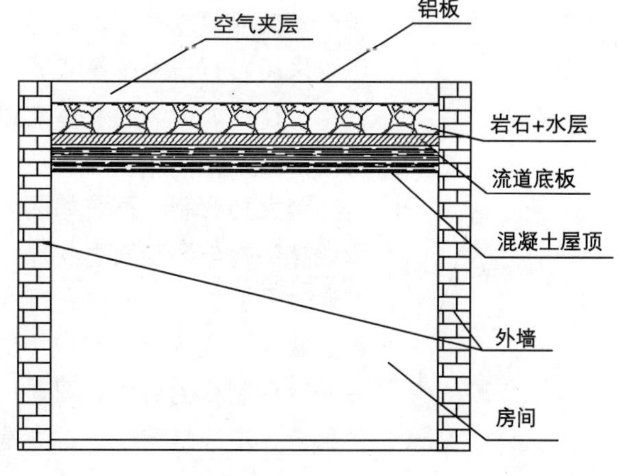

### 9.3.3 冷辐射屋顶的热管效应降温

炎热地区，夏季房间的屋顶得热占房间冷负荷的很大一部分，因此可以改变屋顶的性能来减少由屋顶传入房间的热量。许多研究人员作了许多努力来改变屋顶的热性能，利用屋顶进行区域供冷，例如在建筑物的顶楼涂低发射率的涂层来降低其天花板的表面温度，进而降低室内空气温度。又如，利用种植屋顶、屋顶水池和活动的屋顶外遮阳等措施来减少白天屋顶的太阳辐射得热，增强其夜晚与夜空和周围空气的散热。

蒸发—反射屋顶结合利用了许多致冷的技术（如屋顶水池、低发射率表面、岩石的高热容量），其工作原理类似热管效应。在混凝土屋顶上建一屋顶水池，水池里铺有岩石，水池上面盖一块铝板，使水池与外界环境隔离开来。铝板上表面涂有以钛为基底的涂料，增加反射率，减少白天太阳辐射得热。另外，混有岩石的水池中的高热容量的岩石可以延迟白天由屋顶进入房间的热量；夜间，铝板的温度迅速降低，低于混有岩石的水层的温度，空气夹层中饱和的水蒸气在冷的铝板上凝结，凝结水由于重力作用又落回水层。这种热管效应将屋顶内多余的热量排除，可降低室内温度。岩石＋水层中灌有少量的水，为防止水蒸气外逸，需要此屋顶结构绝对密闭。此种利用热管效应的蒸发反射屋顶结构简单，经常与夜间自然通风结合起来应用，节能效果明显。

### 9.3.4 夜空辐射蓄冷

类似于太阳能蓄热，我们可以利用夜间天空辐射蓄冷。晚间辐射制冷效果较好，这时可将晚间制得的冷量以某种介质蓄存起来用于白天。蓄冷箱里面装有水或其他流体，夏季白天以隔热材料覆盖，防止热获得，夜间拿开隔热材料，将液体中的热量通过外逸长波辐射散热到夜空中，蓄冷箱里面的冷流体用于冷却建筑物。这种形式的系统可用于办公室、学校等，也可用于一些白天既需要阳光、同时又需要降温的农作物温室。

具体来讲，此系统是将夜空辐射散热器与蓄冷装置联合使用，夜空辐射散热器可以使用前面介绍的散热器，为了让冷流体依靠重力自然流入蓄冷装置中，辐射散热器可以倾斜一定角度安装，或者借助水泵提升流体。蓄冷箱可以采用岩石作为冷量储藏体，即让冷流体流过岩石将冷量传递给岩石储存，使用时让室内循环的流体流过蓄冷箱里面的岩石，获得岩石的冷量后，对室内进行降温。

澳大利亚制冷系统如图 9－13，它是由很厚的一层岩石块组成，夜晚太阳能集热板与天空辐射换热，室外热空气经过太阳能集热板降温，较冷的空气通过石块层，与石块进行换热，进而冷却石块。由于石块的蓄热能力较大，得到蓄存一定冷量的石块；白天，热空气通过这层石块层，使得热空气得到冷却达到制冷的目的。图 9－13 是改进了的澳大利亚制冷系统，系统分为两个部分，左边是用冷，右边是蓄冷。系统右边用冷水代替，冷空气通过塞满石块的填料蓄冷箱，将冷量蓄存在岩石块中，冷水是循环水，在通过太阳能辐射板时，利用辐射板与夜空进行长波辐射散热得到。蓄水用于白天致冷，左边是室内空调设备中的降温流体流过蓄冷箱、取冷的路径。一般与冷顶板辐射致冷技术结合起来使用，即右边室内的空调设备为吊顶中的盘管换热器。这种系统最佳的应用地点为具有开阔的天空和相对湿度低的沙漠地区，此种条件下，辐射板与天空的换热最强烈，制冷效果最好。

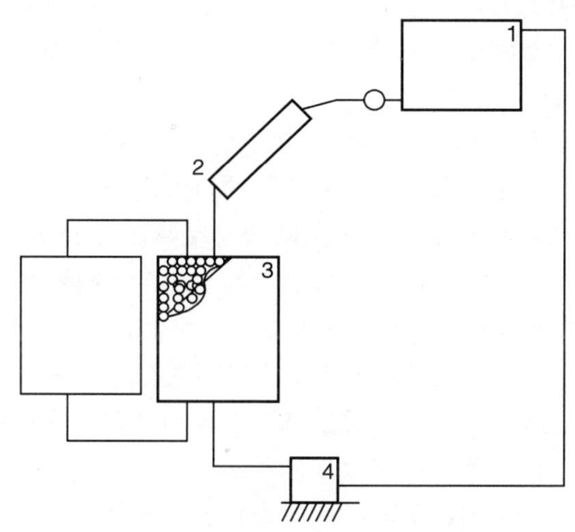


图9-13 澳大利亚制冷系统流程图

1. 蓄水池 2. 太阳能集热板 3. 填料蓄冷箱 4. 水泵

一些国家或者一些地区由于夏季室外的相对湿度较大，例如日本夏季室外相对湿度达80%~90%，不利于夜空冷源的应用，可以仿照太阳能的长期蓄热的技术，进行长期蓄冷。日本仙台的零能耗房屋“HARBEMAN（HARmony BEtween Man And Nature）house”就利用了此项技术，全年的4~8月蓄冷，利用屋顶上的15平方米的夜空辐射散热器（未加风屏、铜管加翅片换热管）产生的冷水储存于地下31立方米的容器中，容器为混凝土材料，外加玻璃棉保温，3~5月容器中最低水温达5.1℃，5月后需要启动热泵辅助蓄冷或致冷。所制得的冷水可用于夏季区域供冷。

### *9.3.5 夜空辐射致冷实现空气除湿和空气取水*

根据辐射致冷的原理，根据式（9.1）或者式（9.2）可以求得夜空的温度 $T_{sky}$，在空气温度 $T_{amb}$、周围物体表面温度 $T_z$、支撑温度 $T_{zc}$已知的情况下，辐射体的表面温度 $T_{rad}$可以通过式（9.1）计算出来。如果：

$$T_{rad} - 273 < t_1 \tag{9.15}$$

辐射体表面的温度低于其周围空气的露点温度时，空气可以在辐射体上凝结，此时理论上可以利用辐射体对空气进行冷却并且凝结出水，达到除湿的目的。

夜空温度首先与空气温度与空气中水蒸气分压力有关，考虑两种极端情况下的夜空温度可知，即使是潮湿的夜间，夜空温度也低于地面附近空气的露点温度，若不考虑周围物体和空气对地面上换热面的传热影响，最不利情况下，包括云层密布夜间也可以对夜间地面附近的空气进行冷却除湿。

在上述两种极端的天气条件之间的任意一个 $T_{sky}$ 下，要想使得辐射体的温度 $T_{rad}$ 降低，就是要使辐射换热平衡时的 $\Delta T = T_{rad} - T_{sky}$ 减小，根据热平衡方程（9.5）可知，可以采取一定的技术措施，通过减少辐射体与支撑的导热量 $q_{cond}$（两者绝热连接）、辐射体与周围物体表面的辐射换热量 $q_r$（装置部分表面加铝箔）以及和空气的对流换热 $q_c$（降低换热面周围风速）来降低辐射体温度 $T_{rad}$。

空气除湿和取水都是将水蒸气从空气中分离出来，但是之后供我们利用的主体是不同的。空气除湿是利用减湿后较干燥的空气，并送入室内来满足室内的空气品质和卫生要求，同时也降低了空调的除湿负荷，节约了能量。而空气取水是针对干旱地区居民饮水困难而提出的一种技术。干旱地区将辐射平板放置于自家屋顶或者建筑周围开阔的场地上，凝结水符合饮用水标准，可以供人饮用。两者的原理都是利用夜空冷源将辐射体冷却，当辐射体温度低于其周围空气的露点温度时，湿空气流过辐射体时就会凝结出水珠，使湿空气含湿量降低，辐射体表面可收集到凝结水。目前，国外有许多利用夜空辐射进行空气取水的实例，未见利用此进行空气除湿的应用。国内相关研究和应用的更少，今后希望可以借鉴国外利用夜空冷源进行空气取水的研究来实现利用夜空辐射对我国潮湿地区进行空气除湿的目的。

例如，Daniel Beysens. Marc Muselli，讨论了应用被动式铝箔辐射致冷装置获得空气凝结水，将装置放于法国大陆，如东南部城市格勒诺布尔的高山峡谷中；法国大西洋海岸的海港城市波尔多、科西嘉岛（法国东南部地中海的岛）的阿雅克修，这些地域的可饮用水缺乏，利用辐射致冷装置每晚每平方米辐射板可获得0.5升冷凝水。又例如 P. Gandhidasan、H. I. Abualhamayel 对沙特阿拉伯东北部城市达兰一个利用夜间辐射致冷收集冷凝水的系统进行实验研究，实验结果为每平方米辐射致冷板凝结水量为0.22升。

空气取水装置也是由辐射致冷模型演变而来，其结构形式不一，并且尚处于研究阶段，技术不是十分成熟。一种空气取水装置组成结构如图9－14所示，一般利用夜空冷辐射进行空气取水，装置包括凝水板、格栅支撑、绝热材料等。凝水板是由特殊的金属薄片组成的，它是以低密度聚乙烯为衬底，嵌入5%体积分数的直径为0.19微米的二氧化钛微球体、2%体积分数的直径为0.8微米的 BaSion4 微球体、1%体积分数的表面活性添加剂。此种材料性能较好，接近理想选择性表面特性，能够改善红外区的发射率，有效反射可见光。它的寿命依赖于其表面所蓄积的 UV 辐射量，实验研究表明其寿命大于18个月。格栅支撑是钢制的，是13毫米的网格；绝热材料可以选用聚乙烯泡沫。此装置也省略了风屏，为了减弱凝水板周围风速对凝结效果的影响，可以在凝水板周围加装挡风板。

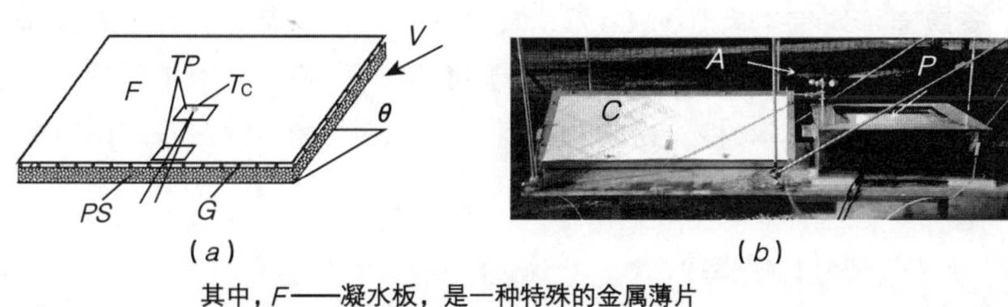


其中，F——凝水板，是一种特殊的金属薄片
G——钢格栅，支撑凝水板的作用
PS——聚苯乙烯泡沫，使凝水板与下表面绝热

图 9－14　空气取水系统示意图

另一种空气取水装置如图 9－15。此装置不仅利用夜空冷源而且利用了废水。潮湿空气从装置右边进入，经过废水浸湿的纱布网，使空气的湿度更大，进去冷凝室，空气与其内的辐射体进行热质交换，降温除湿，冷凝水由冷凝室流出，进入冷凝水收集装置。冷凝室上部有具有选择性辐射特性的聚乙烯盖板，可以使此装置用于白天。

$T_{sky}$

$T_\infty$　聚乙烯盖板　废水　湿纱布网　外围空气　冷凝器　冷凝水收集装置

图 9－15　辐射取水装置

国内目前还没有单独利用夜空辐射对室外空气进行除湿的研究和实际应用实例，只有对空气进行联合降温和除湿的应用，并且加上白天太阳能的应用。

## 9.4　应用案例南宁日本友好太阳房

1999 年夏天，位于南宁地区的一栋实验太阳房利用了隔热墙体、空气调节技术、屋面铁板辐射致冷等措施改善建筑室内热环境。

1. 南宁的气象条件

南宁属亚热带季风气候，高湿热季节长达半年以上。全年月平均气温低于 14℃（采暖使用标准）的月份只有 1 月、2 月，但是两个月中日平均温差较大；1～3 月阴天多，晴天少，月平均日照时数只有 60 小时，只有夏季某个月的一半。夏季月平均温度高于 24℃的月份为 5～9 月，最高平均气温为

28℃，日最高平均气温为 32 ~34℃，其中 5 ~8 月是雨季，月平均降雨量最高达 200 毫米，由于多雨，月平均相对湿度达到了 80%。中午风速比其他时间大，平均风速为 2 米/秒，傍晚后风速变小，为 1 米/秒左右。由气象情况可知，南宁夏季高温高湿。

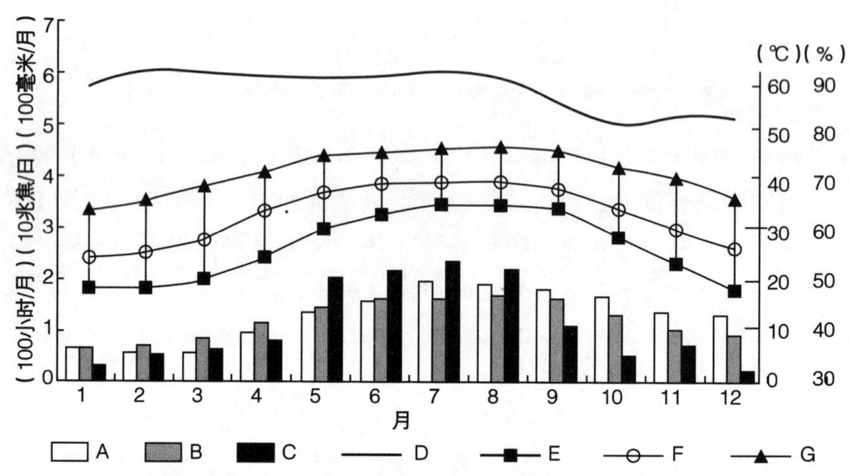


图 9 -16 南宁气象数据年变化图（1985 ~1994 年平均值）

2. 太阳房概况

太阳房为毗邻两户，东半侧为二层复式结构住宅，西侧为一层会议室，内含一层日式茶室。剖面图见图 9 -17。使用面积一层 135. 8 平方米，二层 29. 07 平方米，其中住宅使用面积为 88. 22 平方米，建筑为现浇混凝土墙、坡屋面。吸收引进日本 OM 太阳房专利技术，根据南宁的气候特点和建筑资源条件，并考虑对周围的自然环境进行综合利用，在南宁建成了一栋旨在利用太阳能开展去湿降温技术研究的“南宁日本友好太阳房”。太阳能去湿降温，体现在本实验房中主要是利用太阳能的热量来蒸发晚间积蓄在屋顶吸湿材料中的潮气，晚间利用辐射致冷技术取凉并将冷气储存起来，墙体采用了高性能的隔热材料，此外坡屋面安装了既能采热又能发电的太阳能电池板，可制作热水并给室内各种电器设备供电，房屋的整体结构还考虑了对自然能源和环境的综合利用等等，在房间完全无辅助冷源的情况下开展试验研究。结果表明，设计所采用的坡屋面、墙体结构、排热系统、利用夜间辐射致冷技术和地下取凉措施达到了设计要求。

另外，还考虑了利用地下凉气取凉。如图 9 -18 中，地下凉气管道 3 的空气入口设在茶室北边的小屋里，管道埋在示范房的地下，出口设在直立管出风口附近的地板下面。不用地下凉气时，可以盖上出风口处的盖子。此外，内墙的抹面采用了传统的抹灰泥方式，从而可以利用灰泥的吸湿透气功能抑制表面结露发生，并调节室内空气湿度变化。

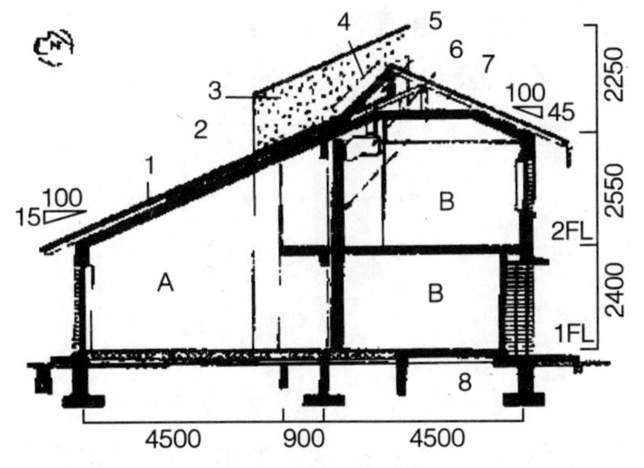


图9－17　太阳房剖面图

1. 漆黑铁板　2. 太阳能电池板　3. 排气塔

4. 玻璃板　5. 集热空气屋脊通道　6. 风箱

7. 直立管道　8. 地下凉气管

A. 堂屋　B. 居室

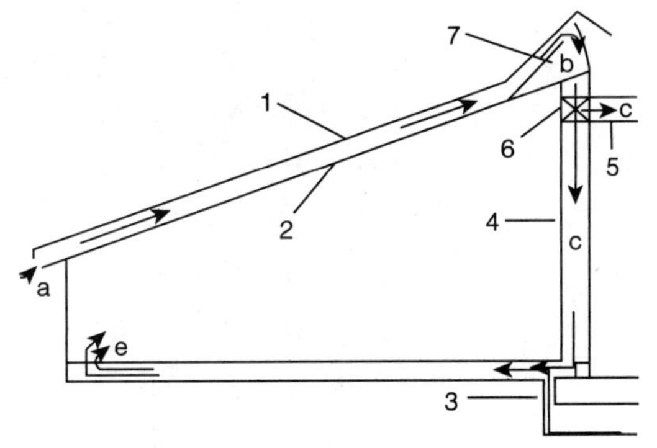


图9－18　空气流动方向

1. 漆黑铁板　2. 隔热材料　3. 地下凉气管

4. 进气管　5. 排气管　6. OM风箱　7. 集气槽

3. 屋面排热、隔热设计

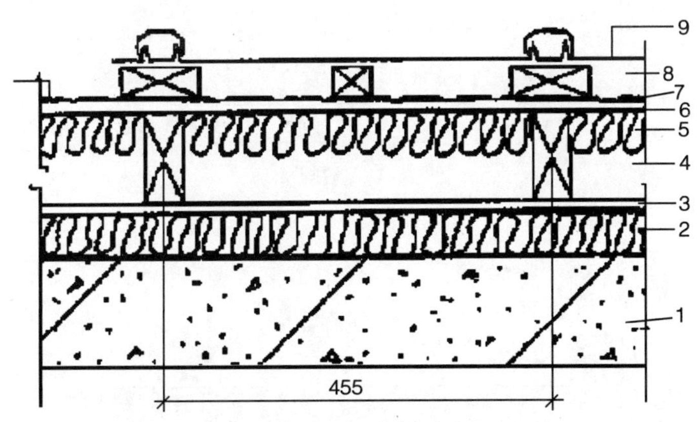


图9－19　屋面构造图

1. 混凝土屋面　2. 岩面隔热层　3. 垫木　4. 架空空气层　5. 岩面隔热层　6. 胶合板屋面；

7. 防水层（加吸湿材料）　8. 架空通气层　9. 涂黑漆铁板屋面（部分为太阳能电池板）

太阳房屋顶的特殊结构有保温隔热作用，如图9－19所示，突出的特点是夏季可以利用夜空辐射降温除湿。夏天夜间，天空晴朗时高空中的温度为－40～－60℃。因此，屋顶面不断向天空辐射热量，结果屋面温度降低，一般情况下，比外界气温低2～4℃。这时，引进屋外空气，屋顶通气层8内的空气则被温度降低的铁板降温，沿着直立管道被送到地板下面，然后流入房屋内，并储存在地板下边，达到取凉效果。南宁夏天的空气非常潮湿，湿度高的空气与温度低的表面接触时，必然发生结露。由于在屋顶通气层8内发生结露，空气中的一部分水蒸气变成了水珠，结果送进室内的空气就会比外界空气干燥。用此方式获得的干燥空气给人体带来的凉爽感觉比低温空气要明显，因为皮肤接触干燥空气时汗的蒸发速度加快，结果是皮肤表面散热量增大。为了提高去湿效果，屋面通气层内和屋脊通道表面铺上了一层吸湿材料。这层吸湿材料除了吸收空气的水分，还能吸收从铁板背面滴下来的水珠。防止屋顶内部的金属部分受腐蚀。因为结露时，大气中的灰尘等物质会凝结在露水里，致使露水变成带有酸性液体。第二天白天，屋顶通气层内吸收太阳能变热，使吸湿材料中的水分蒸发，开动风箱吸气排热时，水蒸气随着集热空气被排到屋外。

4. 室内环境状况

屋顶夜空辐射致冷效果比较：夜间在屋面铁板下由冷辐射所产生的冷气被导入室内，室内气温降低。所制取的冷气其温度比室外温度低 2.5℃左右。如图 9－20 实验者比较了 9 月 12（曲线①）、13 日（曲线②）（OM 运转箱工作）和 9 月 15 日（曲线③）、16 日（曲线④）（OM 运转箱停电）凌晨 0:00～6:00 之间太阳房东屋室内气温变化曲线，从图中可以看出，OM 运转箱运行时比不运行时室内空气温度降低 1℃。

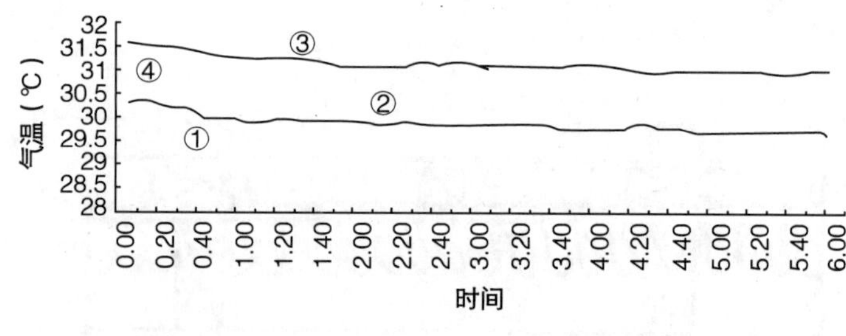

图 9－20 OM 运转箱工作与停止时室内温度对比

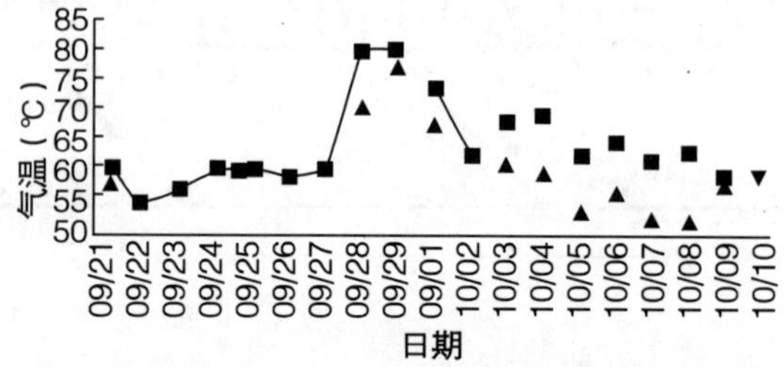

图 9－21 日平均室外和室内湿度

图 9－21 测试显示，室内日平均相对湿度均比室外日平均相对湿度低 7%左右，室内能保持一个较为舒适的环境（相对湿度为 60%左右）。

5. 节能效果

利用太阳房屋顶的漆黑铁板的夜间辐射降温，可以节省大量能源的消耗，这种降温方式受到室外气象条件的影响，一般与房间空调器结合使用，在仅靠夜空辐射降温达不到室内温湿度要求时就要利用房间空调器等辅助设备，对比此太阳房与普通房间的夏季辅助能源的能耗可知晴朗夜空下，最大耗冷时刻的能耗为 0.5 千瓦/平方米，仅为普通房间的四分之一，节能效果明显。而且当日 24:00 至次日 8:00 供冷设备不运行、不耗能。

## 9.5 小结

以夜空作为冷源的辐射致冷、蓄冷、取水、除湿是有前途、有使用价值的技术，不耗能、无污染，甚至还可以将污染的水二次回收利用的技术，以其节能减排的效果而越来越受人们关注。其中辐射致冷最常用，常用于气温日差较大的干燥地区，如非洲的尼日利亚、具有地中海沙漠气候的以色列、希腊等地区，还有中国的乌鲁木齐等等，可以取得较好的致冷效果。开发与屋顶结合的辐射散热器意义较大，散热器的形式多种多样，但是基本组成是相同的，总的分为与太阳能集热器类似的管式流动散热器和与屋顶水池类似的开式或者闭式散热隔热装置。通过散热装置的夜空辐射、对流换热、蒸发吸热等方式获得冷量。用于夜空辐射的散热器目前尚未规范化，其设计与运行的相关知识均在太阳能集热的研究基础上进行并扩展的。夜空辐射散热器一般与其他装置结合使用达到想要的目的，如利用房间空调器辅助致冷、与蓄水池结合蓄冷、与太阳能集热器结合集热、与热泵结合区域供冷等等。目前，夜空辐射致冷利用建筑的屋顶，制冷量与屋顶面积成正比，但是屋顶面积有限，对一栋高层建筑来说，其整个楼顶面积的制冷量难以达到整栋楼的冷量需求，所以目前多应用于低矮建筑。空气取水技术可以解决干旱地区的饮水困难，还可以回收污水，有减排的作用。所有应用的集中一个问题是夜空冷源的利用效率是有限的，我们可以结合材料学寻找具有理想选择性辐射特性的风屏与辐射体来提高冷源利用效率。相比国外而言，国内夜空冷源利用方面的研究较少，希望今后借鉴国外研究的相关成果，进一步开展这方面的应用研究和开发工作。

**补充阅读**

**1　大气窗口**

大气层外的宇宙空间接近绝对零度，高层大气的温度也相当低，大气层外的宇宙空间与暴露在夜空下的地面物体进行辐射换热。我们把地面上不需要的热量以电磁波的形式向宇宙空间排放然而由于大气层中水蒸气、二氧化碳和臭氧等气体的存在，使得仅有一部分波段的电磁波可以通过大气层。地球大气层的光谱透射特性进行了分析研究，其透射光谱如图9－22所示。由图9－22可以看出一大气层对不同波长的辐射有着不同的透过率。在透过率较高的区间，该波长段的电磁波可以较为自由地穿透大气层，气象学上把这些区间称为大气的“窗口”。大气层的光谱透过特性主要由大气层中的水蒸气、二氧化碳和臭氧的含量决定的，它们的变化会引起透过率的变化，但透射光谱的分布却是变化不大的。在几个大气窗口当中，我们感兴趣的是8～13微米这一段，因为常温下的黑体辐射波长主要集中在这一段如图9－23。这样大气层的宇宙空间就可以与地面上一定温度的黑体进行辐射换热，热量以电磁波的形式向宇宙空间排放，就可以达到致冷的目的。

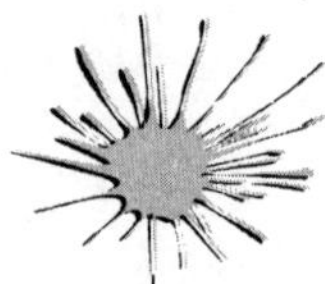

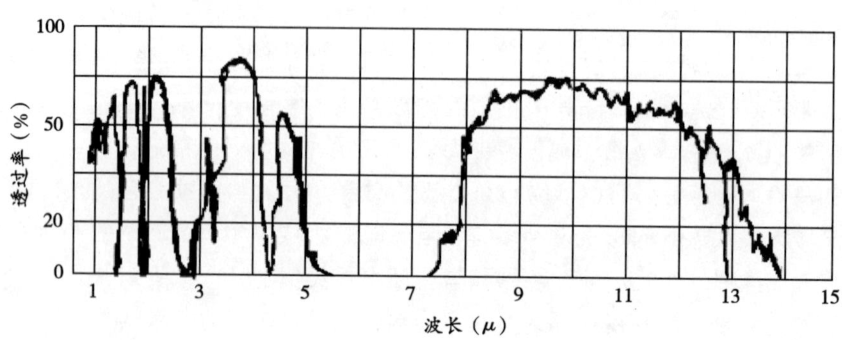


图 9－22　大气的透射光谱

大气窗口的这种性质可以用大气的光谱定向发射率来描述。大气光谱定向发射率定义为：

$$\varepsilon_{\theta,\lambda}=\frac{\text{大气层的光谱定向辐射强度}}{\text{处于地面环境温度的黑体光谱辐射强度}}$$

图 9－24 是大气层光谱定向发射率曲线。大气光谱的发射率不仅与光线的波长有关，也与天顶角有关，图中 $\theta$ 是天顶角，$\theta$ 越大表示偏离垂直方向越大，由图可知，在大气窗口外，大气层相当于黑体。大气窗口内同一波长光线在不同的天顶角下的发射率是不同的，可知波长为 9 微米的光线，在垂直方向的发射率最低，透过率最高，最适合辐射致冷。另外，大气层的辐射特性与气象条件有很大关系，所以图 9－24 只能说明大气层辐射的光谱与方向特性。

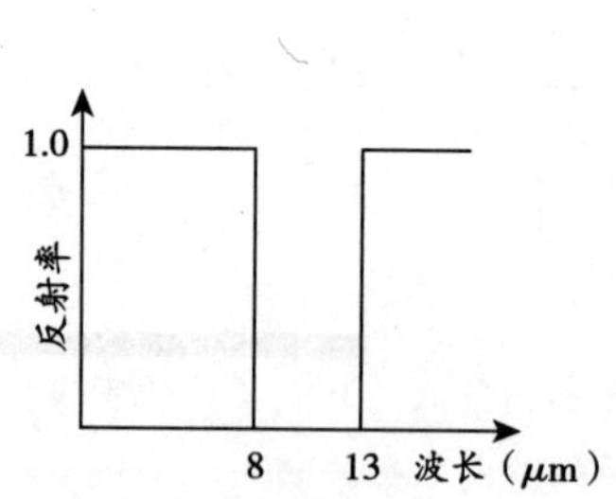


图 9－23　理想黑体表面的辐射特性

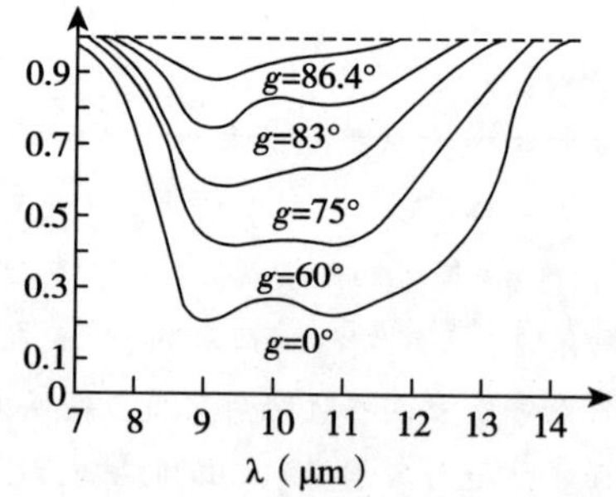


图 9－24　大气层光谱定向发射率曲线

2　天空辐射致冷的物理过程

假设地面上有一块黑体平板，它仅与天空有辐射换热，与周围没有换热。初始时，黑体平板初始温度为 $T_0$，对应的辐射力光谱如图 9－25（$a$），曲线 1 下边面积是黑体平板的向天空发射的散热量，曲线 2 是大气对黑体平板的投射辐射力光谱，即黑体平板的吸收辐射力光谱。由于 8～13 微米波段内大气层的光谱发射率小，所以在此波段投射能量少，曲线呈马鞍状。两曲线包络面积之差就是黑体平板的净辐射换热量。两个面积之差的正负表示物体是从外界获得热量还是散失热量。当曲线

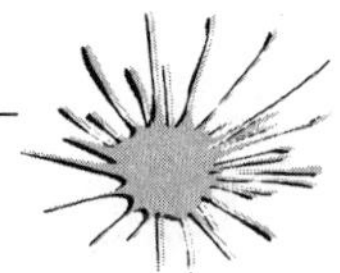

1之下的面积大于曲线2之下的面积时，表示辐射体散失的热量超过了所得到的，结果是曲线1向下移（温度下降）；相反，则曲线1向上（温度升高）。最终两者达到动态平衡状态（两部分阴影面积相等），物体温度不再降低或升高，达到平衡状态。因此，黑体辐射的致冷量与最低致冷温度受到一定限制。它们受辐射体的辐射特性、大气层辐射特性的影响。

由于黑体平板与周围没有换热，与天空的辐射散热使他的温度逐渐降低，直到他从大气吸收能量等于发射能量时温度保持恒定，如图9－25（*b*）可以看出黑体平板温度显然比周围大气温度低。

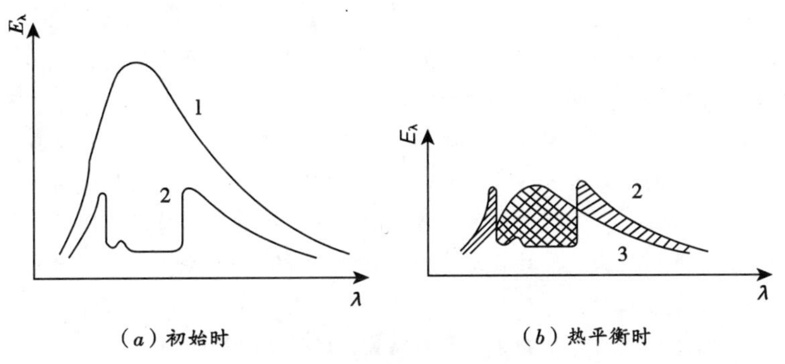


（*a*）初始时　　（*b*）热平衡时

图9－25　黑体平板向天空的辐射散热过程

1—初始时黑体平板的辐射力光谱

2—大气对黑体平板的投射辐射力光谱

3—热平衡时，黑体平板的辐射力光谱

3　夜空辐射致冷的基本模型

从夜空辐射致冷的原理可以看出，要加强物体向天空散热，关键是：降低物体的吸热，加大物体在8～13微米波段向天空发射的能量。降低吸热的措施有：减少环境对物体的对流加热，可把物体放在无风处（如凹坑内），或在其上部覆盖一层称为风屏的透明膜，使辐射致冷空间与环境空气隔离开来；减少环境对物体的导热，可在其周围加绝热层等。增加物体通过大气窗口向天空辐射的措施有：在冷却表面上涂上选择性涂料，使在8～13微米波段有高的发射率，同时降低其余波段的发射率。如果物体上覆盖风屏，则要求风屏在8～13微米波段有高的穿透率，在其他波段有很高的反射率，以减少外界对冷却物体的辐射加热。将辐射体与下部的支撑加设保温材料，减少辐射体与下表面的导热热损失。由此制成辐射制冷基本模型，如图9－26。

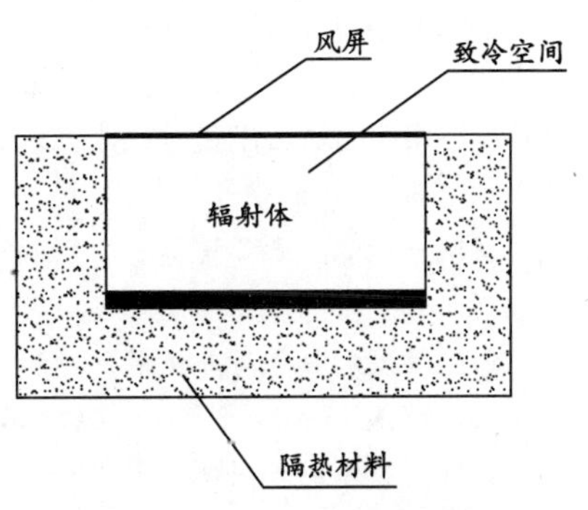


图9－26　辐射致冷基本模型图

采用以上措施，可使辐射体比周围大气温度低十几摄氏度。图9－6介绍了一种比较简单的地面辐射直接冷却装置。图9－27是根据基本致冷模型改进而来的利用辐射制冷的基本制冷单元，它利用水作为载冷媒介间接冷却，获得天空冷量。

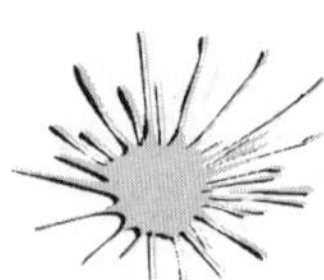

不管利用夜空辐射直接还是间接致冷，辐射致冷典型系统是由隔热材料、辐射体、风屏等组成，见图9－26。其工作原理是利用辐射体与夜空的辐射换热，使辐射体温度降低，辐射体再将致冷空间的空气温度降低。以夜空作为辐射致冷空间的冷源，将空间的空气温度降低，可以说是整个系统把夜空的冷量转移到辐射体上。模型中风屏材料选择、辐射体材料的选择等对制冷效果产生影响，但并不要求风屏与辐射体都具有选择性辐射的特性，两者可以进行组合。

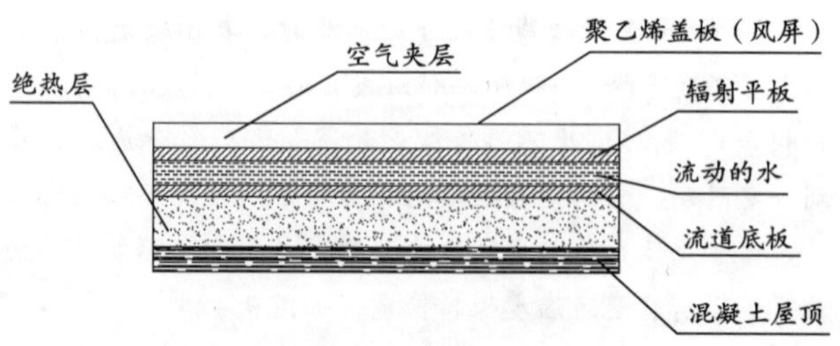


图9－27　辐射致冷基本致冷单元

1. “透明”盖板与选择性辐射体组合。要求盖板对远红外区（特别是对8～13μm的波段）的辐射具有良好的透过率，对其余波长的辐射的透过率可以要求低一些，例如透明聚乙烯薄膜是较好的一种；但此时与之组合的辐射体就需要具有接近理想的选择性辐射特性，即对大气窗口波段的辐射有很强的辐射能力，而对其余波段的辐射有很高的反射率。当这种组合置于天空下面，8～13微米波段外界的辐射被辐射体反射回外界，而辐射体本身发射的8～13微米波长辐射可以透过盖板向外层空间传出。向外辐射的热量大于物体吸收的热量，达到致冷目的。

2. 具有选择透过性的盖板与黑体辐射体的组合。盖板对太阳辐射能集中的可见及近红外波段具有很强的反射率（这样就使它不接受太阳辐射的加热，不累积热量），对远红外区（特别是对8～13微米的波段）则具有很强的辐射能力。由于盖板将8～13微米波长段以外的辐射过滤掉，辐射体就不需要有严格的选择性，只要有良好的热辐射特性就可以。辐射体发射的热辐射只有8～13微米波长段能透过盖板发送到外层空间，达到致冷目的。

上述两者组合，研究应用较多的是第一种组合，已经找到较理想的辐射材料以及组合，第二种组合中所要求的具有选择透过性的盖板难度较大，仅意大利和瑞典有过较成功研究。第一种组合中风屏与辐射体材料的不同对致冷效果有一定影响。

1. “透明”盖板—风屏

实际一般选用聚乙烯薄膜、聚碳酸酯透光板为风屏。这种材料作为风屏虽然不能阻止大量的太阳辐射，但是可以阻止周围空气与辐射体表面进行的对流换热，强化致冷效果。研究表明风屏的使用时间、厚度和颜色对其辐射性能和装置的制冷效果都会产生影响。如图9－28所示。1991年日本学者AHMED HAMZA H. ALI实验测得利用聚乙烯作风屏，使用时间对致冷效果的影响，其实验的致冷装置的模型图如图9－27所示，风屏材料选择50微米厚度的无色氯乙烯薄膜，经过100天的实测，通过记录0、30、100天时聚乙烯薄膜在大气窗口附近的单色透过率逐渐变小，从刚开始的0.72，5天后降为0.69；30天后降为0.57，100天后降为0.42，变化曲线如图9－28所示。用水流出口的温度来表示装置的致冷效果的变化。结果如图9－29所示。图9－29显示随着风屏使用时间的增长致冷装置的出口水温也随之增长。使用100天后出口水温增长大约1.2℃，这是首先由于风屏在大气窗口附近的单色光透射率减少，则辐射体与天空的换热量变小，辐射体温度变高；其次由于风屏下表面的发射率变大，使得其与辐射体的辐射热流增加，则辐射体的辐射得热相对增加。因此建议，为了得到更好的致冷效果，风屏应进行周期性的更换。

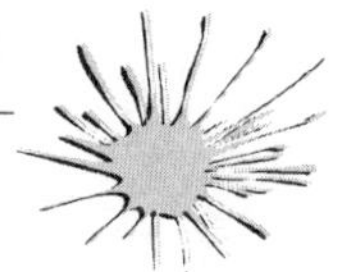

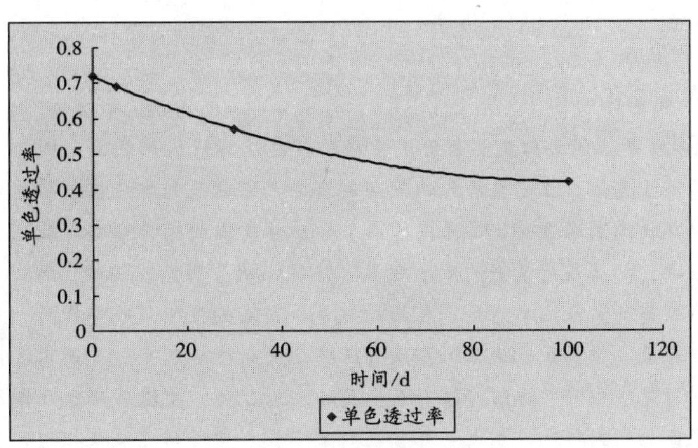


图9-28　风屏单色透光率与使用时间关系

实验表明厚度为25微米的比50微米的风屏在大气窗口附近的透射率高，但是如图9-29所示，两种情况下出口水温的差距仅为8.6%，但是不建议用更薄的风屏，因为风速较大时会使薄的风屏因不停振动而被破坏，可以考虑在辐射板四周加装一定高度的挡风板减少对流换热热损失。

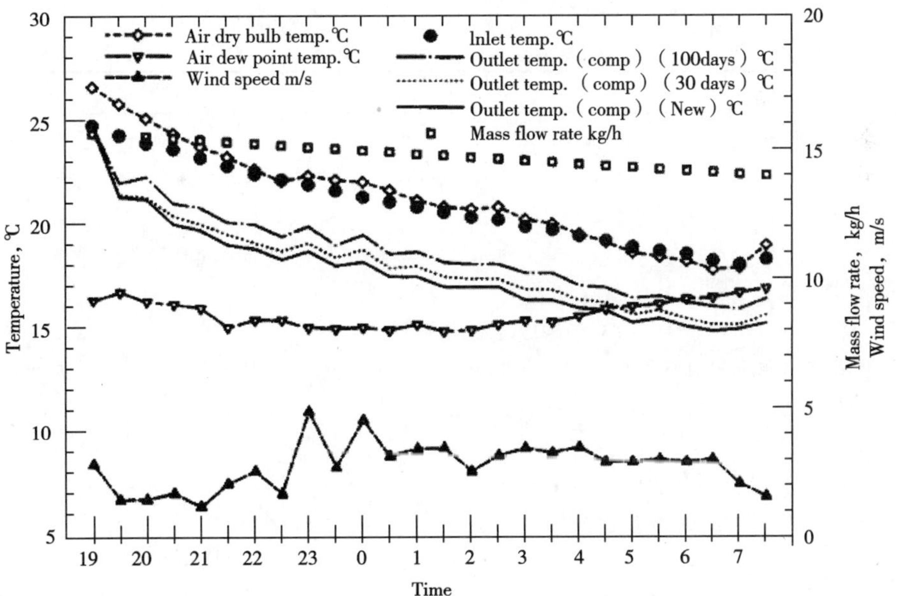


图9-29　1991年9月14—15实验测得不同使用时间下风屏的致冷效果

风屏的颜色对其透射率的影响比较小，尤其是在长波段，两者数值相差无几。采用两种颜色风屏—无色和淡绿色，结果表明淡绿色的风屏使得制冷装置的性能稍稍优于无色的。

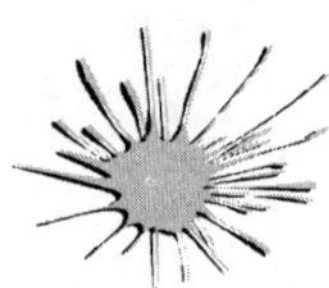

2. “选择性”辐射体

“选择性”辐射体是依照太阳能热利用中使用的理想选择性散热表面的概念：如果在8～13微米波段内辐射体等同于黑体，在此之外的波段则是百分之百的反射体。这种辐射体与大气层外的绝对零度区的辐射换热被限制在8～13微米波段内，辐射体发出的大部分辐射能可以透过大气窗口而直接投射到外层空间，从而获得最好的致冷效果。铬硫化物、陶瓷、镉碲化物、氮化硅、氧化钛为基底的白漆或镀有铝膜的聚氟乙烯为冷却表面的组合。白漆的太阳吸收率很低，但在远红外区的辐射特性接近黑体。聚氟乙烯在8～13微米波段有很高的发射率。在8～13微米波段外有很高的穿透率，而蒸铝薄膜对可见、红外、远红外辐射有很高的反射能力，使镀有铝膜的聚氟乙烯具有类似于理想选择性冷却表面的辐射特性。意大利那普勒斯大学物理学院研究成果报道，实用选择性的辐射致冷材料辐射冷却的极限功率低于100瓦/平方米。不同环境气温下，不同材料的辐射体所能达到的表面温度见表9－1。

**不同环境温度下不同辐射体表面所能达到的温度**（单位:℃）　　**表9－1**

| 环境气温 | 理想辐射体表面温度 | 镀铝的聚氟乙烯表面温度 | $TiO_2$ 为基的白漆 |
|---|---|---|---|
| 40 | 3.3 | 19.7 | 27 |
| 35 | -0.25 | 15.2 | 22.5 |
| 30 | -4.5 | 10.7 | 17.8 |

# 第 10 章　空气冷热资源利用

四季轮回，昼夜交替，室外空气随之具有不同的温度，同时，空气时时刻刻存在，取之不尽，用之不竭，因此可以作为建筑冷热资源而利用。夏季把建筑内多余的热量排向室外空气，冬季从室外空气中提取热量送往建筑物内，过渡季节把室外新鲜空气直接送到室内，从而为生产及生活创造一个舒适健康的建筑室内环境。能源和环保是社会实现可持续发展的必备要素，空气作为一种环保的可再生能源，其应用符合社会可持续发展的要求。

## 10.1　空气的特性

我们通常所说的室外空气实际上是湿空气，由干空气和一定量的水蒸气混合而成。干空气的成分主要是氮、氧、氩及其他微量气体，多数成分较稳定，少数随季节变化有所波动，但从总体上可看作一个稳定的混合物。水蒸气在湿空气中的含量较少，但会随季节和地区而变化，其变化直接影响到湿空气的物理性质。

### 10. 1. 1　描述空气的基本物理参数

描述空气的基本物理参数有压力、温度、含湿量、相对湿度和比焓。在压力一定时，其他四个是独立的物理参数，只要知道其中任意两个参数，就能确定空气的状态，从而也可以确定其余两个参数。

1. 压力

湿空气的压力即是通常所说的大气压力。湿空气由干空气和水蒸气组成，湿空气的压力应等于干空气的分压力与水蒸气的分压力之和，即

$$B = P_g + P_q$$

式中　$B$——湿空气压力，即大气压力（帕）；

$P_g$——干空气分压力（帕）；

$P_q$——水蒸气分压力（帕）。

大气压力随海拔高度的升高而降低，例如，海平面的标准大气压为 101. 325 千帕，北京地区夏季的平均大气压为 99. 86 千帕，拉萨则为 65. 23 千帕。

水蒸气分压力的大小，反映了湿空气中水蒸气含量的多少。水蒸气分压

力越大，其含量越多。温度一定时，一定量的湿空气中能够容纳的水蒸气数量是有限度的。湿空气的温度越高，能够容纳的水蒸气量越大。当空气中水蒸气含量超过最大允许值时，多余的水蒸气会以水珠形式析出，这就是结露现象，此时水蒸气达饱和状态。水蒸气处于饱和状态下的湿空气称为饱和湿空气或饱和空气，相应的水蒸气分压力称为该温度时的饱和水蒸气分压力。由此可见，饱和水蒸气分压力是温度的单值函数。未饱和空气中，水蒸气含量没有达到最大允许值，它还具有吸收水蒸气的能力。我们周围的大气通常都是未饱和空气。

2. 温度

温度是表示空气冷热程度的标尺。湿空气中干空气的温度与水蒸气的温度相等。空气调节中常采用摄氏温度 $t$（℃），有时也用热力学温标（绝对温度）$T$（开尔文）表示，两者之间的关系是 $T=t+273.15\approx t+273$。

空气温度的高低对人体的热舒适感和和某些生产过程影响较大，因此，温度是衡量空气环境对人和生产是否合适的一个非常重要的参数。

3. 含湿量

含湿量是指1千克干空气所伴有的水蒸气量，用符号 $d$ 表示，单位千克/千克干空气或克/千克干空气，可用下式进行计算：

$$d=\frac{m_q}{m_g}=0.622\frac{P_q}{B-P_q}\text{kg/kg}\cdot\text{干}=622\frac{P_q}{B-P_q}\text{g/kg}\cdot\text{干}$$

由上式可知，大气压力一定时，空气中的含湿量仅与水蒸气分压力有关，水蒸气分压力越大，含湿量就越大。含湿量可以确切地表示湿空气中实际含有水蒸气量的多少。

4. 相对湿度

相对湿度是指湿空气中的水蒸气分压力与同温度下饱和水蒸气分压力之比，即

$$\varphi=\frac{P_q}{P_{qb}}\times100\%$$

式中 $\varphi$——湿空气的相对湿度；

$P_{qb}$——饱和水蒸气分压力（帕）。

由上式可见，相对湿度表示湿空气中水蒸气接近饱和含量的程度，亦即湿空气接近饱和的程度。$\varphi$ 值小，说明空气干燥，远离饱和状态，吸收水蒸气的能力强；$\varphi$ 值大，说明空气潮湿，接近饱和状态，吸收水蒸气的能力弱；$\varphi=100\%$为饱和空气，$\varphi=0$ 则为干空气。湿空气还可近似地用下式来表示：

$$\varphi=\frac{d}{d_b}\times100\%$$

式中 $d_b$——饱和含湿量（千克/千克干空气或克/千克干空气）。

相对湿度的高低对人体的舒适和健康及工业产品的质量都会产生较大的影响，是空气调节中的一个重要参数。

5. 比焓

湿空气的比焓是指 1 千克干空气的比焓与其同时存在的 $d$ 千克水蒸气比焓的和，可用下式表示：

$$h = c_{p\cdot g} \times t + (2500 + c_{p\cdot q} \times t)\ d$$

式中　$h$——湿空气的比焓（千焦/千克）；

$c_{p\cdot g}$——干空气的定压比热，$c_{p\cdot g}=1.005$ 千焦/（千克·℃）；

$c_{p\cdot q}$——水蒸气的定压比热，$c_{p\cdot q}=1.84$ 千焦/（千克·℃）；

2500——$t=0$℃时水蒸气的汽化潜热。

由上式可以看出，湿空气的比焓不是温度的单值函数，而是取决于空气的温度和含湿量两个因素。温度升高，焓值可以增加，也可以减少或者不变，要视含湿量的变化而定。

### 10.1.2　空气焓湿图及热湿变化基本过程

确定湿空气的状态及其变化过程经常要用到湿空气的焓湿图。焓湿图是在大气压力一定的条件下，以焓 $h$ 为纵坐标，含湿量 $d$ 为横坐标，两坐标之间的夹角等于或大于 135°，在实际使用中，为避免图面过长，常将横坐标改为水平线，见图 10－1。

如图 10－1 所示，焓湿图中有等温线、等相对湿度线、等焓线及等含湿量线。

等温线——一组自左向右升高、相互近似平行的直线。

等相对湿度线——自左向右上方分散的曲线，$\varphi=100\%$ 的线称为饱和曲线，该线上的空气为饱和状态，并将整个焓湿图划分为两个区域，左上方为未饱和空气区，右下方为过饱和空气区。过饱和状态的空气是不稳定的，有结露现象出现，形成水雾，这一区域又称为雾状区。

等焓线——平行于横坐标的一组直线。

等含湿量线——平行于纵坐标的一组直线。在大气压力 $B$ 一定时，水蒸气分压力 $P_q$ 仅取决于含湿量 $d$，因此，图的上部画有一条水平的水蒸气分压力线。

图 10－1　湿空气焓湿图

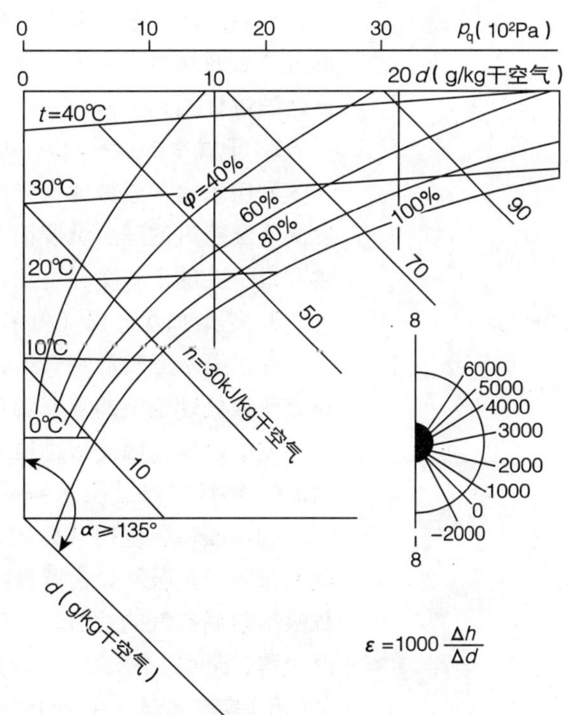


焓湿图的右下角有一系列数值不同的热湿比（或称角系数）ε 线。热湿比 ε 的定义是湿空气的焓变化与含湿量变化之比，可用下式表示：

$$\varepsilon = \frac{\Delta h}{\Delta d} = \frac{\pm Q}{\pm W}$$

式中　$\pm Q$——湿空气从一个状态到另一个状

态的热量变化，可正可负（千焦/小时）；

±W——湿空气从一个状态到另一个状态的湿量变化，可正可负（千克/小时）。

ε 线表示湿空气状态变化过程的方向和特征，焓湿图上任何一条直线所代表的空气状态变化过程，都有一定的 ε 值与之对应。

湿空气的状态变化基本过程有加热、干式冷却、等焓加湿、等焓减湿、等温加湿及冷却干燥过程。这些状态变化如何实现及在焓湿图上的过程表示如图 10－2 所示：

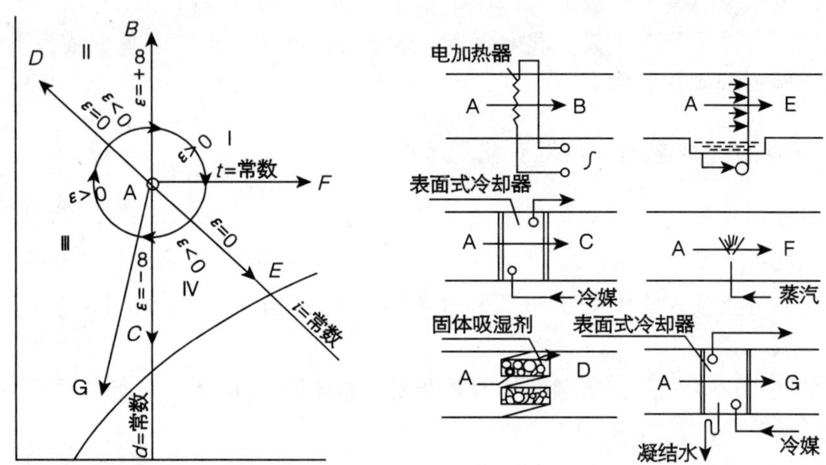


图 10－2 湿空气状态变化基本过程图

1. 加热过程（A→B）

利用热水、蒸汽等作热媒的表面式换热器或电阻丝、电热管等电热设备，通过热表面加热湿空气，空气则会温度升高，焓值增大，而含湿量不变，这一处理过程的 ε＝＋∞。

2. 干式冷却过程（A→C）

利用以冷水或其他流体作冷媒的表面式冷却器冷却湿空气，当其表面温度高于湿空气的露点温度而又低于其干球温度时，空气即发生降温、减焓而含湿量不变的干式冷却过程，这一过程的 ε＝－∞。

3. 等焓加湿过程（A→E）

利用喷水室对湿空气进行循环喷淋，水滴及其表面饱和空气层的温度将稳定于被处理空气的湿球温度，此时空气经历了降温、含湿量增加而焓值近似不变的过程，因此该过程又称为绝热加湿过程，ε＝0。

4. 等焓减湿过程（A→D）

利用固体吸湿剂（硅胶、分子筛、氯化钙等）处理空气时，空气中的水蒸气被吸湿剂吸附，含湿量降低，而吸附时放出的凝结热又重新返回空气中，故吸附前后空气的焓值基本不变，因此，被处理的空气经历的过程是等焓减湿过程，ε＝0。

5. 等温加湿（A→F）

利用干式蒸汽加湿器或电加湿器，将水蒸气直接喷入被处理的空气中，达到对空气加湿的效果。该过程的 ε 值等于水蒸气的焓值，大致与等温线平行，因此该过程被认为可实现等温加湿。

6. 冷却干燥（A→G）

利用喷水室或表面式冷却器冷却空气，当水滴或换热表面温度低于被处理空气的露点温度时，空气将出现凝结、降温、焓值降低，该过程即为冷却干燥过程，ε >0。

## 10.2 空气作为冷热源的评价

### 10.2.1 容量及品位

容量是指冷热源在确定时间内能够提供的冷量或热量。空气作为冷热源，其容量随着室外环境温度及被冷却介质的不同而不同。在较为不利的室外环境条件下（取蒸发温度为 -5℃，冷凝温度为 40 ~45℃），被冷却（加热）介质是空气时，单位时间内消耗 1 千瓦的电能，空气可以提供 5 ~6 千瓦左右的冷热量；被冷却（加热）介质是水时，单位时间内消耗 1 千瓦的电能，空气可以提供 6 ~7 千瓦左右的冷热量（取蒸发温度为 5℃，冷凝温度为 40 ~45℃）。因此，空气作为冷热源，其容量较大。

品位是指冷热源的可利用程度，品位越高，利用越容易。以建筑物室内空间舒适温度为基准温度，热源温度与基准温度之差为热源品位，基准温度与冷源温度之差为冷源品位，可用下式表示空气品位：

$$\Delta t_h = t_h - t_{hn} = t_h - 18$$

$$\Delta t_c = t_{cn} - t_c = 26 - t_c$$

式中 $\Delta t_h$、$\Delta t_c$——分别为空气作为热源、冷源的品位（℃）；

$t_h$、$t_c$——分别表示空气作为热源、冷源的温度（℃）；

$t_{hn}$、$t_{cn}$——分别表示建筑物室内空间的冬、夏季舒适温度，根据《采暖通风与空气调节设计规范》（GB 50019 -2003）取 $t_{hn}=18$℃，$t_{cn}=26$℃。

由上式可知，冬季需要供热的地区，室外空气的温度都是低于 18℃的，因此，作为热源，空气是负品位，必须利用品位提升设备（空气源热泵）才能应用。作为冷源，空气的品位随季节不同而不同，过渡季节为零品位或者正品位，可以通过通风技术直接应用；夏季为负品位，需要通过品位提升技术如空气源空调才能应用。

### 10.2.2 可靠性及稳定性

可靠性是指冷热源存在的时间，可以分为 3 类：Ⅰ类——任何时间都存在；Ⅱ类——在确定的时间存在；Ⅲ类——存在的时间不确定。空气与阳光和水是人类生存的基本自然条件，只要人类存在，空气就会存在。因此，空气作为冷热源的可靠性属于Ⅰ类，可靠性极高。

稳定性是指冷热源的容量和品位随时间的变化，可以分为 2 类：Ⅰ类——不随使用时间变化，保持定值；Ⅱ类——随使用时间变化。空气作为冷热源的容量不随使用时间而变化，但是品位会随使用时间而变化，且大部分使用时间是负品位，因此，空气作为冷热源的稳定性属于Ⅱ类，较好。

### 10.2.3 持续性与可再生能力及易获得性

持续性是指在建筑全寿命周期内，冷热源的容量和品位是否持续满足要求，可以分为 2 类：Ⅰ类——建筑全寿命周期可满足要求；Ⅱ类——不能保证全寿命周期满足要求。空气作为冷热源，其容量和品位在建筑全寿命周期均可满足要求，因此，持续性好。

可再生性是指冷热源的容量和品位衰竭后，自我恢复的能力。空气无时无刻无地方不存在，且具有流动性，因此，空气作为冷热源的可再生性好。

易获得性是指从冷热源向建筑空间提供冷热量的技术难易程度、设备要求、输送距离等。利用空气作为冷热源，空气即取自建筑外空气环境，输送距离短，其利用技术有通风技术和空气源空调技术，应用设备有通风机及空气源热泵。通风技术主要有自然通风和机械通风，其中机械通风技术较为成熟；自然通风应用历史悠久，在简单的单体建筑中较易应用，而对于复杂的现代建筑或建筑群，尚不能有效地应用。空气源空调技术在气候条件适宜的地区较为成熟，系统简单，年运行时间长，目前研究的热点是进一步提高设备的性能及与建筑的协调性；而在气候条件不适宜的地区，技术尚不完善，尤其是低温运行技术及除霜技术还在研究之中，系统能效比较低。

### 10.2.4 环境友好性

环境友好性是指冷热源对环境的影响程度。空气作为建筑冷热源，对室外环境影响主要表现为空气源设备运行时产生的噪声问题及夏季的冷凝热排放问题。噪声问题随着设备技术水平的提高及安装的规范化，基本可以解决。众多文献表明，夏季空气源空调冷凝热的排放是造成城市热岛效应的一个原因，但冷凝热究竟对城市热岛效应有多大影响、目前国内外没有这方面的实测研究。文献通过建立城市箱体模型计算了城市住宅空调器的使用引起的室外空气温度上升值，并根据武汉市的数据计算得出住宅空调器的使用（开启 24 小时）会导致武汉市空气温度上升 0.2 ~2.56℃。同时，其研究结果表明室外空气温度上升的程度取决于开启空调温度、空调同时使用系数及城市主导风向的平均风速，其中主导风向的平均风速又是主要影响因素，见图 10－3。但该模型没有考虑地面及建筑物的蓄热及放热作用，有其局限性。因此，空气源空调夏季排放的冷凝热是否会对城市热岛效应有贡献，还值得商榷。但是，空调冷凝热排放会引起空调机组附近的室外空气温度升高，如果该机组附近（上层及左右）也有空调机组运行，则会相互干扰，影响各自的运行效率。对于高密度建筑群及安装分体式空调器的高层建筑，这种现象尤为显著，但对该问题的研究目前都侧重于数值模拟研究，实测研究极少。

要想从根本上解决空气源空调冷凝热对室外环境的不利影响，最有效的办法是对冷凝热进行回收利用，尽量减少其向环境中的排放量。

总的来说，空气作为建筑冷热源，对室外环境不会产生除热以外的其他污染，其噪声水平也可以进行有效地控制，因此，其环境友好性良好。

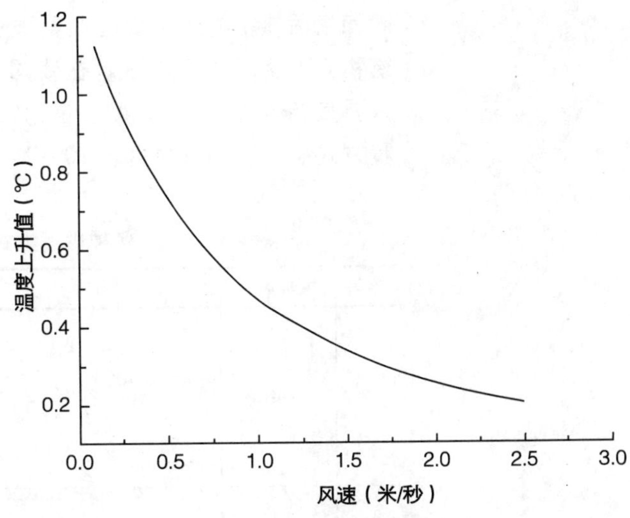


图 10－3　室外空气温度上升值随风速变化曲线

## 10.3　空气作为冷热源的关键技术问题及配套的技术措施

### 10.3.1　品位：通风技术和热泵技术

空气作为冷热源的关键技术问题传家宝一就是其品位问题。空气作为建筑冷热源的品位随季节不同而不同，过渡季节，空气是正品位或者零品位冷源，可以直接利用；采暖季节及空调季节，空气是负品位冷热源，需要借助品位提升技术才能应用。

当空气是正品位或零品位冷源时，利用空气的关键技术就是自然通风技术。自然通风不但节能，而且还可以改善室内热环境，提高室内空气品质，是一种具有极大潜力的通风方式，利用的关键问题是如何在各种建筑中有效组织自然通风。对于简单结构形式的建筑空间，尤其单个房间建筑，其自然通风设计已相对成熟和可靠，但对多空间复杂结构的建筑及高密度的建筑群，自然通风理论研究还未成熟，因此，其系统设计还处于概念设计阶段。自然通风受室外宏观与微观气候、建筑内外布局与结构及建筑内部热源分布的影响较大，因此，其设计是将气候、环境与建筑融为一体的整体设计。自然通风设计思路可以参考以下步骤进行：（一）考察宏观气候即地区气候自然通风的潜力；（二）考察微观气候即建筑所在区域气候自然通风的潜力；（三）考虑建筑布局、建筑朝向、建筑间距、建筑内部空间构造、建筑开口面积与位置等建筑条件，与建筑设计师共同确定建筑方案与自然通风方案；（四）自然通风设备选取及控制系统设计。

当空气是负品位冷热源时，利用空气的关键技术是空气源热泵技术。空气源热泵技术是冬季从室外空气中提取热量，提升温度后，为建筑物解决采暖和生活热水的热量供应；夏季从室外空气中提取冷量，降低温度后，为建筑物实现空间供冷需求。在我国目前的煤电效率下，采用空气源热泵技术，只要其能效比大于3，就应是比较节省一次性能源的供冷供热技术，与其他供暖方式能源利用系数见表 10 -1。

**各种供暖方式能源利用系数 *E* 值比较　　　　表 10 -1**

| 序号 | 供暖热源 | 简　图 | 能量利用系数 *E* 值 |
|---|---|---|---|
| 1 | 电采暖 | 燃料产生的能量100% → 电厂 → 发电33% → 房间；损失67% | 0.33 |
| 2 | 锅炉采暖 $E$=0.7 | 燃料产生的能量100% → 锅炉 → 70% → 房间；30% | 0.70 |
| 3 | 电动热泵 | 燃料产生的能量100% → 电厂 → 发电33% → 热泵 → 房间；损失67%；$COP$=3 | 0.90 |

但这只是从一次性能源利用的角度，仅仅考虑到空气源热泵设备，而没有考虑空气源热泵的系统效率。对于房间空调器来说，系统效率几乎等于设备效率，就目前标准及产品来看，发达国家房间空调器的平均额定能效比几乎都在4.0以上，国内产品的额定能效比为2.4~3.4，不过我国将于2009年实行新的能效限定值，整体式房间空调器为2.9，分体式为3.0。对于单元式空气源热泵来说，目前其额定能效比为2.5~3.3，集中式空气源热泵活塞式为2.8~3.1，螺杆式为3.0~3.3。单元式及集中式空气源热泵，机组效率并不等于系统效率，系统效率还涉及系统的设计、安装、运行负荷及维护等方面，只有在负荷较大甚至接近满负荷时系统运行能效比才较高。某单元式及集中式空气源热泵系统运行能效比变化见表 10 -2。

**单元式空气源热泵部分负荷时系统运行能效比的变化　　表 10 -2**

| 系统能效比<br>室外温度（℃） | 系统负荷率（%） | | | | |
|---|---|---|---|---|---|
| | 0.66 | 0.5 | 0.4 | 0.3 | 0.2 |
| 35 | 2.66 | 2.62 | 2.58 | 2.50 | 2.40 |
| 29 | 2.93 | 2.88 | 2.83 | 2.76 | 2.60 |
| 25 | 3.15 | 3.09 | 3.04 | 2.95 | 2.78 |

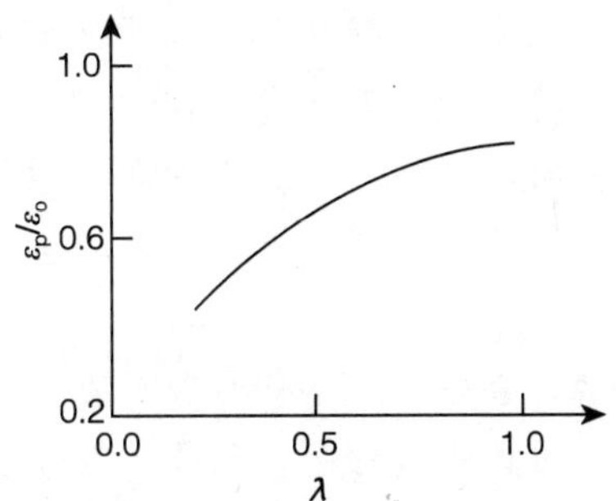


图 10-4　集中式空气源热泵系统运行能效比与设备能效比之比随工作时间变化曲线

注：$\varepsilon_p$ 为系统运行能效比，$\varepsilon_0$ 为机组能效比，λ 为机组工作时间百分比。

### 10.3.2　供冷供热能力与建筑需求规律相反：蓄能及辅助冷热源

空气作为建筑冷热源间接应用时，其关键问题之二就是冷热源的供冷供热能力与建筑需求规律恰好相反：夏季，随着室外空气温度的升高，建筑物所需冷量逐渐增加，室外空气温度越高，建筑物所需冷量越大，而此时室外空气所蕴含的冷量越低，形成了强烈的供求矛盾；冬季同理。解决这一问题的技术主要有蓄能技术、辅助冷热源技术及提高空气源热泵低温适应性技术。

蓄能技术，就是利用蓄能设备在空调系统不需要能量或在用能量小的时间内将能量储存起来，在空调系统需求量大的时间将这部分能量释放出来。根据使用对象和储存温度的高低，可以分为蓄冷和蓄热。以冰蓄冷系统为例，在夜间用电低谷期，采用电制冷机制冷，将制得冷量以冰（或其他相变材料）的形式储存起来，在白天空调负荷（电价）高峰期将冰融化释放冷量，用以部分或全部满足供冷需求。蓄能技术应用的前提条件是电力系统的分时电价政策，峰谷差价越大，蓄能系统投资回收越快。

蓄能技术有以下特点：

（1）巨大的社会效益。蓄能技术能够移峰填谷，平衡电网峰谷差，因此可以减少新建电厂投资，提高现有发电设备和输变电设备的使用率；减少能源使用（特别是对于火力发电）引起的环境污染，充分利用有限的不可再生资源，有利于生态平衡，同时，提高了电网的运行安全性。

（2）明显的用户效益。首先，利用分时电价政策，可以大幅节省运行费用。即在电价高时少用或不用电，把蓄存的能量释放出来使用，而在电价低时多用电，把制得的冷或热量储存起来。一般情况下，峰谷时段的电价比可达 3:1 或 4:1，因此每年节省的运行电费是相当可观的。其次，可以减少空调主机装机容量和功率达 30% ~50%，相应的，附属设备装机容量和功率均可相应减小。由于在空调负荷高峰时，可以依靠放能设备来供冷供热，因此主机的装机容量可以减少，而不必像常规空调系统那样按高峰负荷配置设备。相应的，设备满负荷运行比例增大，可充分提高设备利用率，而且设备运行效率也较高。第三，减少一次电力初投资费用。由于系统设备装机功率下降，电贴费、变压器和高低压配电柜等费用均可减少。另外，由于电力系统的优惠政策，蓄能系统可以争取到电贴费减免的额外优惠。另外，蓄冷系统可作为应急冷源，停电时可利用自备电力启动水泵融冰供冷；蓄热系统减少了粉尘烟尘的污染，减少或免除了消防措施等。因此，蓄能系统在运行管理上具有更大的灵活性和更广的适应性。

（3）蓄能技术的缺点。首先，设备初投资要增加。除要增加蓄能设备外，还必须占用一定的空间以设置蓄能设备。其次，系统运行时间大大延长，夜间要运行，增加了系统管理上的难度。

采用辅助冷热源是另一种解决技术。辅助冷热源有加热器（电加热器、直燃式加热器）、小型锅炉及水源热泵。研究表明，用电加热器作为空气源热泵辅助热源，远比整个冬季全部直接采用电采暖效率高，北京地区可节省一半的电耗。空气源热泵与水源热泵联合运行，可利用空气源热泵冷热水机组提供10～20℃的水作为水源热泵的低位热源，由水源热泵向室内供暖，从而组成双级热泵系统，如图10－5所示。其中，水源热泵可以是水—水、水—空气及水环热泵。经计算，在我国北方的大部分城市，冬季空气源热泵冷热水机组可以正常运行提供10～20℃的水给水源热泵，而自身压缩比不超过8，同时，空气源热泵的供热性能系数平均为3，水—空气源热泵供热性能系数平均为4，若不考虑其他损失，由空气源热泵冷热水机组与水—空气源热泵机组组成的双级热泵系统的供热性能系数达到了2.0。

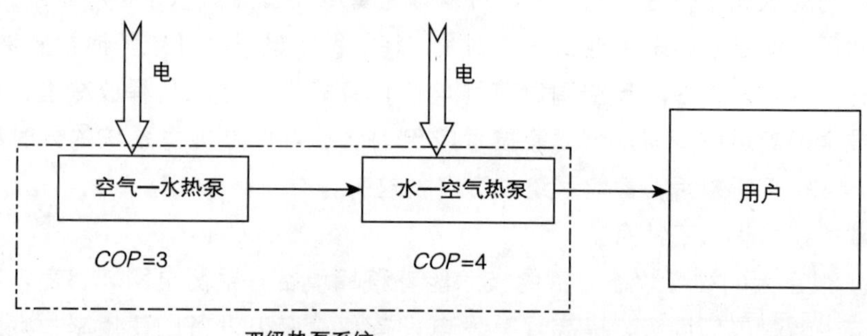


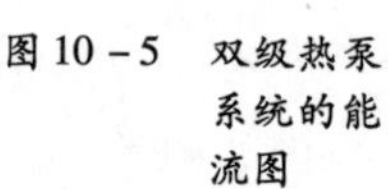
图10－5 双级热泵系统的能流图

提高空气源热泵的低温适应性能也是解决此问题的技术之一。空气源热泵在寒冷地区的低温环境中应用时，随着室外空气温度的降低，不但制热量迅速下降，不能满足建筑物采暖需要，而且还会出现压缩机压比越来越大、排气温度不断升高、润滑油黏度急剧降低、机组频繁启停、无法正常工作的不适应状况。因此，只有通过改进空气源热泵系统，提高对室外低温空气的适应性，才能解决空气作为热源的供热与建筑需热的矛盾。目前，解决这一问题的技术措施主要有：通过双级压缩（包括准二级压缩）、复叠循环来降低压比；采用变频压缩机在制热时加大制冷剂的循环量；用电加热气液分离器及其与压缩机之间的吸气管路，提高蒸发温度和蒸发压力；双级压缩变频空气源热泵技术等。

### 10.3.3　冬季热泵结霜智能高效的除霜技术

空气作为建筑冷热源间接应用时的关键问题之三就是空气源热泵冬季应用时在一定气象条件下易结霜。冬季，当空气源热泵室外换热器盘管表面温度低于0℃时，盘管表面会结霜。结霜后，随着盘管表面霜层的增厚，空气流通面积会减小，造成空气流动阻力增大，从而使风机流量减小；同时，霜层增厚加大了盘管表面和空气的换热热阻，恶化了传热效果，导致蒸发器表面温度和蒸发温度下降，严重时热泵不能正常工作。因此，研究热泵结霜的气象条件以及除霜技术措施意义明显。

冬季室外空气干球温度和相对湿度共同作用决定空气源热泵的运行工况。日本学者对不同空气源热泵机组进行试验，拟合出空气源热泵结霜的室外气象参数范围：$-12.8℃ \leqslant t_w \leqslant 5.8℃$，相对湿度≥67%，如图 10－6 所示；我国一些学者理论及实验研究表明，外温大于等于－3℃，相对湿度大于等于60%，蒸发器会结霜；在室外相对湿度≥65%时，外温在 0～3℃时结霜最严重。

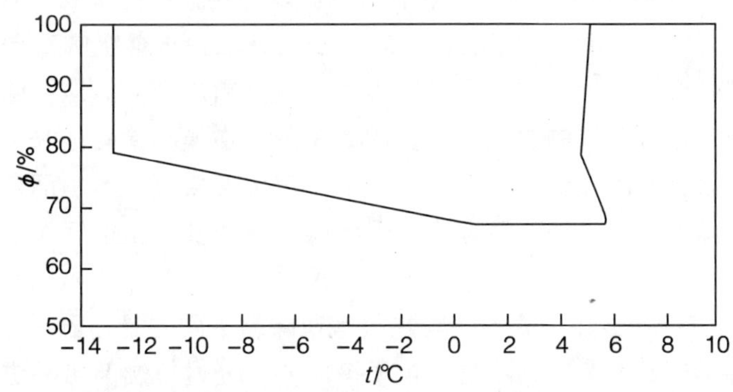


图 10－6　日本学者拟合的空气源热泵结霜的室外空气参数范围
（注：φ：相对湿度）

此外，空气源热泵能效比随霜层厚度增加呈上凸曲线变化，如图 10－7 所示，而霜层厚度随室外空气温度变化呈开口向下的上凸曲线变化，如图 10－8所示。空气源热泵只有在能效比大于3 时才能算是节能运行。综上所述，可以得出空气源热泵冬季运行时结霜的气象条件：

Ⅰ区——不结霜区：相对湿度 >65%，外温 >5℃及外温 < －12.8℃，空气源热泵不结霜；

Ⅱ区——结霜可以忽略区：外温 －12.8℃ < $t$ <5℃，相对湿度≤65%，空气源热泵可能结霜，但可以忽略结霜对空气源热泵性能的影响；

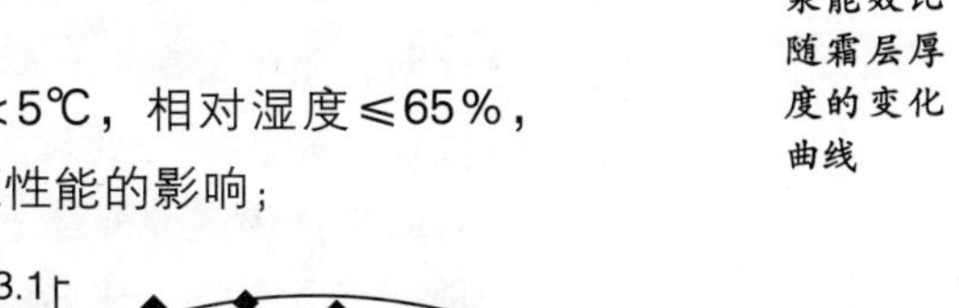

图 10－7　空气源热泵能效比随霜层厚度的变化曲线

Ⅲ区——结霜区：相对湿度 >65%，外温在 －12.8℃ < $t$ <5℃，空气源热泵会结霜；

Ⅳ区——严重结霜区：外温在 －5℃ < $t$ < 5℃，相对湿度 >75%，空气源热泵结霜较为严重，能效比低于3；尤其是外温在 0℃，相

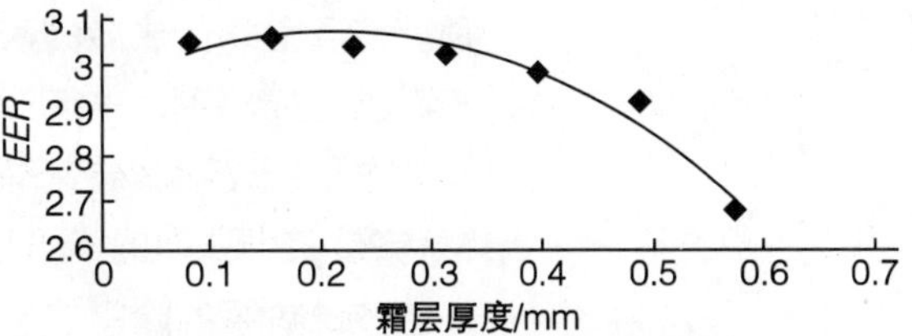

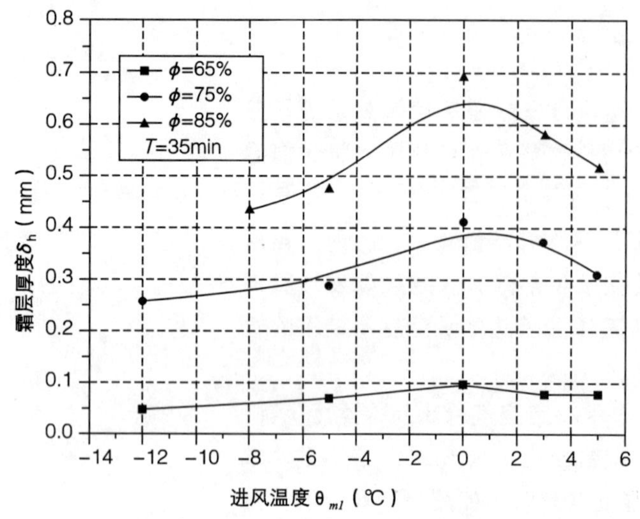


图 10－8 霜层厚度随进风温度及相对湿度的变化曲线

对湿度 >80%时，结霜最严重。

了解了空气源热泵结霜的气象条件后，就可以探讨空气源热泵的除霜技术措施了。目前空气源热泵的除霜方法主要有以下几种：

（1）逆循环除霜——即四通阀换向除霜，正常运行时，机组处于制热模式；除霜时，通过四通阀转换制冷剂流向，机组处于制冷模式，除去室外换热器表面的霜层。这种除霜方法是目前使用最普遍的除霜方法，除霜彻底；但这种方法也存在着无法克服的缺点：影响室内舒适性，除霜时室温会降低 5 ~6℃；制热模式和除霜模式切换时，系统压力波动剧烈而产生的机械冲击比较大；恢复制热后室内换热器存在热惰性，一段时间内吹不出热风；四通阀换向会产生较大的气流噪声等。

（2）热气旁通除霜——在制冷系统中加设旁通除霜电磁阀，系统正常运行时，旁通电磁阀关闭；除霜时，旁通电磁阀开启，压缩机的高温排气经过旁通回路直接进入室外换热器，通过排气热量把霜层融化。这种除霜方法所需的热量只来自压缩机的输入功率，因此避免了逆循环除霜的缺点，但当霜层太厚时，融霜时间较长，排气过热度和排气温度会过低，从而危及压缩机的安全运行。不过，这种除霜方法用于房间空调器及小型空气源热泵效果还是可以的。

（3）热气旁通显热除霜——与热气旁通除霜不同的是，显热除霜时，压缩机的高温排气通过旁通回路进入电子膨胀阀，经过等焓节流后进入室外换热器，在室外换热器中只进行显热交换而不进行冷凝。这种除霜方法同样避免了逆向循环除霜的缺点，同时改进了热气旁通除霜时气液分离器积聚液体过多的问题，但这种方法目前还没有应用于工程上。

除了上述三种除霜方法外，还有处于研究中的蓄热除霜及变频空调快速除霜。蓄热除霜是指系统中采用了蓄热式的压缩机，以提高机组的综合性能，降低除霜能耗。变频空调除霜是指变频空调系统中采用了速开型电子膨胀阀，除霜时，电子膨胀阀迅速全开，基本无节流作用，相当于电磁阀的功能，系统还处于制热运行模式，部分热量用于除霜，部分热量供给室内。

此外，通过改变室外换热器表面的性质来抑制结霜也是除霜技术措施的一种。普通室外换热器的表面是高的亲水性表面，室外温度降低时，冷空气在表面易形成水膜，进而形成致密的霜层。而在换热器的表面涂以疏水性的材料如车蜡、硅脂、硅油等使其变成疏水性表面后，则可以推迟结霜，而且结霜稀疏，容易除去。

空气源热泵的除霜控制一直也是除霜技术研究的焦点，其好坏直接关系到除霜效果和机组能效，除霜控制的最优目标是按需除霜。除霜控制方法主要有以下几种：

（1）定时控制。只对机组制热时间进行控制，按设定的时间周期进行定时除霜。这种控制方法简单，但不能作出换热器表面是否结霜的判断，而且其时间设定往往根据最恶劣的环境进行，因此，环境条件改变时，必然会产生不必要的除霜动作。

（2）时间—温度控制。对室外换热器盘管温度与除霜时间同时进行控制，当二者全部达到设定值或二者之一达到设定值时即开始除霜或结束除霜。这种控制方法比单纯定时控制除霜更准确，一定程度上避免了高温工况无霜而除霜的现象，但不能避免低温工况无霜而误除霜，而且不能检测环境工况变化对结霜的影响程度。

（3）压差控制。对室外换热器进出口空气压差进行控制，结霜后，空气流通面积减小，进出风压差增大，当增大到设定值时，开始除霜。这种控制方法在某种程度上可以实现按需除霜，但在换热器表面严重积灰或有异物时会出现误除霜动作。

（4）模糊自修正除霜控制。对四个参数进行控制：最小热泵工作时间 $\tau_r$、最大除霜运行时间 $\tau_c$、盘管温度与室外空气温度的最大差值 $\Delta T$、结束除霜盘管温度 $T_{co}$。除霜及结束除霜判定：热泵连续运行时间大于 $\tau_r$ 而且盘管温度与室外温度差等于 $\Delta T$ 时，开始除霜；除霜运行时间等于 $\tau_c$ 或盘管温度大于 $T_{co}$ 时结束除霜。这种控制方法能较好地兼顾环境温湿度变化，除霜切入和退出及时，除霜干净，但涉及因素多，检测自控复杂，实际操作困难。

（5）室内、室外双传感器除霜控制。室外双传感器除霜控制是通过检测室外环境温度 $T_{aw}$ 和盘管温度 $T_w$ 及两者之差 $\Delta T = T_{aw} - T_w$ 作为结霜除霜的依据。这种方法充分考虑了环境变化对结霜的影响，但只考虑了温度因素，而未考虑湿度的影响，因此还是不能避免低温低湿环境下无霜而除霜的误判断。室内双传感器除霜控制是通过检测室内环境温度 $T_a$ 和室内换热器盘管温度 $T_c$ 及两者之差 $\Delta T = T_a - T_c$ 作为判断依据，以避开对室外参数的检测。这种控制方法可准确判断结霜及结霜程度，且成本不高，只要空调系统本身不出现异常故障则不会误判。

此外，除上述除霜控制方法外，还有其他控制方法，如最大平均供热量法、霜层传感器法、最佳除霜时间控制法、最大周期供热系数控制法等。

### *10.3.4　设备噪声控制水平及安装*

空气作为建筑冷热源间接应用时的关键问题之四就是，空气源设备在运行时，无论室内机还是室外机都会给环境带来噪声影响。噪声来源主要有三部分：一是风机运转产生的机械振动和气动噪声；二是压缩机运行产生的振动及通过振动传递到结构产生的结构噪声；三是机壳振动及其带来的结构噪声。其中，室外机的噪声影响大于室内机，因此，空气源空调的噪声控制及治理主要集中在室外机，而在室外机的噪声中，由轴流风机产生的空气动力噪声比重较高。

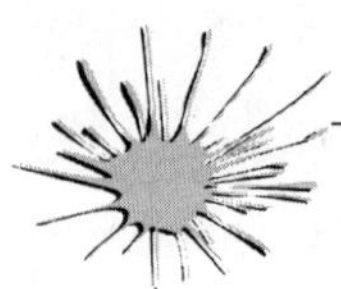

## 参考知识

空气源空调的产品噪声由两个标准评价：(1)《家用和类似用途电器噪声限值》(GB19606－2004)——规定了家用空调器的噪声限值，见表10－3。(2)《蒸气压缩循环冷水（热泵）机组户用和类似用途的冷水（热泵）机组》(GB/T18430.2－2001)——规定了制冷量不大于50千瓦的空气源冷水（热泵）机组的噪声限值，见表10－4。制冷量大于50千瓦的空气源冷水（热泵）机组的噪声限值没有规定。

**家用空调器噪声限值（声压级）分贝（A）** **表10－3**

| 额定制冷量/千瓦 | 室内机 | | 室外机 | |
|---|---|---|---|---|
| | 整体式 | 分体式 | 整体式 | 分体式 |
| <2.5 | 52 | 40 | 57 | 52 |
| 2.5～4.5 | 55 | 45 | 60 | 55 |
| 4.5～7.1 | 60 | 52 | 65 | 60 |
| 7.1～14 | — | 55 | — | 65 |
| 14～28 | — | 63 | — | 68 |

**制冷量不大于50千瓦的空气源冷水（热泵）机组的噪声限值（声压级）分贝（A）**

**表10－4**

| 名义制冷量/千瓦 | 风冷 |
|---|---|
| ≤8 | 65 |
| 8～16 | 67 |
| 16～31.5 | 69 |
| 31.5～50 | 71 |

建筑内外的环境允许噪声评价标准由《民用建筑隔声设计规范》(GBJ 118－1988)和《工业企业厂界噪声标准》(GB 12348－1990)确定，分别见表10－5、10－6。

**民用建筑房间的噪声限值** **表10－5**

| 建筑类别 | | 噪声限值分贝（A） |
|---|---|---|
| 住宅 | 卧室、书房 | 40～50 |
| | 起居室 | 45～50 |
| 学校 | 有特殊要求的房间 | ≤40 |
| | 一般教室 | ≤50 |
| | 无特殊要求的房间 | ≤55 |

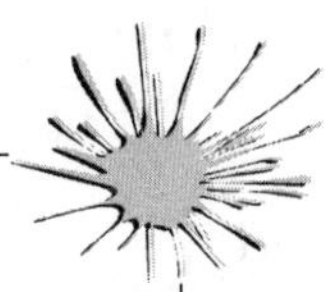

续表

| 建筑类别 | | 噪声限值分贝（A） |
|---|---|---|
| 医院 | 病房、医护人员休息室 | 40 ~ 50 |
| | 门诊室 | 55 ~ 60 |
| | 手术室 | 45 ~ 50 |
| | 听力测试室 | 25 ~ 30 |
| 旅馆 | 客房 | 35 ~ 55 |
| | 会议室、多功能厅 | 40 ~ 50 |
| | 办公室 | 45 ~ 55 |
| | 餐厅、宴会厅 | 50 ~ 60 |

**工业企业厂界噪声标准（GB 12348 －1990）　　表 10 －6**

| 类别 | 适用范围 | 等效声级：Loct/dB（A） | |
|---|---|---|---|
| | | 昼间 | 夜间 |
| Ⅰ | 居住、文教机关为主的区域 | 55 | 45 |
| Ⅱ | 居住、商业、工业混杂区及商业中心区 | 60 | 50 |
| Ⅲ | 工业区 | 65 | 55 |
| Ⅳ | 交通干线道路两侧区域 | 70 | 55 |

注：标准同时规定夜间频繁突发的噪声（如排气噪声）其峰值不准超过标准值 10 分贝（A）.

空气源空调的噪声可以从两方面控制：一是提高设备本身的噪声控制水平，二是提高设备的安装水平。

对于房间空调器，目前国内大部分家用分体式空调器产品室内机的噪声水平较低，基本可以满足民用建筑一般房间的要求。同时，针对特殊房间的要求，例如卧室，舒适的睡眠环境则需要 25 分贝以下的听觉感受，因此国内部分生产厂家开发出卧室专用的睡眠空调，其噪声水平见表 10 －7。房间空调器的安装可依据《房间空气调节器安装规范》（GB 17790 －1999）来执行。

**几种分体式睡眠空调室内机噪声水平（声压级）分贝（A）　　表 10 －7**

| 生产厂家 | 空调器名称或系列 | 室内机运行最低噪声水平（分贝） | 备注 |
|---|---|---|---|
| 格兰仕 | “光波美梦宝”系列 | 22 | 2008 出品 |
| 格力 | 睡梦宝 | 23 | 2008 出品 |
| 美的 | 梦静星 | 22 | 2008（定频） |
| 奥克斯 | 舒睡系列 | 24 | |

对于大型空气源空调，噪声实测一般为73～85分贝（A），有的超过90分贝（A）。噪声有以下特点：（1）噪声特性均为连续频谱。噪声频谱变化比较平缓，低中频噪声较高，高频噪声变化较快。（2）噪声辐射面积大。噪声是开放性的，主要从热泵的两侧和顶部向外辐射，辐射面积和影响范围大，衰减慢。有研究表明，在热泵两侧3米范围内噪声基本上无衰减，在热泵长度以内距离衰减率为3分贝。

噪声控制有以下途径：（1）降低压缩机和轴流排风机的噪声，这是降噪的积极措施，由制造商改进和提高生产水平来实现。（2）优先选用噪声低、振动小的机组，以不需要采取降噪减震措施或仅采取简单处理措施为前提。（3）安装注意事项：①机组空间距离及间距——机组尽可能安装在主楼屋面上，其噪声对主楼本身及周围环境影响小；如需安装在裙房屋面上，应与周围可能受影响的建筑物保持一定距离，建议计算公式如下：

$$r = r_0 \times 10^{(L_0 - L + 3)/20}$$

式中 $r$——机组与建筑物需保持的距离（米）；

$L_0$——机组进风噪声测点或排风噪声测点的A声级噪声（dB），按产品样本数据或实测数据选取；

$L$——环境所允许的A声级噪声标准（dB），由国家相关标准或规范选取；

$r_0$——$L_0$测点离机组的距离（米）；

实际空间距离若大于计算距离$r$，则可满足环境允许噪声标准；否则，就必须采取降噪措施。同时，机组之间必须保证一定的间距，既要方便维修，又要使进、排风不产生短路，而且还要防止进风间的相互干扰，影响机组出力。根据计算，当进风侧水平间距接近机组高度时，便可使机组之间进风相互干扰减小。②机组上部不应有任何遮挡物，保证排风通畅。③防止固体噪声传播——机组和水泵的底座及进出水管处，需要安装减振装置，同时，水系统的主干管，需要安装减振吊架或支架，防止机组和水泵的振动通过楼板或水管等固体传到生活环境中。（4）噪声治理措施。一旦机组安装运行后对周围环境造成噪声影响，则必须进行降噪治理，根据具体情况，可参考以下措施：对机组进行隔声处理，如将压缩机设置在隔声罩内、降低排风机的转速或将机组封闭在隔声装置内；在机组进、排风处加设消声装置。

### 10.3.5 系统协调

空气作为建筑冷热源间接应用时的关键问题之五就是空气源空调系统的协调性。系统协调性是指空气源设备与空调系统、建筑内部、建筑外观能否配合得当，和谐一致。空调工程中，空调系统由冷热源设备、输配系统及末端设备构成，其中设备能效比固然重要，但系统能效比才是衡量设备与系统是否协调的标准，才是判定一个空调工程是否节能最重要的指标。系统能效比包括系统设计能效比和系统综合部分负荷能效比。系统设计能效比定义为系统设计总冷（热）负荷与系统中所有耗能设备的设计总耗电功率的比值，系统中所有耗能设备包括冷热源主机、输配水泵（冷冻、热水泵及冷却水泵）及所有末端设备。系统综合部分负荷能效比定义为系统运行工况的冷（热）负荷与系统中所有耗能设备的运行总耗电功率的比值，它与系统的气象条件、运行模式及调节特性有关，目前还没有这方面的标准规定其计算公式。在系统设计能效比中，冷热源的设计能效比对系统设计能效比的影响最大，因此，详细进行设计负荷计算、选用能效比高的冷热源主机并合理匹配主机容量，是提高空调系统设计能效比的关键（表10－8）。

**空气源空调系统设计能效比** **表10－8**

| 冷热源设备类型 | 系统设计能效比 | | 服务对象 | 样本来源地点 |
|---|---|---|---|---|
| | 夏季 | 冬季 | | |
| 空气源热泵冷热水机组 | 1.79～2.48 | / | 商场类建筑 | 重庆市 |
| | 1.8～3.6 | 1.2～3.4 | 办公类建筑 | 重庆市 |
| 多联机 | 1.9～3.3 | 0.7～2.1 | 办公类建筑 | 重庆市 |
| | 2.54～2.69 | 采用其他热源 | 办公类建筑 | 北京市 |

空气源空调与建筑内部及建筑外观的协调性是指空气源空调室内、室外设备能够正常高效运行，建筑内部及建筑外观不需要花费任何费用或者只需花费较少费用来装饰空气源设备，空调与建筑达到技术与艺术、功能与美观的完美结合。影响建筑内部美观性的空气源设备有室内机、明装的风机盘管、送风机、排风机及各种风口和管道等。影响建筑外观的空气源设备有空调室外机、空气源热泵冷热水机组、屋顶空调机、外墙排风机、新风口、排风口及各种室外管道等。

提高空气源空调与建筑内部及建筑外观协调性的途径有：

（1）提高明装设备的美观性。空调室内机近年来外观美化和创新的速度较快，从形式上来说，已从单一的壁挂式发展为壁挂式、柜式、天花板嵌入式、座吊两用式、落地窗台式、风管式等，其共同特点是追求超薄、高效、气流分布均匀；从外观上来说，以往单调、呆板的白色面板逐步被五彩斑斓的彩色面板所代替，尤其是房间空调器的室内机，三星、LG等韩国品牌的外观设计更为美观，苏格兰的佩斯利花纹、古典的盛唐纹、华丽的中国手工刺绣等图案，极富艺术情调，给人以强烈的视觉效果，用户无需再花费任何费用进行装饰，与室内装修极易协调，实现空调功能的同时彰显了生活品位。与室内机较快的发展速度相比，空调室外机较为落后，多年来在外观上基本没有多少变化，因此，开发美观大方、小巧玲珑、价格低廉的室外机在人民生活水平不断提高、不断追求建筑美观性的今天显得格外重要。

（2）考虑与建筑风格的协调性。首先，对于普通建筑，应尽可能把空调室外机布置在次要立面或屋顶上，且排列整齐有序，避免立面杂乱无章；尽可能统一外立面上风口的尺寸和形状，必要时可进行适当的装饰，使其颜色与建筑风格相协调；一些位于重要地段的建筑物，可以结合建筑立面、阳台和窗台设计，将空调室外机掩蔽起来，合理丰富建筑立面。但是需要注意的是，不同的建筑物有不同的美观性要求，应根据具体建筑的设计风格进行空气源空调的美观性设计，加强与建筑专业的沟通，才能实现与建筑的协调，从而提高建筑的品位。例如，对于中国众多的古建筑，现代空调若不加任何改变而进入建筑里，则会显得极为生硬，与建筑风格格格不入。因此，适用于此类建筑的空调尤其要考虑与建筑风格的协调，比如室内机形状可以考虑采用古代柜子模样，面板可以考虑采用中国传统的吉祥图案或传说与寓言故事，室外机可以考虑改变面板颜色或加设外罩，与建筑常采用的红墙碧瓦相呼应，从而使空调与建筑真正融为一体，在使用价值之外增加了欣赏价值和艺术价值。

关于空气源空调与建筑协调性的评价，目前还没有统一的评价标准，多采用主观性较强的专家评审评价法。有文献提出了一种定量评价方法——装饰费用法，该方法采用美观性装饰所需费用作为空调方案美观性的评价指标，在达到具体建筑美观性要求的前提下，装饰费用较少的设计方案其美观性较好。这种评价方法比较客观、简单，并且可以实现美观性评价与经济性评价的相互融合。

## 10.4 应用的条件、范围及方式

### 10.4.1 应用条件

空气作为建筑冷热资源，最重要的应用条件就是气候条件。直接应用时主要利用空气作为建筑冷资源，需要的气候条件是室外空气温度处于人体热舒适温度范围，其应用时间主要分布在过渡季节及夏季的夜间时段。常规空调条件下人体热舒适范围为18~26℃，称为静态热舒适温度范围；同时，研究表明，即使室外气温高于26℃，但只要低于30~31℃，人在自然通风的状态下仍然感觉到舒适，这就是所谓的动态（非稳态）热舒适，则动态热舒适温度范围为18~31℃。在我国绝大多数地区，过渡季节室外气温的静态热舒适小时数约占2000~3500小时，动态热舒适小时数3000~5800小时（气象数据来源于《中国建筑热环境分析专用气象数据集》)，如图10-9所示。对于住宅建筑，室内发热量小，这段时间完全可以通过直接应用室外空气冷资源消除室内负荷，从而改善室内热环境。由此可见，人们实际上可直接利用室外空气冷热资源的舒适小时数非常长。

间接应用空气作为建筑冷资源，需要品位提升设备，此时的应用气候条件包含两个层次的含义。首先是设备基本运行气候条件，是指在冬、夏季设备能够正常运行的室外环境温度、湿度边界条件；其次是设备节能运行气候条件，是指设备在冬、夏季都能够节能运行的室外环境温度、湿度边界条件，所谓节能，是指设备运行能效比大于等于3.0。

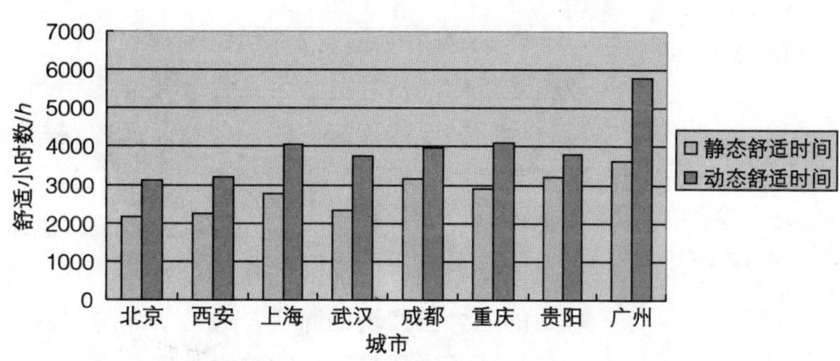


图10－9　我国各地区室外气温舒适时间

基本运行条件在国家标准里有规定。《房间空气调节器》（GB/T 7725－2004）规定了房间空调器的工作环境温度上下限是干球温度－7℃～52℃，《蒸气压缩循环冷水（热泵）机组　户用和类似用途的冷水（热泵）机组》（GB/T 18430.2－2001）及《蒸气压缩循环冷水（热泵）机组　工商业用和类似用途的冷水（热泵）机组》（GB/T 18430.1－2001）里规定了其他容量的空调机能够正常工作的环境温度：干球温度：－7±1℃～43±1℃，湿球温度－8±0.5℃～15.5±0.5℃。但在近些年实际应用和研究中，基本运行条件的下限有下降的趋势。国内有公司开发出在室外－12℃仍可正常运行、COP达到2.3左右的低温空气热泵。

节能运行条件目前在国家标准里没有规定，但标准里规定了空气作为建筑冷源时额定制冷工况下的节能运行能效比。《房间空气调节器能效限定值及能源效率等级》（GB12021.3－2004）里规定了房间空调器的节能运行能效比为≥2.9，2009年将实行≥3.1的节能运行能效比。《单元式空气调节机能源效率限定值及能效等级》（GB 19576－2004）里规定了单元式空气调节机的节能运行能效比为≥2.7。《冷水机组能源效率限定值及能效等级》（GB 19577－2004）里规定了风冷式冷水机组的节能运行能效比为≥3.0。关于空气作为建筑热源节能运行的能效比在《公共建筑节能设计标准》（GB 50189－2005）里有规定：当冬季运行性能系数低于1.8时不宜采用。

社会条件——空气作为建筑冷热资源，其应用应符合当地的社会文化风俗及生活习惯。建筑的最高境界是达到“天人合一”，即与自然环境和谐一致，最大限度地利用自然赋予人类的各种可再生能源资源，同时对自然环境产生最小限度的不利影响。空气作为建筑可利用的一种免费的、环保的可再生能源，其应用符合社会可持续发展的要求。同时，人类在长时间的发展中，经历了抵御自然、脱离自然及回归自然的不同阶段，充分认识到了人、建筑、自然环境的和谐才是健康舒适的生存理念和生活方式，空气作为建筑冷热资源，不论其直接应用（通风技术）还是间接应用（热泵技术），都符合人们向往自然的生活习惯。

建筑条件——空气作为建筑冷热资源利用时需要的建筑条件也包括两方面含义：一方面是直接应用时的建筑条件，即通风建筑条件，指如何合理利用建筑条件充分实现通风效果；另一方面是间接应用时的建筑条件，指如何在实现利用空气冷热资源后达到设备与建筑的完美协调。

建筑物内的通风尤其是住宅建筑内的通风十分必要，合理的通风不仅会改善建筑内热湿环境，而且会节省建筑运行能耗。通风建筑条件主要是指自然通风所需要的建筑条件，自然通风效果与建筑形体及结构等条件有着密切的关系；而机械通风主要依靠外力进行通风，对建筑没有特殊要求。自然通风根据通风原理的不同可分为风压通风、热压通风及风压和热压相结合通风。通风原理不同，所需要的建筑条件也不同。风压通风是利用建筑迎风面和背风面的压力差实现的通风，通常所说的“穿堂风”就是典型的风压通风应用案例。热压通风是利用建筑内外空气温度差和进出风口高度差形成的空气压差而实现的通风，即通常所说的“烟囱效应”，温度差和高度差越大，则热压作用越强。风压和热压综合作用下的自然通风并不是简单的线性叠加，其机理还在探索之中，两者何时相互加强、何时相互削弱目前尚不十分清楚。下表是能够较好利用风压通风和热压通风而需要的建筑条件。

**通风需要的建筑条件** **表 10－9**

| 通风原理 / 优化建筑条件 | 风压通风 | 热压通风 |
| --- | --- | --- |
| 建筑群布局方式 | 行列式（错列式、斜列式）和自由式 | |
| 建筑间距 | 应该适当避开前面建筑的涡流区。涡流区长度由风向投射角决定 | |
| 建筑朝向 | 尽量使建筑纵轴垂直所在地区夏季的主导风向 | |
| 屋顶 | 采用翼型屋顶形成高压区和低压区<br>在屋面结构层上部设置架空隔热层 | |
| 建筑物开口 | 进出风口宜相对错开布置，气流在室内的路线会较长；<br>进风口面积宜大于出风口面积，室内流场较均匀；<br>开口宽度为开间宽度的 1/3 ~2/3，开口大小为地板面积的 15% ~25%时，通风效果最佳 | |
| 建筑室内空间 | 房间功能的合理使用，室外空气宜首先进入人员长期停留的房间，如住宅的卧室和客厅的等；<br>室外空气进入建筑内的气流通道上，应避免出现喉部<br>外门窗上的防蚊纱窗应保持清洁 | |
| 建筑竖井 | | 中庭和风塔 |
| Tro 米 ble 墙、太阳烟囱 | | 利用太阳能作为动力，通过热压原理实现自然通风 |

注：风向投射角：风向与建筑外墙面法线的夹角。风向投射角越大，建筑背面的涡流区长度越短。

空气作为建筑冷热资源间接应用时所需的建筑条件可以从两方面来阐释，首先，设备的安装位置应能保证设备的正常高效运行；其次，设备的安装位置应能达到与整体建筑的协调。设备的安装位置随设备容量不同而不同，房间空调器通常安装在建筑的外墙立面上，单元式空调机一般安装在阳台上或庭院中，而大型空气源空调机组一般安装于建筑的屋顶上。单元式空调机与大型空气源空调机组与建筑的协调性较好，而房间空调器与建筑的协调性矛盾近年来在城市环境中较为突出。

房间空调器的安装位置及安装面在《房间空气调节器安装规范》（GB 17790－1999）里有规定：空调器的安装位置应尽量避开自然条件恶劣（如油烟重、风沙大、阳光直射或有高温热源）的地方，尽量安装在维护、检修方便和通风合理的地方。空调器的安装面应坚固结实，具有足够的承载能力。安装面为建筑物的墙壁或屋顶时，必须是实心砖、混凝土或与其强度等效的安装面，其结构、材质应符合建筑规范的有关要求；建筑物预留有空调器安装面时，必须采用足够强度的钢筋混凝土结构件，其承重能力不应低于实际所承载的重量（至少200千克），并应充分考虑空调器安装后的通风、噪声及市容等要求；安装面为木质、空心砖、金属、非金属等结构，安装表面装饰层过厚，其强度明显不足时应采取相应的加固、支撑和减震措施，以防影响空调器的正常运行或导致安全危险。同时，空调器的安装寿命应不低于产品的使用年限。

房间空调器要实现与建筑的协调应从以下几方面着手：首先，把空调器的设计纳入到建筑设计之中，由设备工程师按最不利情况估算住户的可能最大空调器容量；其次，统一规划空调器室外机的安装位置及安装条件，由设备工程师和建筑师协作完成。比如，既考虑到室外机的进排风分流、噪声、不长时间受阳光直射、冷凝水集中排放等问题，又考虑到建筑外立面的美观与协调问题。

### *10.4.2　应用范围*

根据上述气候应用条件分析，空气作为建筑冷热资源直接应用时，适用于我国绝大部分地区过渡季节及夜间时段。

空气作为建筑冷热资源间接应用时，其原则性的应用范围即标准规定的应用范围在《公共建筑节能设计标准》（GB 50189－2005）里有规定：较适用于夏热冬冷地区的中、小型公共建筑；夏热冬暖地区应用时，应以热负荷选型，不足冷量可由水冷机组提供，意味着在该地区应用时冷量有可能不足；寒冷地区应用时，当冬季运行性能系数会低于1.8时，不宜采用。

实际研究及应用中，有学者通过建立风冷热泵数学模型，计算出了在45℃的出水温度时，空气—水热泵机组在我国运行时的干工况和结霜工况的分界线：拉萨—兰州—太原—石家庄—济南，此分界线以北区域空气源热泵运行时，不会结霜，以南区域运行时，机组都存在不同程度的结霜。还有研究通过计算平均结霜除霜损失系数，认为该系数越大，空气源热泵应用越不经济，据此把我国使用空气源热泵的地区分为4类：

低温结霜区——如济南、北京、郑州、西安、兰州等；

轻霜区——如成都、桂林、重庆等；

一般结霜区——如杭州、武汉、上海、南京、南昌等；

重霜区——如长沙。

同时，近年来随着空气源热泵低温适应性技术的不断发展，空气作为建筑冷热资源应用范围北扩的趋势是显而易见的。由于北方寒冷地区的气候特点是冬季供暖时间较长，但温度特别低的持续时间相对较短，空气源热泵要想不依靠辅助热源满足该地区采暖需要，同时还满足夏季供冷需要，要求机组必须在 -15℃左右的环境中可靠、高效地运行。根据空气源热泵在北方部分地区的实测来看，在室外环境温度为 -15℃时，机组的制热性能系数仍有 1.88，空气源热泵可以不依靠辅助热源在中小型办公建筑应用，在商业建筑里应用时要配置辅助热源，而对于住宅建筑里，目前还没有实测结果。

### 10.4.3 应用方式

空气作为建筑冷热资源的应用方式有直接应用和间接应用。直接应用是指不需要任何品位提升设备而直接把室外空气引入到室内，主要利用室外空气的冷量，这类应用方式通常称为通风。通风可以起到降温、除湿及净化建筑内空气的作用。根据是否完全需要外力，通风又分为自然通风、机械通风及机械辅助式自然通风三种利用方式。完全不需要外力，直接把室外新鲜空气引入建筑内称为自然通风；完全依靠外力，把室外空气送入建筑内称为机械通风；部分地依靠外力进行的通风称为机械辅助式自然通风。

间接应用是指依靠品位提升设备把室外空气的热量或冷量提升之后转移到建筑内。这类应用方式所依靠的品位提升设备通常是空气源空调机组。根据设备功能不同，可分为空气源单冷空调器、空气源热泵空调器。根据设备容量不同，可分为房间空调器、单元式空调机及中央空调。根据输配系统的介质不同，有冷剂系统（房间空调器、VRV 系统）、水系统（空气源热泵冷热水系统）及风系统（空气源热泵全空气系统）。

## 10.5 应用案例

### 10.5.1 案例1——低温空气源热泵空调系统的应用

1. 项目简介

本项目为秦皇岛市百信图书广场空调设计，建筑长 49.2 米，宽 35.1 米，总建筑面积 6900 平方米；建筑共 4 层，总高度为 15.9 米；一、二、三层是图书市场，四层为办公室。本项目自 2002 年 11 月开始调试运行。

2. 冷热源选择

秦皇岛是全国闻名的度假旅游城市，政府对环境污染问题特别重视。本市供暖期较长，约为 5 个月。本项目位于市开发区，可利用的供暖资源有：油、城市集中煤气、电。提出了四个方案进行经济比较：方案 1—空气源热泵空调系统；方案2—螺杆冷水机组+电锅炉；方案3—螺杆冷水机组+煤气锅炉；方案4—螺杆冷水机组+油锅炉。各方案初投资比较见表10-10。

**各种方案初投资比较　　表10-10**

| 比较项目 | 方案1 | 方案2 | 方案3 | 方案4 | 备注 |
|---|---|---|---|---|---|
| 制冷量（千瓦） | 816 | 820 | 820 | 820 | |
| 制热量（千瓦） | 840 | 660 | 660 | 660 | |
| 制冷机房（万元） | 108 | 51 | 51 | 51 | |
| 制热机房（万元） | 0 | 38 | 26 | 24 | |
| 电气（万元） | 18 | 23 | 23 | 23 | 含控制 |
| 机房土建费（万元） | 0 | 30 | 30 | 30 | |
| 合计（万元） | 126 | 132 | 130 | 128 | |

由于秦皇岛夏季供冷期较短，故这里仅比较冬季供暖运行费用，见表10-11。

**各种方案冬季运行费用比较　　表10-11**

| 比较项目 | 方案1 | 方案2 | 方案3 | 方案4 |
|---|---|---|---|---|
| 机组热效率 | 2.5 | 0.95 | 0.8 | 0.8 |
| 产生1千瓦热量需要资源量 | 0.4千瓦时 | 1.05千瓦时 | 0.39米$^3$ | 0.14千克 |
| 单位资源费用 | 0.5元/千瓦时 | 0.5元/千瓦时 | 0.7元/米$^3$ | 3.2元/千克 |
| 产生1千瓦热量需要的费用 | 0.20元 | 0.52元 | 0.28元 | 0.45元 |

由上比较后，本项目最终选用空气源热泵作为空调系统冷热源，选取清华同方低温空气源热泵机组FS-U-R-360型2台及辅助电加热器3台：DR-902台，功率90千瓦；DR-601台，功率60千瓦。

3. 实际运行情况

本项目自运行后，进行了较为详细的数据记录，每年11月和次年的2、3月运行费用为3元/平方米；每年12月和次年1月运行费用为5元/平方米；全年平均为4元/平方米。

4. 设计得失分析

在实际运行中发现，电加热器的选型偏大：两台90千瓦的电加热器，其中一台只在早晨系统启动时运行30分钟左右，而另一台整个冬季几乎不运行；60千瓦的电加热器在气温较低时运行。

### *10.5.2　案例2——热泵噪声的治理*

1. 项目简介

某大厦主楼为南北两栋高层住宅，热泵机组安装于大厦三层裙房的屋顶，机组型号为30QA-240，外形尺寸为5750毫米×2150毫米×2400毫米。机组距北楼约5米，距南楼约8米，如图10-10所示。每台热泵有12只风机，排风量60000升/秒，制冷制热量620/680千瓦，排风余压<50帕。两台热泵同时开启时噪声强烈，实测结果如表10-12，测点距离热泵边1.5米：

**热泵机组噪声测量表** **表10-12**

| 测点 | 1 | 2 | 3 |
|---|---|---|---|
| 噪声级 分贝(A) | 73.6 | 68.5 | 71.0 |

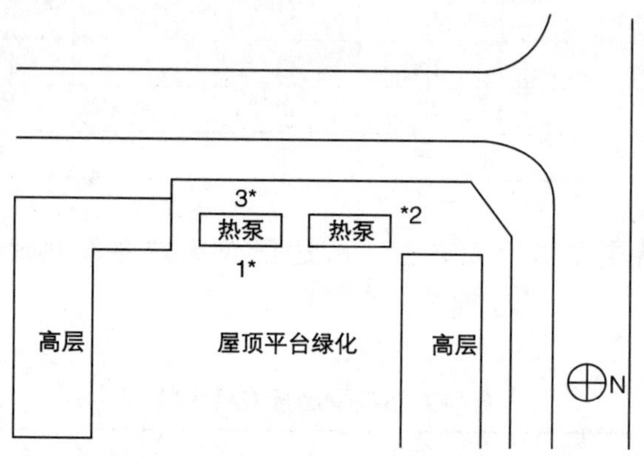


图10-10 热泵机组位置及测点分布

对靠近热泵机组北楼住户室内外噪声情况测量结果见表10-13：

**住户室内外噪声测量结果** **表10-13**

| 测点位置 | 噪声级 分贝(A) | 备 注 |
|---|---|---|
| 404室南房室内 | 59.2 | 南侧一台机组开启，开窗 |
| 604室南房室内 | 63.0 | 北侧一台机组开启，开窗 |
| 404客厅窗外1米 | 62.6 | 北侧一台机组开启 |
| 604客厅窗外1米 | 67.5 | 北侧一台机组开启 |

由上述测量可见该大厦住宅室内外环境噪声超标都很严重：在一台热泵开启时，对照住宅室内40分贝(A)标准，室内最大超标23分贝(A)；对照住宅室外环境噪声应不超过55分贝(A)标准，室外噪声最大超标12.5分贝(A)。

2. 噪声治理

治理目标：考虑到热泵在晚10点以前使用，故噪声控制的目标是满足昼间环境噪声标准，即住宅窗外1米噪声级小于等于55分贝(A)。

治理依据：当两台热泵同时开启时，顶部风机噪声和底部压缩机噪声及经地面墙面反射的噪声相互叠加形成面声源，对毗邻的住宅窗口影响极大；两台机组所需的总排风量很大，同时又要满足较大的噪声降噪量，若采用隔声装置，要考虑到较大的进排风面积；热泵位于建筑屋顶上，要考虑到如何与周围环境相协调；同时，热泵周围的空间不是很宽敞。

治理措施：基于以上考虑，最终采取了局部开敞式的隔声、强吸声及通风相结合的方案。隔声罩外形尺寸为5700毫米×17000毫米×5300毫米（长×宽×高），用型钢结构作其支撑骨架，四周留出1～1.2米的检修通道。隔声罩东西两面底部设计进风口，西面上部为出风口，上下部用强吸声结构分割，以防出风与进风短路，见图10－11。屋顶风荷载较大，为防止型钢结构失稳和振动，在屋顶防水层之上现浇一层20厘米高的混凝土底座，并用金属连接件焊牢。隔声罩的主体板材选用50毫米厚彩钢夹芯板，内部敷设100毫米厚的超细玻璃丝棉吸声材料，如图10－12所示。

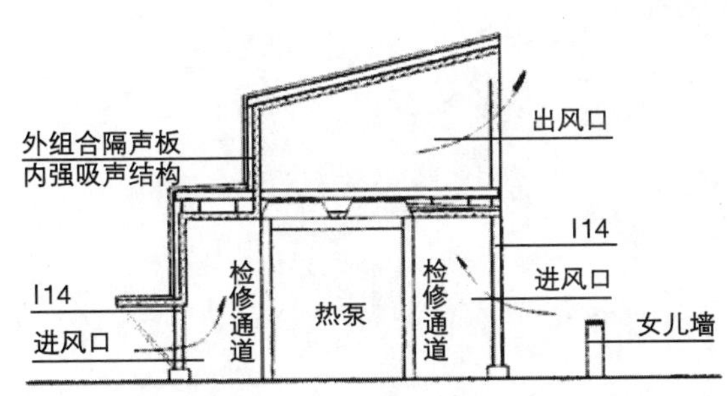


图10－11　噪声控制方案

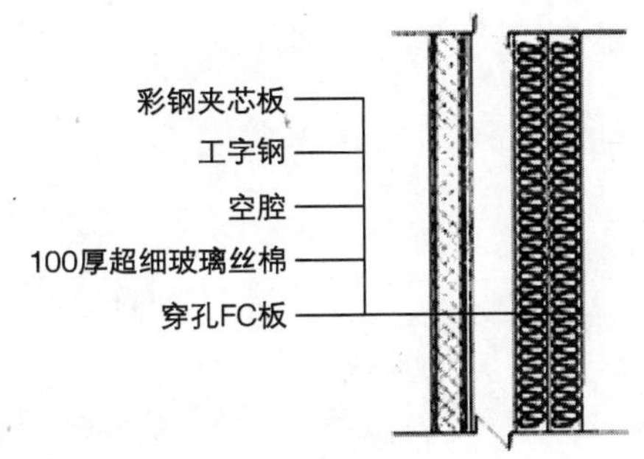


图10－12　隔声罩结构材料图

3. 噪声治理效果

工程实施后结果令人满意，住宅窗外1米处噪声级为55分贝（A），达到环境噪声标准，外观与周围环境也十分协调，如图10－13、10－14所示。

图10－13　噪声治理后外观图一

图10－14　噪声治理后外观图二

# 第 11 章　生物质能应用

“生物质”原本是生态学专业用来表示生物量（即生物现存量）的专业词汇，一般多指源自动植物的、积累至一定量的有机类资源。生物质超越生态学用语范围，变成含有“作为能源的生物资源”意义是在石油危机以后。由于当时大力提倡替代能源，生物质的定义也变成“蓄有太阳能的各种生物体的总称”，“用质量或能量表示的生物体的量，或可以看做是能源或工业原料的生物体”，故而没有严格的定义。根据能量资源的观点，采用“一定累积量的动植物资源和来源于动植物的废弃物的总称（但不包括化石资源）”作为生物质定义的较多。因此，生物质不仅包括农作物、木材、海藻等本原型农林水产资源，而且还包括纸浆废物、造纸黑液、酒精发酵残渣等工业有机废弃物，厨房垃圾、纸屑等一般城市垃圾以及污水处理厂剩余污泥等。有的国家把城市垃圾划分为生物质，有的则没有。

生物质种类很多，而且存在量十分巨大，但是可以稳定地作为替代能源的，只有“有机废弃物”和“能源作物”。有机废弃物主要是指城市垃圾、农林废弃物等。“能源作物”是以能源利用为主要目的进行栽培的植物，主要指树木等木质类生物质，以及甘蔗、玉米、油菜、熨斗兰等草本类生物质。

生物质能是指从生物质获得的能量，也被称为“生物能”。联合国粮农组织（FAO）现在以“生物能”代替“生物质能”，国际上也倾向于使用“生物能”这一名词。本书根据国内惯例称“生物质能”。

## 11.1　生物质能简介

### 11.1.1　基本特征

19 世纪以前木炭是主要的能源，20 世纪生物质是煤炭和石油的替代能源，进入 21 世纪以后，生物质之所以被认为对减轻能源和环境压力可以作出贡献，是因为它具有以下特征：

1. 可再生性：生物质能是在光和水作用下可以再生的惟一有机资源。但是，如果利用量超过其再生量（生长量、固定量），就会造成资源枯竭，所以可再生的前提是通过种植林木等措施填补利用掉的部分。

2. 可储存性与替代性：因为生物质能是有机资源，所以可以对于原料本身及其液体或气体燃料产品进行储存。液体或气体燃料运用于已有的石油、煤炭动力系统之中也是可能的。

3. 巨大的储存量：由于森林树木的年生长量十分巨大，相当于全世界一次性能源的7～8倍，实际可以利用的量按该数据的10%推算，就可以满足能量供给的要求。因此，生物质除了储备能源以外，更有流通能源的意义。

4. 碳平衡：生物质燃烧释放出来的二氧化碳可以在再生时重新固定和吸收，所以不会破坏地球的二氧化碳平衡。近年来，政府间气候变化委员会（IPCC）、联合国气候变化框架公约缔约国大会（FCCC－COP）提倡大量利用生物质以减轻气候变暖，其根据就在于此。

### *11.1.2 生物质分类*

生物质按其来源进行分类的情况见图11－1。根据图11－1，在以能源作物等生物质为目标的生产中，如果生产所需的费用不能通过利用生物质加以回收，则难以建立经济上独立可行的生产工艺。因此，生物质产品的成本会比较高，而从副产物或废弃物得到的生物质由于都来自于经济上可行的生产过程，价格便宜，而且有时还能收取处理费用。

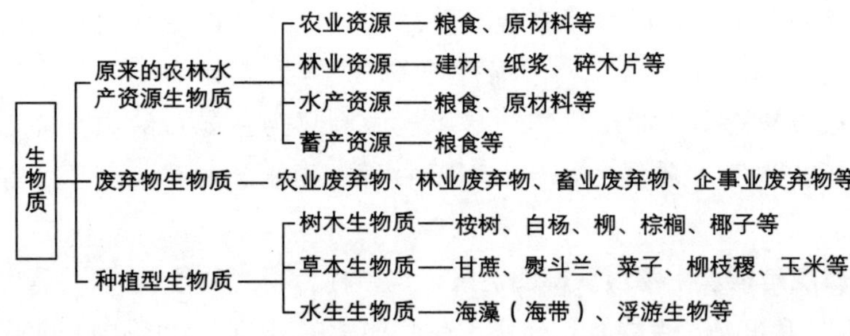


图11－1 生物质资源的分类

### *11.1.3 生物质能转化技术*

各种生物质能源在利用时均需转化。由于不同生物质资源在物理化学方面的差异，转化途径各不相同。生物质能源转换技术主要包括物理、化学和生物等三大类。生物质能源转换的方式，涉及固化、直接燃烧、气化、液化和热解等技术。其中，直接燃烧是生物质能源最早获得应用的方式。生物质的热解气化是热化学转化中最主要的一种方式。生物质能源转换技术和产品如图11－2所示。

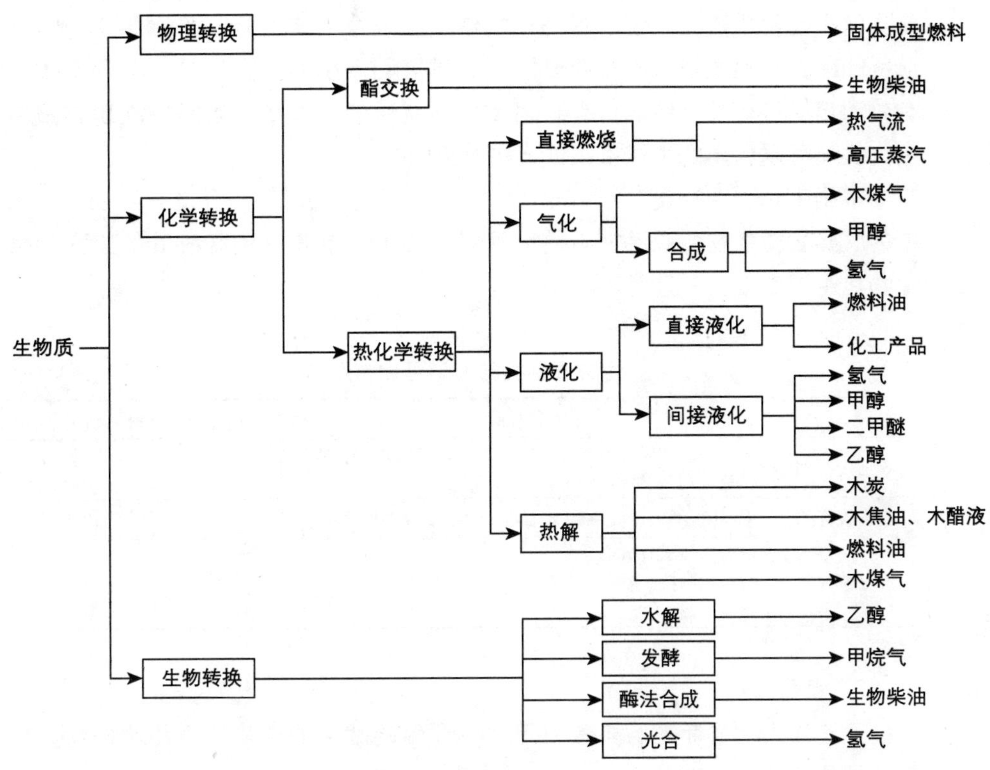


图 11-2　生物质能转化技术

## 11.2　生物质资源及其开发利用前景

### 11.2.1　资源状况

地球上储存着数量巨大的生物质，而且在光合作用下新的生物质也在不断生成。光合作用生成的生物质中，有许多可作为食物被人类食用，或者在各种社会活动中被利用。

从能源角度评价生物质的资源量时，可以把生物质大致分为两类：一类是目前已产生而没有被充分利用的废弃物类生物质；另一类是目前还没有大量生产、未被利用或利用度较低的，但将来会作为能源利用的能源作物。

1. 废弃物类生物质

废弃物类生物质是伴随着农林畜业等的生产而产生的，由于受到人类生产活动持续性的影响，其产量通常是比较稳定的。然而，一般认为这类生物质的一部分已经被用于能源以外的其他用途，即使没有进行这些利用，要将废弃物类生物质有效地作为能源完全回收也是很困难的。因此，在现有存在量的范围内，应当把实际可以作为能源利用的这部分废弃物类生物质看作潜在的能源物质。

为了估算废弃物类生物质的现存量，有必要掌握其产生量。但是，要获得世界各国、各地区废弃物类生物质的产生量是很困难的，所以大多根据对废弃物类生物质资源产生率等进行的假定来推算其产生量。图 11 –3 为推算所得的废弃物类生物质的现存量。在估算可利用生物质资源量时必须考虑到有效利用的可行性，所以，废弃物类生物能源的潜在量应当是指在现存量范围内实际可以利用的资源量，推算结果见图 11 –4。

根据生物质现存量，乘以表 11 –1 中的可能利用率，可以得到图 11 –5 中的废弃物类生物能源潜在量的估算值。图 11 –6 是按地区统计的废弃物类生物能源潜在量。

**生物质种类与能源可能利用率** **表 11 –1**

| 生物质种类 | | 可能利用率/% |
|---|---|---|
| 农业废弃物 | 稻、麦、玉米、根茎作物、甘蔗（收获时的残余物） | 25 |
| | 甘蔗（榨渣） | 100 |
| 畜业废弃物 | 牛、猪、马、鸡、绵羊、山羊、水牛、骆驼的粪便 | 12.5 |
| 林业废弃物 | 产业用原木材残余物 | 75 |
| | 燃料木材残余物 | 25 |
| | 用料碎屑 | 100 |

2. 能源作物

不是作为食物而是以能源利用为主要目的栽培的植物称为能源作物。一般能源作物的生产方法为选择木本或草本植物中生长较快的种类进行栽培，在进入生长迟缓期前 5 ~10 年进行采伐（短周期）。桉树、混合杨树、柳树等木本植物，甘蔗、熨斗兰、高粱、柳枝稷等草本植物，以及其他油类作物等都可以作为能源作物。

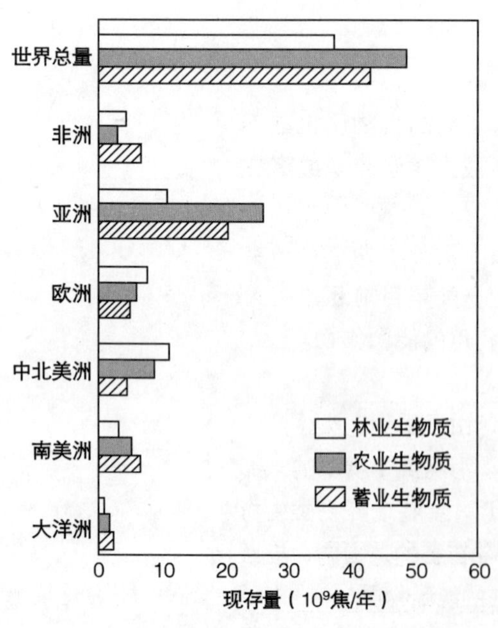


图 11 –3 废弃物类生物质的现存量的推算结果（以生物质种类区分）

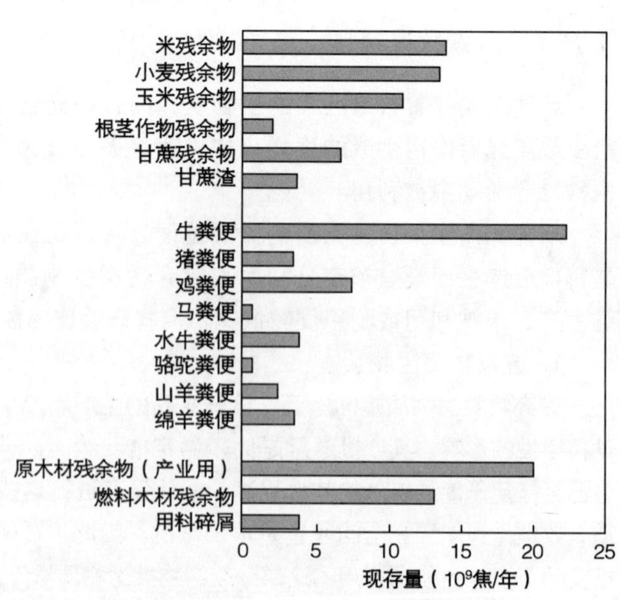


图 11 –4 废弃物类生物质的现存量的推算结果图（以地区区分）

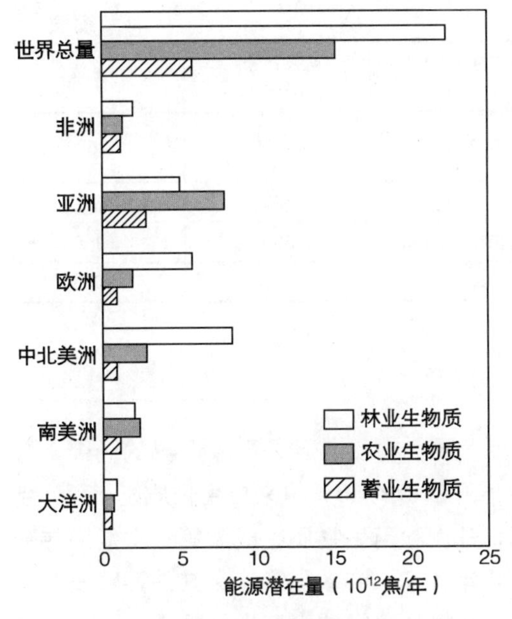


图 11-5 废弃物类生物能源潜在量
（以生物质种类区分）

米残余物
小麦残余物
玉米残余物
根茎作物残余物
甘蔗残余物
甘蔗渣
牛粪便
猪粪便
鸡粪便
马粪便
水牛粪便
骆驼粪便
山羊粪便
绵羊粪便
原木材残余物（产业用）
燃料木材残余物
用料碎屑
0 5 10 15 20
能源潜在量（$10^{12}$焦/年）

图 11-6 废弃物类生物能源潜在量
（以地区区分）

关于能源作物的资源量，在巴西桉树林种植经验的基础上，各个国家根据其单位收成与年降水量呈正比关系进行推算，得到非洲、拉丁美洲、亚洲的能源作物的资源量（潜力）大约为 $7\times10^{10}$ 千焦/年。需要注意的是，该推算值是以商业化种植的良好条件为前提的。以此例为参照，根据联合国粮农组织（FAO）的数据，假定将未利用土地的 10%作为能源种植用地，并假设栽培作物的生长速度为 15 吨/（公顷・年），则世界能源作物的总资源量为 $1.25\times10^{11}$ 千焦/年，这正好与废弃物类生物质的现存量相当。

3. 我国主要生物质能资源

我国具有丰富的生物质能资源，主要来自于农林资源，理论生物质能资源约有 50 亿吨标准煤，是我国目前总能耗的 4 倍左右。根据资料介绍，目前我国年可获得生物质资源量达 3.14 亿标准煤，其中秸秆和薪材分别占 54%和 36%，见表 11-2。

**我国主要生物质资源** **表 11-2**

| 品种 | 资源总量/亿吨 | 可获得量/亿吨 | 可获得量/万标准煤 | 比例% |
|---|---|---|---|---|
| 工业有机废水、废渣 | 25.94 | 107.5 亿立方米（工业沼气） | 920 | 3 |
| 禽畜粪便 | 14.70 | 130 亿立方米（农业沼气） | 930 | 3 |
| 秸秆及农业加工剩余物 | 7.20 | 3.6 | 17000 | 54 |

续表

| 品种 | 资源总量/亿吨 | 可获得量/亿吨 | 可获得量/万标准煤 | 比例% |
|---|---|---|---|---|
| 薪材及林业加工剩余物 | 2.00 | 2.0 | 11400 | 36 |
| 城市生活垃圾 | 1.49 | 0.6 | 800 | 3 |
| 能源植物 | 0.56（甜高粱秆） | 0.035（乙醇） | 300 | 1 |
| 合计 | | | 31350 | 100 |

### 11.2.2 开发利用前景

生物质能是重要的可再生资源，发展生物质能源是当今世界的一个十分重要的主题。预计在21世纪，世界能源消费的40%将来自生物质能。预计到2050年左右，化石能源将濒临耗竭，开发利用生物质能成为第三次能源转变的关键。早在20世纪80年代末、90年代初，许多国家，尤其是西欧及北美的一些发达国家，就开始投入大量人力物力进行技术开发。据估计，世界范围内对可再生能源的技术开发投资已达315亿美元。美国生物质能利用占全国总能耗的比例，从90年代中期的5%左右提高到2000年的10%~13%，而巴西、芬兰、瑞典等国家已走在了从化石燃料转入可再生能源时代的前列，巴西的可再生能源占全国能耗的55%以上，而芬兰每年也提供总能源的30%~40%。

我国是以农村为主的发展中国家，生物质能源的转化技术及其应用具有广阔的前景。据预测，我国到2050年，每年可获得的生物质能资源潜力有9.04亿标准煤。我国有5700万公顷宜林地和荒沙荒地，还有1亿公顷不适宜发展农业的边际土地资源。充分开发利用我国的土地资源，在不与农林作物（粮油棉）等争土地的条件下，发展林木生物质能源潜力巨大。生物质一直是我国农村的主要能源之一，但大多以直接燃烧为主，不仅热效率低下（低于10%），而且大量的烟尘和余灰的排放也使人们的居住和生活环境日益恶化，严重损害了人民的身心健康。以新技术转化生物质的能源利用方式，可使热效率提高到35%~40%，可大幅提高农村的能源利用效率，节约资源，改善农民的居住环境，提高生活水平。

### 11.2.3 利用生物质能的意义

我国是一个人口大国，伴随着经济的迅速发展，正面临着经济增长和环境保护的双重压力。改变能源结构、生产和消费方式，开发利用生物质能等可再生的清洁能源资源，对建立可持续供给的能源系统，促进国民经济发展和环境保护具有重大意义。尤其是中国的农村，开发利用生物质能更具特殊意义。随着农村经济发展和农民生活水平的提高，农村对于优质燃料的需求日益迫切，传统的能源利用方式已经难以满足现代化农村需求，这为生物质能优质化转换利用提供了广阔的应用空间。

生物质能利用具有重要意义：

1. 拓宽农业服务领域，增加农民收入。进入 21 世纪后，我国居民消费结构发生了很大变化，恩格尔系数不断下降。受边际消费递减规律的影响，出现了农民收入增长难的现象。1997 年以来，农民收入中来自纯农业的收入一直没有增长，增收主要靠工资性收入。这就要求农业必须扩大服务领域，加大深度和广度，不仅提供食品和纤维，还应提供能源和其他化工、医药等产品。发展能源农业，开发和利用生物质能转化技术在为农业拓宽服务领域的同时，也为农民增收开辟了新途径。

2. 缓解我国能源短缺，保证能源安全。预计到 2020 年，中国的 GDP 可能达到 5 万亿美元，能源需求为 25 亿吨到 30 亿吨标准煤，其中石油缺口为 1.6 ~2.2 亿吨。开发生物质能源可以大大缓解我国的能源供应压力，实施能源农业、生态农业的发展战略。

3. 治理有机废弃物污染，保护生态环境。我国环境污染形势非常严峻，对环境污染最严重的企业仍是养殖企业和农产品加工企业。据调查，我国畜禽养殖场的粪便产生量达 17.3 亿吨，80%的规模化畜禽养殖场缺乏必要的污染治理设施，畜禽粪便未经处理直接排入环境，严重污染空气和水体。我国温室气体排放已严重影响我国气候变化，预计在 2020 ~2030 年期间，全国平均气温将上升 1.7℃；到 2050 年，全国平均气温将上升 2.2℃。研究开发和利用生物质能技术，应用于农产品及其副产品的环保处理，不仅可以提供大量可使用的清洁能源，同时解决了农产品及其副产品生产加工过程中的有机物环境污染问题，是一举两得的好事。

4. 广泛应用生物技术，发展基因工程。用转基因方法可以获得柴油油菜新品种，可以分解秸秆纤维获得生产酒精的工程菌。转基因技术应用于能源作物和能源微生物上，不受基因标识的限制。加大微生物技术在能源作物和能源微生物方向的研究与应用，促进生物质能源的可持续发展，不仅可以为生物质能转化提供更多更优质的原料，增加生物质提供能源的数量和比例，同时也能促进生物技术及基因工程技术的进一步发展。

## 11.3　生物质能源转换与应用技术

### 11.3.1　生物质气化利用技术

1. 生物质气化原理

生物质气化是一种生物质热化学转换技术，其基本原理是在不完全燃烧条件下，将生物质原料加热，使较高分子量的有机碳氢化合物链裂解，变成较低分子量的一氧化碳、氢气、甲烷等可燃性气体。在转换过程中要加气化剂（空气、氧气或水蒸气），其产品主要指可燃性气体与 $N_2$ 等的混合气体。

此种气体尚无准确命名，称燃气、可燃气、气化气的都有，以下称其为“生物质燃气”或简称“燃气”。生物质气化技术近年来在国内外被广泛应用。对生物质进行热化学转换的技术还有干馏和快速热裂解，它们在转换过程中是加不含氧的气化剂或不加气化剂，得到的产物除燃气之外还有液体和固体物质。

生物质气化所用原料主要是原木生产及木材加工的残余物、薪柴、农业副产物等，包括板皮、木屑、枝杈、秸秆、稻壳、玉米芯等等，原料在农村随处可见，来源广泛，价廉易取。它们挥发组分高，灰分少，易裂解，是热化学转换的良好材料。按具体转换工艺的不同，在添入反应炉之前，根据需要应进行适当的干燥和机械加工处理。

生物质气化都要通过气化炉完成，其反应过程很复杂，目前这方面的研究尚不够细致充分。随着气化炉的类型、工艺流程、反应条件、气化剂的种类、原料的性质和粉碎粒度等条件的不同，其反应过程也不相同。但不同条件下生物质气化过程基本上包括下列反应：

$C + O_2 = CO_2$　　$2CO_2 + O_2 = 2CO_2$　　$H_2O + C = CO + H_2$

$2H_2O + C = CO_2 + 2H_2$　　$H_2O + CO = CO_2 + H_2$　　$C + 2H_2 = CH_4$

2. 常见生物质气化炉

把农作物秸秆、薪柴等通过气化转变成生物质燃气，需要用生物质气化炉来完成。因此，气化炉是生物质气化设备的核心部件。气化炉大体上可分为固定床气化炉和流化床气化炉两大类。固定床气化炉是将切碎的生物质原料由炉子顶部加料口投入炉中，物料在炉内基本上是按层次地进行气化反应。反应产生的气体在炉内的流动靠风机来实现。固定床气化炉的炉内反应速度较慢，按气体在炉内流动方向，可将固定床气化炉分为下流式（又称下吸式）、上流式（又称上吸式）、横流式（又称横吸式）和开心式四种类型（图11－8～图11－11）。流化床气化炉的工作特点是将粉碎的生物质原料投入炉中，气化剂由鼓风机从炉栅底部向上吹入炉内，物料的燃烧气化反应呈“沸腾”状态，反应速度快。按炉子结构和气化过程，可将流化床气化炉分为单流化床（图11－12）、循环流化床（图11－13）、双流化床（图11－14）和携带流化床四种类型。按供给的气化剂压力大小，流化床气化炉又可分为常压气化炉和加压气化炉两类。

图11－7 生物质气化机理示意

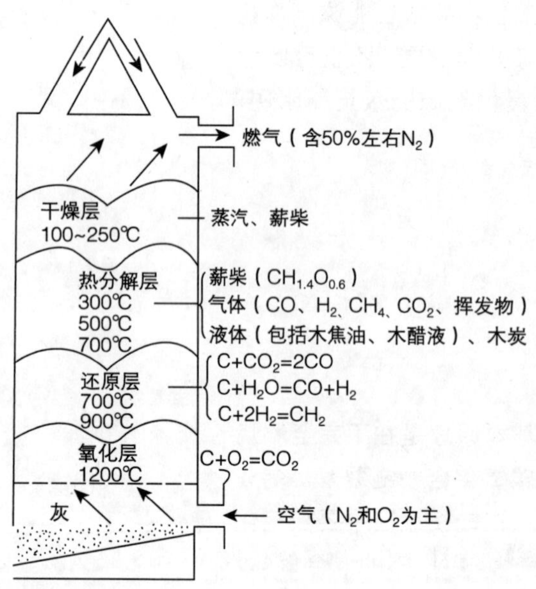


固定床气化炉结构简单，投资少，运行可靠，操作比较容易，对原料种类和粒度要求不高，但通常产气量较小，多用于小型气化站内或户用，只有上流式固定床气化炉可用于较大规模的生物场合。

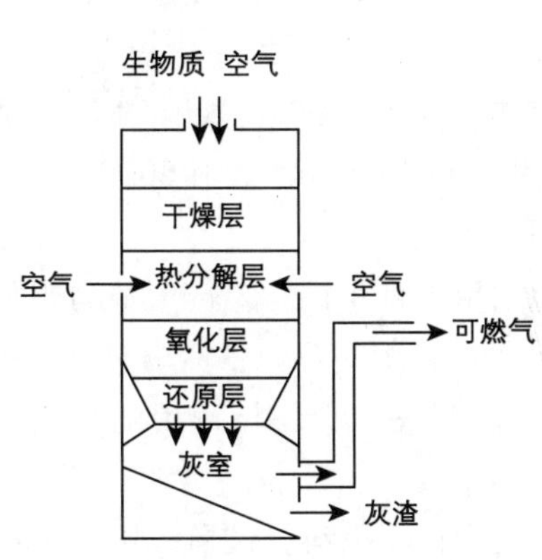


图11-8 下流式固定床气化炉示意

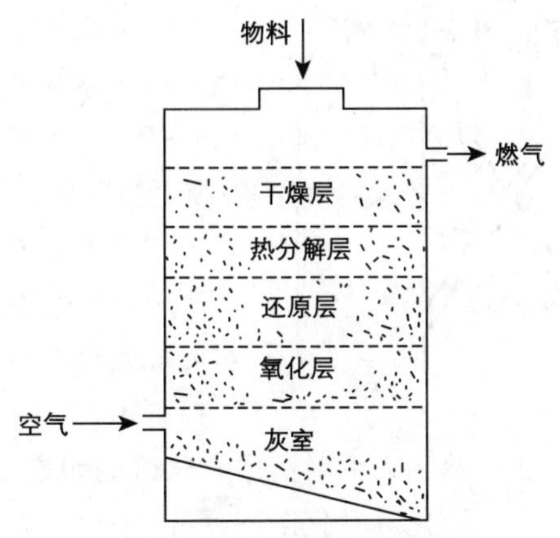


图11-9 上流式固定床气化炉示意

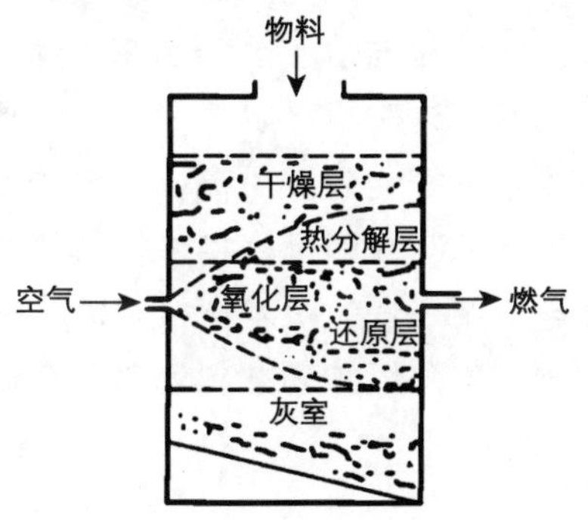


图11-10 横流式固定床气化炉示意

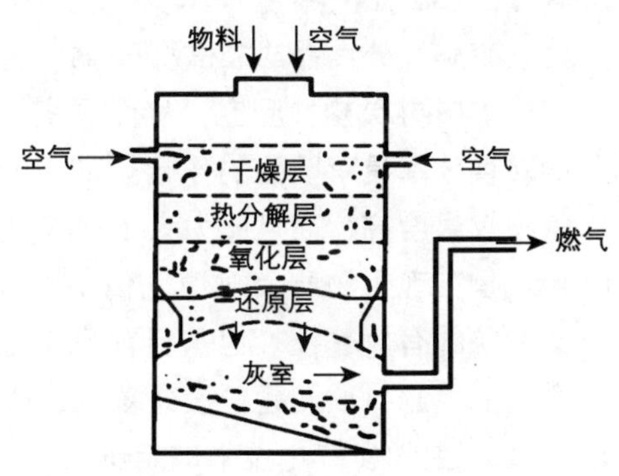


图11-11 开心式固定床气化炉示意

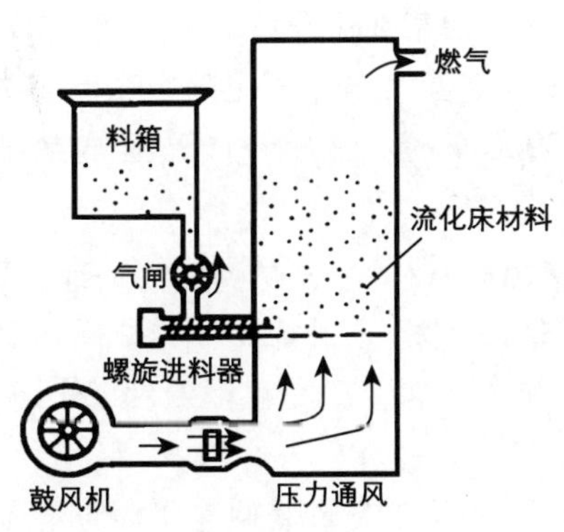


图11-12 单流化床气化炉示意

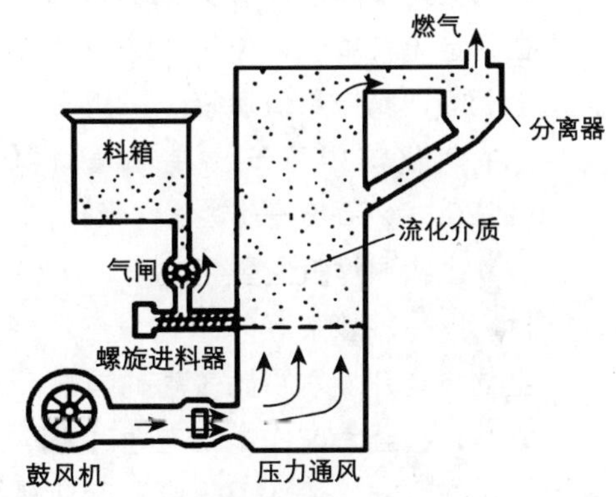


图11-13 循环流化床气化炉示意

下流式固定床气化炉的气化剂在炉中自上而下流动，热分解层产出的焦油（对气化技术来说，焦油是有害的物质）在经过氧化—还原层时，能热裂解成小分子量的永性体（再降温时不凝结成液体），所以出炉的燃气中焦油含量较少，但是灰分较多，并且温度较高，需进行冷却和去除杂质。这种气化炉在国内外小规模生产中得到了较广泛的应用，其原因如下：

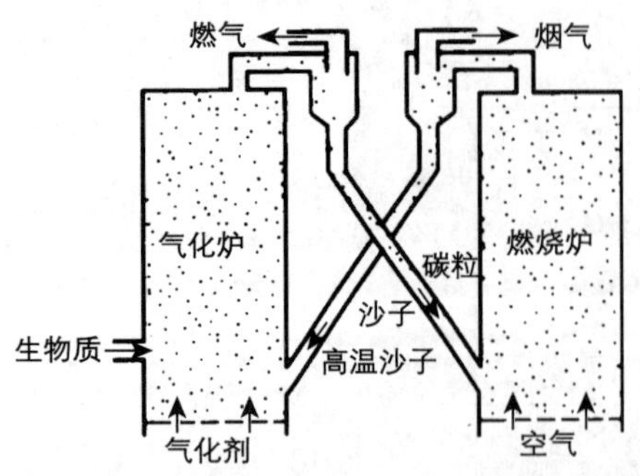


图 11-14 双流化床气化炉示意

（1）结构简单，运行比较可靠，造价较低，适于农村的技术水平与经济水平。

（2）这种炉型的产气量一般为 600 立方米/小时，最大可达 1000 立方米/小时；燃气的热值常为 5000 千焦/立方米左右。农作物秸秆资源比较分散，自然村居民超过 400 户的为数不多，气化站用这种小炉型，产气量与用气量匹配合理，原料用量少，运输距离短。

（3）这种炉型的设计、制造、安装与使用的经验比较成熟，人们对它已有良好的印象，易于推广应用。

流化床气化炉多用于中、大规模的连续生产，其投料、送风、控制系统等较复杂，加之炉型较大，致使制造成本大大增加。流化床气化炉流化速度高，出炉的燃气中携有较多的炭粒与沙子。循环流化床气化炉是在燃气出口处设有旋风分离器或袋式分离器，将气化气中的炭粒与沙子分离出来，返回气化炉中再次参加反应，从而提高了炭的转化率，这对于难以燃尽的生物质的转换效率具有明显的作用。加压流化床能使系统气化效率更高，产出的燃气不仅温度高，而且压力大，经净化后不用压缩和冷却即可直接供燃气轮机用，是实现生物质大规模气化—燃气轮机发电机组—汽轮机发电机组联合循环系统的有效途径，但是目前也存在一些问题，如向压炉内加料困难、高温燃气的过滤材质问题、设备复杂、成本高等。

3. 生物质气化技术应用途径

生物质气化产出的可燃气热值（低位热值），主要随气化剂的种类和气化炉的类型不同而有较大差异。我国生物质气化所用的气化剂大部分是空气，在固定床和单流化床气化炉中生成的燃气的热值通常在 4200 ~756 千焦/立方米之间，属低热值燃气。采用氧气或水蒸气乃至氢气作为气化剂，在不同类型的气化炉中可产出中热值（10920 ~ 18900 千焦/立方米）乃至高热值（22260 ~26040 千焦/立方米）的燃气。

生物质燃气主要用途有：（1）供民用炊事和取暖；（2）烘干谷物、木材、果品、炒茶等；（3）发电；（4）区域供热；（5）工业企业用蒸汽等。在生物质能开发水平比较高的国家，还用生物质燃气作化工原料，如合成甲醇、氨等，甚至考虑作燃料电池的燃料。

在北方，生活用气量及农户需缴纳的燃气费用在非采暖期与采暖期有显著差别。非采暖期主要用于炊事，采暖期在采暖同时可完成炊事。生物质燃气应用于北方村镇，供暖方式可有四种，分别为用架空灶或落地炕取暖、架空炕（或落地炕）与土暖气结合采暖、架空炕与地炕结合采暖以及单用暖气取暖。其采暖用气量随地理位置、房屋围护结构、室内要求采暖温度等的不同而不同。经计算，我国北方地区冬季采暖，当平均室温达到 12℃时，单位建筑面积平均每天采暖耗气量约为每平方米每天 1.028 立方米；平均室温要求 15℃时，采暖耗气量约每平方米每天 1.16 立方米。对于一个建筑面积 70

平方米的农村住宅，每年生物质燃气采暖费用约为 1620 元（保持室温 12℃）或 1827 元（保持室温 15℃），扣除农民卖秸秆原料的收入（秸秆单价以 0.06 元/公斤计），需支付采暖费 1296 元或 1461 元；若室内安装节能地炕，在保持同等室温条件下，采暖燃气费用分别为 315 元或 521 元，扣除秸秆原料费，采暖费用只需 252 元或 417 元。与用煤、薪材、秸秆等燃料取暖相比，生物质燃气采暖（扣除秸秆原料费）与用煤采暖费用相当；结合地炕采暖，燃气费用与用薪材、秸秆采暖费用相当。而且用燃气采暖舒适、卫生，就目前我国北方农村的实际情况，燃气结合地炕采暖在经济上是可行的，应大力倡导农民使用。

### *11.3.2　沼气技术*

1. 沼气的概念

在沼泽、河底、湖底、池塘、污水池等厌氧环境中，由于微生物的活动，有机质能被分解产生可燃性气体。这种气体因和沼泽关系密切，所以叫做沼气。后来发现，沼气主要来自生物物质的分解，所以又叫做生物气。在气温较高的日子，尤其是夏天，如果我们站在多年未掏泥的池塘边，将一块石头扔到池塘里，立即就可以看到有巨大的气泡从池底升起，有时气泡还将池底的污泥带到水面上，这种现象就是在池底形成的沼气受到搅动突然升到池面引起的。

沼气是由微生物产生的一种可燃性混合气体，其主要成分是甲烷（$CH_4$），在沼气中的含量大约占 60%；其次是二氧化碳，大约占 35%；此外还有少量其他气体，如水蒸气、硫化氢、一氧化碳、氮气等。甲烷是一种简单的有机化合物，是良好的气体燃料。它的化学性质极为稳定，微溶于水，比空气约轻一半，无色、无毒、无臭。一般沼气燃烧前略带蒜味，这是因为其中含有少量的硫化氢和某些有机化合物。沼气与空气混合燃烧时，产生淡蓝色火焰，最高温度可达 1400℃，能够产生大量的热量。沼气是一种高效清洁卫生的燃料，在配置适合炉具的条件下，沼气燃烧热效率可高达 65%，比直接燃烧柴草提高了好几倍。另外，沼气燃烧不会产生烟尘等环境污染物。

2. 沼气发酵原理

沼气发酵是一个（微）生物作用的过程。各种有机质，包括农作物秸秆、人畜粪便以及工农业排放废水中所含的有机物等，在厌氧及其他适宜的条件下，通过微生物的作用，最终转化成沼气，完成这个复杂的过程，即为沼气发酵。沼气发酵主要分为液化、产酸和产甲烷三个阶段，如图 11－15 所示。

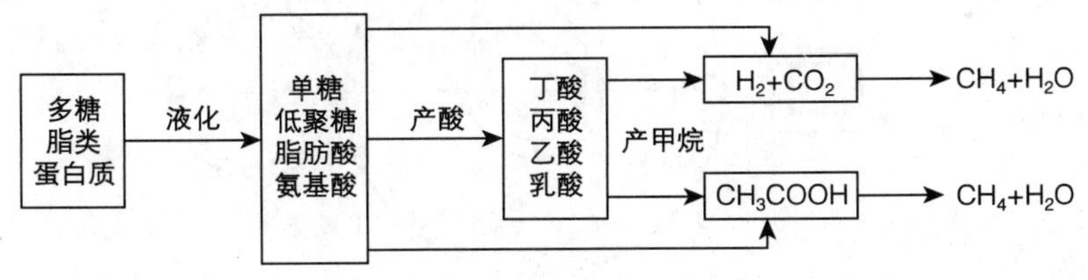


图 11－15　沼气发酵的基本流程示意

（1）液化阶段。农作物秸秆、人畜粪便、垃圾以及其他各种有机废弃物，通常是以大分子状态存在的碳水化合物，如淀粉、纤维素及蛋白质等。它们不能被微生物直接吸收利用，必须通过微生物分泌的胞外酶（如纤维素酶、肽酶和脂肪酶等）进行酶解，分解成可溶于水的小分子化合物（即多糖水解成单糖或双糖，蛋白质分解成肽和氨基酸，脂肪分解成甘油和脂肪酸）。这些小分子化合物进入到微生物细胞内进行的一系列生物化学反应称为液化。

（2）产酸阶段。液化完毕后，在不产甲烷微生物群的作用下，将单糖类、肽、氨基酸、甘油、脂肪酸等物质转化成简单的有机酸（如甲酸、乙酸、丙酸、丁酸和乳酸等）、醇（如甲醇、乙醇等）以及二氧化碳、氢气、氨气和硫化氢等，由于其主要的产物是挥发性的有机酸（其中以乙酸为主，约占80%），故此阶段称为产酸阶段。

（3）产甲烷阶段。产酸阶段完成后，这些有机酸、醇以及二氧化碳和氨气等物质又被产甲烷微生物群（又称产甲烷细菌）分解成甲烷和二氧化碳，或通过氢还原二氧化碳形成甲烷，这个过程称为产甲烷阶段。这种以甲烷和二氧化碳为主的混合气体便称为沼气。

3. 典型农村户用沼气生产装置

（1）典型水压式沼气池

图11－16为我国农村大量使用的典型圆筒形水压式沼气池。

水压式沼气池型的优点：

①池体结构受力性能良好，而且充分利用土壤的承载能力，所以省工省料，成本比较低。

②适于装填多种发酵原料，特别是大量的作物秸秆，对农村积肥十分

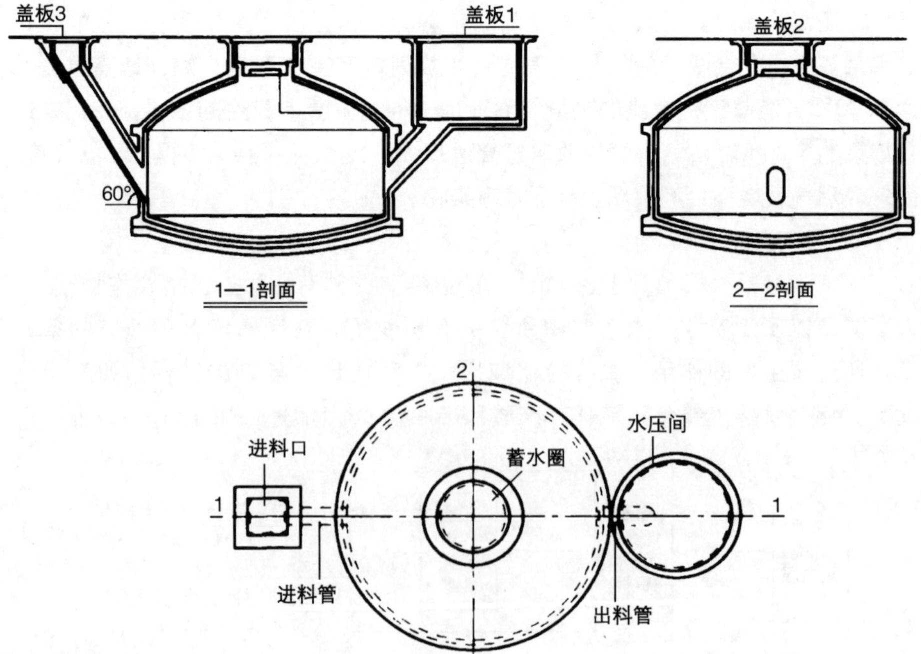


图11－16 典型圆筒形水压式沼气池

有利。

③为便于经常进料，厕所、猪圈可以建在沼气池上面，粪便随时都能打扫进池。

④沼气池周围都与土壤接触，对池体保温有一定的作用。

水压式沼气池型的缺点：

①气压反复变化，而且一般在 4 ~16 千帕之间变化，这对池体强度和灯具、灶具燃烧效率的稳定与提高都有不利的影响。

②由于没有搅拌装置，池内浮渣容易结壳，且难以破碎，所以发酵原料的利用率不高，池容产气率（即每立方米池容积一昼夜的产气量）偏低，一般产气率每天仅为 0. 15 ~0. 20。

③由于活动盖直径不能加大，对发酵原料以秸秆为主的沼气池来说，大出料工作比较困难。因此，最好采用出料机械出料。

（2）曲流布料水压式沼气池

该池型属于改进型的水压式沼气池（图 11 –17）。它的发酵原料不用秸草，全部采用人、畜、禽粪便。其含水量在 95％左右（不能过高）。该池型有如下特点：

①在进料口咽喉部位设滤料盘。

②原料进入池内由布料器进行布料，形成多路物流，增加新料扩散面，充分发挥池容的负载能力，提高了池容产气率。

③池底由进料口向出料口倾斜。

④扩大池墙出口，并在内部设隔板，阻流固菌。

⑤池拱中央、天窗盖下部设吊笼，输送沼气入气箱。同时，利用内部气压、气流产生搅拌作用，缓解上部料液结壳。

⑥把池底最低点改在水压间底部。在倾斜池底作用下，发酵液可形成一定的流动推力，实现进出料自流，可以不打开天窗盖把全部料液由水压间取出。

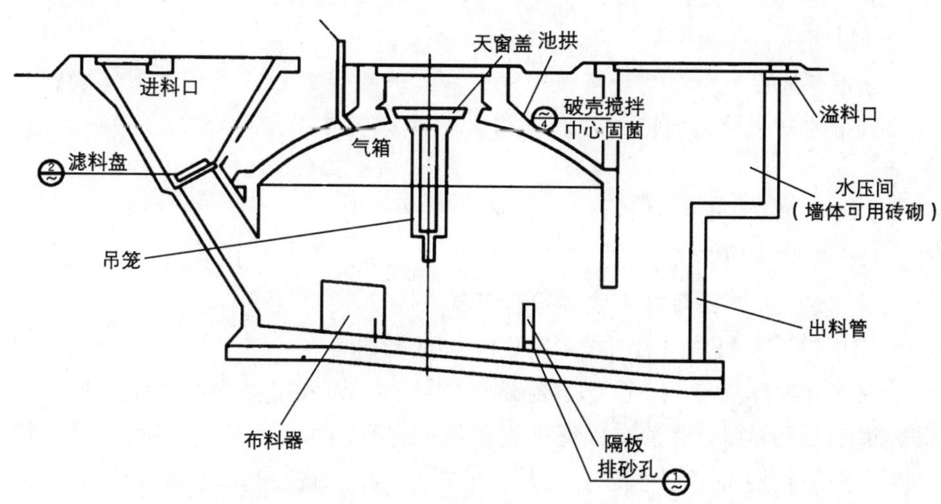


图 11 –17　曲流布料水压式沼气池

(3) 浮罩式沼气池

浮罩式沼气池（图11－18）的特点是：罩内沼气压力基本稳定，压力大小取决于浮罩内筒横截面积与浮罩的自重和配重，易适应沼气发酵工艺要求（指压力大小）和燃烧器的性能；建池和出渣容易，但保温性能不如水压式沼气池。分离储气罩式沼气池克服了这个缺点，但用金属制造的浮罩容易锈蚀。

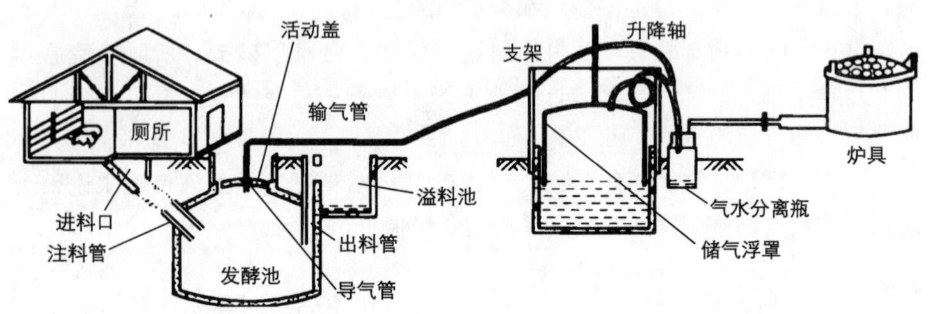


图11－18 分离浮罩式沼气池及其配套设施

4. 农村户用沼气技术评价

(1) 主要技术性能参数

①气密性。设计池内气压为8千帕或4千帕时，24小时观测（水压法或气压法均可）漏损率小于3%为合格。

②产气率。目前我国农村沼气池一般为常温发酵，当满足发酵工艺要求和正常使用管理的条件下，池容平均日产气量为0.2～0.4立方米。

③正常贮气量，为日产气量的50%。

④强度安全系数 $K \geq 2.65$。

⑤正常使用寿命20年以上。

⑥活荷载2000千牛/平方米。

⑦地基承载力设计值≥50千帕。

⑧工作气压。池内正常工作气压≤8千帕，最大气压限值≤12千帕，采用浮罩贮气的，可选≤4千帕。

⑨沼气池容积。沼气池容积根据农户的养殖规模和日最大耗气量确定，是设计中的一个关键。目前在我国广大农村地区多采用6～10立方米的沼气池。

⑩投料量。沼气池的投料量应根据不同的贮气方式确定。水压式沼气池，设计最大投料量以不大于主池容积的90%为宜；浮罩贮气和气袋贮气的沼气池，设计最大投料量可按主池容积的95%考虑。

(2) 推广农村户用沼气技术需要注意的事项。

要充分发挥其能源、生态、经济多种效益，为农民提供优质生活能源，改善庭院卫生环境，必须在保证建设质量的同时，注重后期管理维护，同时引导农户开展沼液、沼渣综合利用，推广应用“四位一体”和“猪—沼—

果”等多种模式，发展循环农业。

（3）农村户用沼气主要技术和建设模式。

目前我国户用沼气主要有底层出料水压式沼气池、强回流沼气池、分离贮气浮罩沼气池、旋流布料自动循环沼气池、曲流布料沼气池等池型。根据地域、气候、环境条件和各地农业发展的特点，北方有“四位一体”能源生态模式与技术，南方有“猪—沼—果”能源生态模式与技术，西北有“五配套”能源生态模式与技术等。在实际推广中，推行了“一池三改”，即在建设户用沼气池的同时，统一规划，将沼气池、畜禽舍、厕所同步连通改造或新建。

5. 集约化畜禽养殖场大中型沼气工程

（1）工艺流程

集约化畜禽养殖场大中型沼气工程的基本工艺流程见图 11－19。

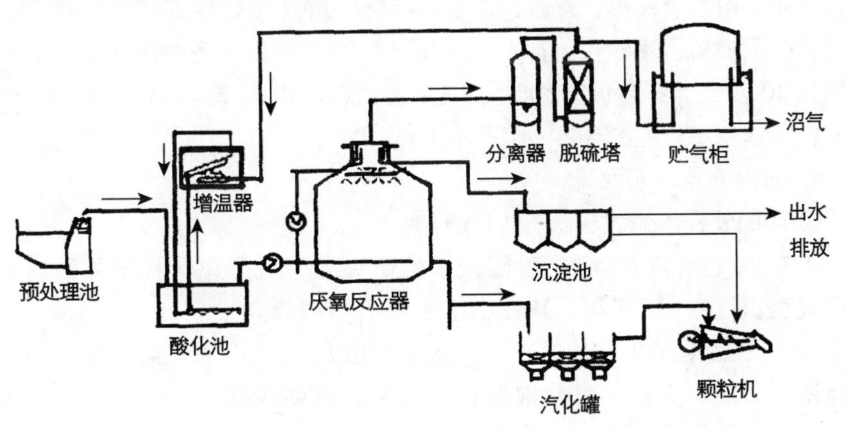


图 11－19　集约化畜禽养殖场大中型沼气工程基本工艺流程

（2）推广该项技术需要注意的事项

第一，畜禽养殖场沼气工程的设计应该符合当地总体规划，与当地客观实际紧密结合，正确处理集中与分散、处理与利用、近期与远期的关系。应以减量化、无害化、资源化为目标，应用先进技术和工艺，实行清洁生产，从源头上减少粪污排放量。

第二，畜禽养殖场沼气工程的原料是养殖场的污水和粪便，应有充足和稳定的来源，严禁混入其他有毒、有害污水或污泥。

第三，畜禽养殖场沼气工程必须科学设计，以节省投资和降低运行费用。

第四，畜禽养殖场沼气工程的设计应由具有相应设计资质的单位承担。运行管理人员必须熟悉沼气工程处理工艺和设施、设备的运行要求与技术指标，并应持有职业资格证书（沼气生产）。操作人员必须了解本工程处理工艺，熟悉本岗位设施、设备的运行要求和技术指标。

第五，畜禽养殖场沼气工程运行、维护及安全规定应符合现行有关标准的规定。应建立日常保养、定期维护和大修三级维护保养制度。

第六，必须按照有关防火、防爆的要求做好安全防护措施，确保安全。

### 11.3.3 生物质固化成型燃料技术

生物质固化成型燃料技术是在一定温度和压力作用下，将各类分散的、没有一定形状的农林生物质经过收集、干燥、粉碎等预处理后，利用特殊的生物质固化成型设备挤压成规则的、密度较大的棒状、块状或颗粒状等成型燃料，从而提高其运输和贮存能力，改善秸秆燃烧性能，提高利用效率，扩大应用范围。生物质原料挤压成型后，密度可达0.8～1.3吨/立方米，热值可达15～17兆焦/千克，燃烧特性明显改善，且贮存、运输、使用方便，是在一定领域代替煤炭的理想燃料。生物质固化成型燃料可以部分替代煤炭、燃气等作为民用燃料进行炊事、取暖等，也可作为工业锅炉或生物质发电站的燃料。

我国生物质固化成型燃料技术起步较晚，但发展迅速。目前，北京、河南、河北、山东、江苏、安徽、辽宁、吉林、黑龙江等（直辖市）推广生物质固化成型燃料技术较多。据不完全统计，推广使用的各类固化成型燃料设备约有30多处（不含机制木炭），其中包括部分由生产饲料转制生产燃料的企业，年总生产能力约5万~6万吨。

1. 国内外技术研发现状

(1) 国外技术研发现状

早在20世纪30年代，美国就开始研究固化成型燃料技术并研制了螺旋式成型机。在1976年，开发出了生物质颗粒燃烧设备。日本于20世纪50年代引进固化成型技术后进行了改进，发展成了日本固化成型燃料的工业体系，研制出了棒状燃料成型机及相关的燃烧设备。20世纪70年代后期，由于出现世界能源危机，欧洲许多国家如芬兰、比利时、法国、德国、意大利等也开始重视固化成型燃料技术的研究。当前，日本、美国及欧洲一些国家生物质固化成型燃料设备已经定型并形成了产业，在加热、供暖、干燥、发电等领域普遍推广应用。在亚洲，泰国、印度、菲律宾等国家从20世纪80年代开始先后研制成了加粘结剂和不加粘结剂的生物质固化成型机。目前，国外生物质固化成型燃料技术的成型设备主要有四种，即环模颗粒成型机、螺杆挤压成型机、机械驱动冲压成型机和液压驱动冲压成型机。原料以木屑等林业废弃物为主，欧美国家一般不利用秸秆做原料生产成型燃料。

国外成型燃料的发展大体分为三个阶段。20世纪30年代至50年代为研究、示范、交叉引进阶段，研究的着眼点以代替化石能源为目标。20世纪70年代至90年代为第二阶段，各国普遍重视了化石能源对环境的影响，对数量较大的、可再生的生物质能源产生了兴趣，开展生物质固化成型燃料的研究，到90年代，欧洲、美洲和亚洲的一些国家在生活领域中大量地应用生物质固化成型燃料。20世纪90年代后期至今为第三阶段，首先以丹麦为首开展了规模化利用的研究工作，丹麦著名的能源投资公司BWE率先研制成功了第一座生物质固化成型燃料发电厂，随后瑞典、德国、奥地利等国先后开展利用生物质固化成型燃料发电和作为锅炉燃料的研究，丹麦已经建立了 130 座发电厂。

目前，美国已经在 25 个州兴建了树皮成型燃料加工厂，每天生产燃料超过 300 吨。但生物质固化成型燃料以欧洲的一些国家如丹麦、瑞典、奥地利发展最快。例如，瑞典人均生物质固化成型燃料消耗量达到 160 千克/年。欧洲现有近百家生物质固化成型燃料加工厂，农场以秸秆为原料，靠近城市的加工厂以木屑为原料。南非在 2003 年建成了 4 座以木柴加工废弃物为原料、年产量达到 20 万吨的成型燃料加工厂。

总之，国外生物质固化成型燃料技术发展有如下特点：原料以木屑等林业废弃物为主，一般不利用农作物秸秆；生产技术大部分已经成熟，并达到规模化和商品化；成型燃料的用途已经由烧壁炉等生活用能为主转向了生产应用；设备制造比较规范，但能耗高，价格高。

（2）我国技术研发现状

我国从 20 世纪 80 年代起开始致力于生物质固化成型燃料技术的研究，主要引进韩国、日本、中国台湾等成套设备。随后，荷兰、比利时等国家的技术和设备也相继引入我国，并以螺杆成型机为主。1999 年，辽宁省能源研究所研制的棒状生物质固化成型燃料生产设备达到国际先进水平。随后，河南农业大学、中国林业科学研究院林产化学工业研究所等单位也推出了类似的产品。21 世纪初，河南农业大学等又推出活塞冲压式成型设备，辽宁省能源研究所则在国内率先推出产量大、能耗低、原料适应性广的颗粒燃料设备。不久前，该所又成功研制开发出可移动生物质固化成型燃料设备。至此，我国已成功研制出各种类型的生物质固化成型燃料生产设备。

我国一些科研单位针对成型设备存在的各种问题做了大量研究试验，对设备的关键部件进行了改进，还对各类成型机进行比较分析，综合其优点进行了设备改造，但生产率低的问题需进一步研究解决。

总体来说，我国的生物质固化成型燃料有如下特点：在全国范围内，还处于研究示范试点阶段，设备的技术原理比较先进，成本低廉，适合我国国情；规模化和市场化较差；管理不规范，支持政策缺乏，推广速度缓慢。

2. 生物质固化成型燃料技术的工艺流程

生物质固化成型燃料技术发展至今，已开发了许多种成型工艺和成型机械。但是作为生产燃料，主要是干燥物料的常温成型与热成型。基本流程图如图 11 –20 所示。

（1）热成型工艺

热成型工艺是目前普遍采用的生物质固化成型工艺。其工艺流程为：

原料粉碎→干燥混合→挤压成型→冷却包装。

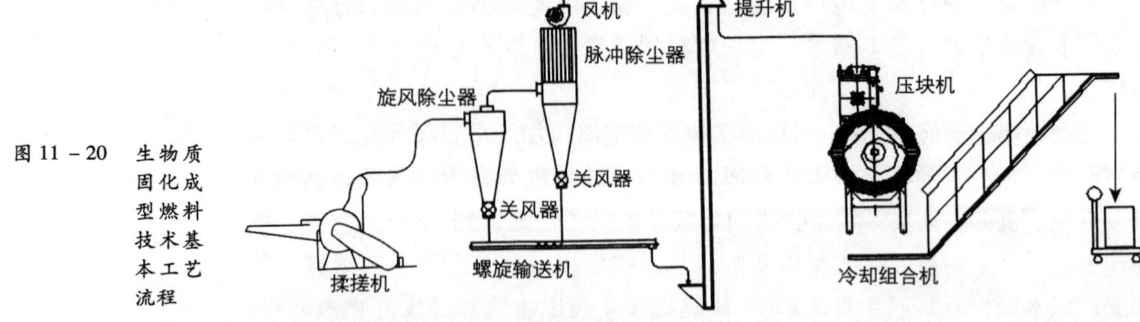


图 11－20 生物质固化成型燃料技术基本工艺流程

热成型技术发展到今天，已有各种各样的成型工艺问世，总的看来可以根据原料被加热的部位不同，将其划分为两类：一类是原料只在成型部位被加热，称为非预热热压成型工艺。另一类是原料在进入压缩机之前和在成型部位被分别加热，称为预热热压成型工艺。两种工艺的不同之处在于预热热压成型工艺在原料进入成型机之前对其进行了预热处理。但是从实际应用情况看，非预热热压成型工艺占主导地位。

(2) 常温成型工艺

生物质常温成型工艺即在常温下将生物质颗粒高压挤压成型的过程。常温成型工艺一般需要很大的成型压力，为了降低成型压力，可在成型过程中加入一定的粘结剂。如果粘结剂选择不合理，会对成型燃料的特性有所影响。从环保角度，不加任何添加剂的常温成型是现代的主流。一般成型工艺如图 11－21 所示。

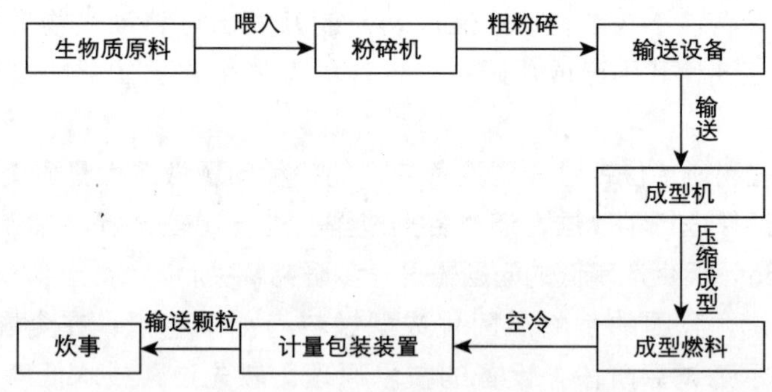


图 11－21 生物质常温成型工艺流程

粒径满足生产要求的原料可以不经过粉碎；水分满足生产要求的原料可以不经过干燥；对于成型过程水分较大的成型燃料产品，如对棍挤压的颗粒燃料，需要经过晾晒（干燥）脱水后再包装、贮存、运输、使用，以保证燃料使用效果。

(3) 其他成型工艺

除了上述主要成型工艺外，还有炭化成型工艺。该工艺可以分为两类，一类是先成型后炭化，一类是先炭化后成型。

①先成型后炭化工艺。工艺流程为：

原料→粉碎干燥→成型→炭化→冷却包装。

先用压缩成型机将松散碎细的植物废料压缩成具有一定密度和形状的燃料棒，然后用炭化炉将燃料棒炭化成木炭。这种工艺具有实用价值。

②先炭化后成型工艺。工艺流程为：

原料→粉碎除杂→炭化→混合粘结剂→挤压成型→干燥→包装。

先将生物质原料炭化成颗粒状炭粉，然后再添加一定量的粘结剂，用压缩成型机挤压成一定规格和形状的成品炭。这种成型方式使挤压成型特性得到改善，成型部件的机械磨损和挤压过程中的能量消耗降低。但是，炭化后的原料在挤压成型后维持既定形状的能力较差，贮运和使用时容易开裂和破碎，所以压缩成型时一般要加入一定量的粘结剂。如果在成型过程中不使用粘结剂，要保证成型块的贮存和使用性能，则需要较高的成型压力，这将明显提高成型机的造价。这种成型方式在实际生产中很少见。

3. 发展潜力及趋势

(1) 我国发展生物质固化成型燃料的条件

①经济上的可行性。固化成型燃料的经济可行性可以从两方面分析。首先是固化成型燃料的价格。如果能够建立生物质原料的收购体系，保证控制秸秆等原料的价格在 150 元/吨以内是可能的；生物质固化成型燃料的加工费用为 200 元/吨左右，即可以控制成型燃料的成本在 400 元/吨以内。生物质固化成型燃料的热值 5 ~17 兆焦/千克，而价格在 400 元/吨的煤炭的热值约为 18 兆焦/千克，虽然在现阶段内成型燃料的热值/价格比稍高于煤炭，但生物质固化成型燃料是清洁能源，且煤炭的价格将逐渐上扬。所以在一定范围内以固化成型燃料代替煤是完全可能的。其次是成型燃料设备的价格。虽然各类不同厂家、不同生产工艺的设备价格相差较大，但建设一座年产成型燃料 5000 吨的生产线总投资在 200 万元以内，当年可以回收全部投资。

②社会经济结构调整趋势。我国大部分人口在农村，农村人口生活用能的大部分为原生生物质资源。随着社会主义新农村建设和农村小康环保行动计划的实施，解决农村环境“脏、乱、差”的根本途径是解决柴火乱堆问题，最现实的办法就是使用成型燃料。另外，随着城市化进程的加快，小城镇建设将成为今后发展重点，小城镇靠近农村，秸秆等资源来源方便，以成型燃料为这部分居民集中供暖，在技术上、经济上是可行的。

③产业结构调整趋势。改变传统的不合理的能源结构，实施“节能减排”是实现我国产业结构调整的途径之一，发展清洁能源、实施多元化的能源发展战略是实现可持续发展战略的重要举措。成型燃料加工简单、生物质热利用率高，必将在未来的生物质能源中占据重要位置。生物质固化成型燃料的开发潜力相当巨大。

(2) 固化成型燃料的开发规模

根据我国农业地区单位农田面积秸秆产量和收集率计算，5 万吨秸秆的收集半径在 15 千米左右。15 ~30 千米原料价格要比 15 千米以内原料价格提高20%左右。因此，成型燃料生产企业的生产规模应控制在1万~5万吨为宜。

（3）固化成型燃料的重点生产区域

秸秆等生物质资源的用途广泛，生产固化成型燃料的生物质原料只能是原生生物质中的一小部分。因此，固化成型燃料的生产应重点在如下区域展开：一是商品粮集中生产区。这类地区秸秆资源丰富，经常出现农民就地焚烧秸秆的现象。二是林区林产和薪柴生产区。这类地区林业加工剩余物量大、易得。三是生态保护区、河川源头地区和生态环境脆弱地区。此类地区的水土流失对生态环境影响巨大，成型燃料热利用率高，少量的生物质资源经加工成成型燃料就可以满足居民生活使用，可以有效避免乱砍滥伐现象。

（4）固化成型燃料的重点消费领域

农村能源建设是提高农民生活质量的关键手段，在沼气、生物质气化气无法从根本上解决农村尤其是北方农村冬季取暖问题的情况下，固化成型燃料则可以解决炊事、取暖用能。我国每年因燃煤产生的二氧化硫达2500万吨，且逐年增加，为了解决由此造成的环境污染问题，各地相继出台了大气污染整治方案，逐渐取缔小型燃煤锅炉。很多企事业单位在燃油、燃气无法承受的情况下，燃用生物质成型燃料是最经济的选择。

4. 效益分析

国家“十一五”规划纲要中明确提出“扩大生物质固化成型燃料生产能力”。国家发展和改革委员会生物质固化成型燃料发展规划提出，在2010年前，结合解决农村基本能源需要和改变农村用能方式，开展生物质颗粒燃料应用示范点建设，年消耗颗粒燃料500万吨，代替300万吨煤。到2020年，使生物质颗粒燃料成为普遍使用的一种优质燃料，消耗颗粒燃料5000万吨，代替3000万吨煤。国家的相关政策及产业发展规划为生物质颗粒燃料设备的推广应用起到了巨大的推动作用。

生物质固化成型燃料原料利用率很高，去除尘土等杂质，原料利用率可达90%以上。到2020年，我国秸秆等农林废弃物总量在8.5亿~9亿吨，生产5000万吨成型燃料需要原料5500万吨，约占资源总量的7%。由于生物质用途广泛，可以预计，5000万吨是我国成型燃料年产量的极限。5000万吨成型燃料可以折合3000万吨标准煤，占届时我国能源需求总量的1%；农民销售秸秆5500万吨，以每吨获利30元计算，使农民增收16.5亿元；成型燃料生产企业以每吨获利50元计算，年获利27.5亿元。每年消费5000万吨成型燃料，减排二氧化碳1~1.5亿吨，减排二氧化硫80万~100万吨。

生产5000万吨成型燃料与秸秆的其他用途相结合，可以有效解决我国农村柴火垛问题，为新农村建设发挥重大作用，具有十分明显的环境效益。

### 11.3.4　生物质能发电技术

1. 沼气发电

(1) 沼气发电的特点

①甲烷的燃烧速度较低，而沼气中除了甲烷外，又含 35% 左右的二氧化碳，使其燃烧速度更低，容易造成沼气发动机的后燃现象严重。排烟温度高达 650 ~700℃，从而造成发电机的耗能增加及热效率降低。目前，国内研制的火花点火式全沼气发动机快速燃烧系统，使排气温度接近 500℃的国际先进水平。

②沼气中二氧化碳的存在，既能减缓火焰传播速度，又能在发动机高温高压下工作时起到抑制“爆燃”倾向的作用，这是沼气较甲烷具有更好抗爆特性的原因。因此，可在高压缩比下平稳工作，同时使发动机获得较大功率。

③用于发电的沼气，其组分中甲烷含量应大于 60%，硫化氢含量应小于 0. 05%，供气压力不低于 6 千帕。

④以柴油机改装为全燃沼气的奥托机时，因为沼气中含二氧化碳，在不改变原发动机容积的情况下，由于不能增加混合气的热值，所以沼气发动机热效率一般在 25% ~30% 范围内。

(2) 沼气发电系统

构成沼气发电系统的主要设备有燃气发动机、发电机和热回收装置。由厌氧发酵装量产出的沼气，经过水封、脱硫后至储气柜；然后再从储气柜出来，经脱水、稳压供给燃气发动机，驱动与燃气内燃机相连接的发电机而产生电力。燃气发动机排出的冷却水和废气中的热量，通过废热回收装置回收余热，作为厌氧发酵装置的加热源。图 11 –22 是沼气发电系统流程。若沼气的发热量为 23237 千焦/立方米，发动机的热效率为 35%，发电机的热效率为 90% 时，那么每立方米沼气可发电约 2 千瓦时。

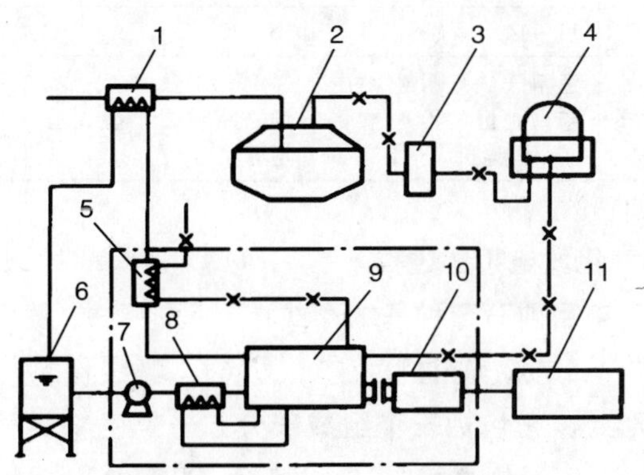


图 11 –22　沼气发电系统流程

1. 燃料加热器　2. 厌氧消化器　3. 脱硫器　4. 储气柜
5. 废气热交换器　6. 热水箱　7. 循环泵　8. 润滑油冷却器
9. 沼气发动机　10. 发电机　11. 受变电设备

燃气发动机的能量收支随着发动机的种类和工作条件不同而不同，大约沼气总能量的33%可直接变为发动机的机械能，其余的作为废热而排放。由冷却水和排气中回收的热量，相当燃料供热量的44%左右，主要用于厌氧消化装置的加温。沼气发电装置废热回收方法见图11－23。

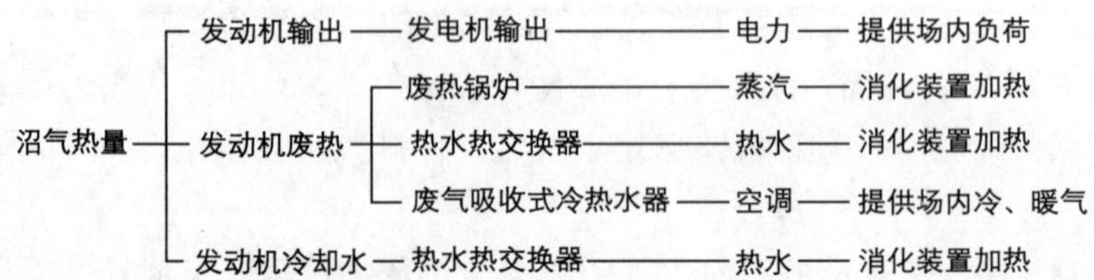

图11－23 沼气发电装置废热回收方法

2. 生物质气化发电技术

生物质气化发电技术是生物质清洁能源利用的一种方式，几乎不排放任何有害气体。生物质气化发电系统从发电规模可以分为小规模、中等规模和大型规模等三种，见表11－3。小规模生物质气化发电系统适合于生物质的分散利用，具有投资小和发电成本低等特点，已经进入商业化示范阶段。大规模生物质气化发电系统适合于生物质的大规模利用，发电效率高，已经进入示范和研究阶段，是今后生物质气化发电主要发展方向。

**不同规模生物质气化发电技术的对比** **表11－3**

| 性能参数 | 小规模 | 中等规模 | 大型规模 |
|---|---|---|---|
| 装机容量/千瓦 | <200 | 500～3000 | >5000 |
| 气化技术 | 固定床、流化床 | 常压流化床 | 常压流化床、高压流化床和双床气化炉 |
| 发电技术 | 内燃机、微型燃气轮机 | 内燃机 | 整体气化联合循环、热空气汽轮机循环 |
| 系统发电率（%） | 11～14 | 15～20 | 35～45 |
| 主要用途 | 适用于缺电且生物质丰富地区的照明或驱动小型电机 | 适用于山区、农场、林场的照明或小型工业用电 | 电厂、热点联产 |

（1）生物质气化发电工作过程

生物质气化发电目前有三种基本形式：一是内燃机/发电机机组；二是汽轮机/发电机机组；三是燃气轮机/发电机机组。现在我国利用生物质燃气发电主要是第一种形式，它包括三个组成部分：一是生物质气化部分；二是燃气冷却、净化部分；三是内燃机/发电机机组（见图11－24）。燃气可直接供给内燃机，也可由储气罐供给内燃机。

现在国内采用的燃气净化方法是普通的物理方法，净化程度低，只能勉强达到内燃机的使用要求。内燃机有两种类型：一是单燃料内燃机（只燃烧燃气）；二是双燃料内燃机（燃气与燃油混烧）。前者使用方便，后者工作稳定性好，效率较高。

内燃机/发电机组属于小型发电装置。它的特点是设备紧凑，操作方便，适应性较强，但系统效率低，单位功率投资较大。它适用于农村、农场、林场的照明用电或小企业用电，也适用于粮食加工厂、木材加工厂等单位进行自供发电。

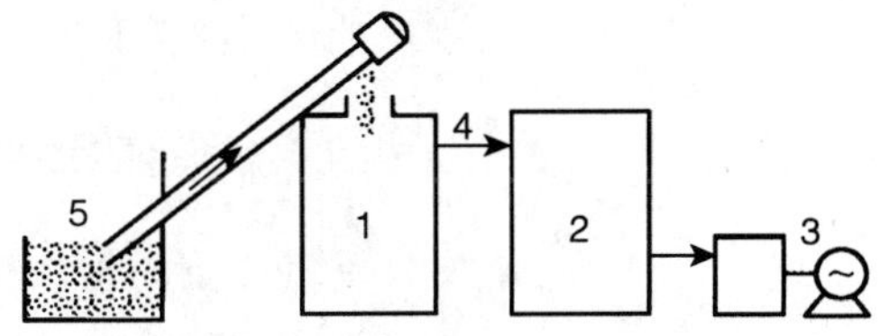

1. 气化部分；2. 燃气冷却、净化部分
3. 内燃机/发电机组；4. 燃气；5. 生物质原料

图 11－24　生物质气化发电工作过程示意

（2）小型气化发电的成本

气化发电成本主要与机组的容量大小、燃料价格的高低、所运行时间的多少等因素有关。以 200 千瓦以下谷壳气化发电机组的发电成本为例进行统计，结果表明：

①成本随装机容量的增加而下降。当气化原料为 100 元/吨（包括运输费及预处理费），机组运行时间为 6000 小时/年，机组发电量不能低于 60 千瓦，因为单位功率的初始投资和运行费用随装机容量的增大而减少。小功率气化发电成本比柴油发电还要高。

②成本随气化原料价格的增加而加大。在现有技术条件下，200 千瓦发电量，原料价格不能高于 150 元/吨；60 千瓦发电量，原料价格不能高于 90 元/吨。

③成本随机组年运行时间的增大而下降。当发电量为 200 千瓦，原料价格为 100 元/吨时，机组年生产时间不能小于 2500 小时。由于维护、检修机器而停工将导致平均发电成本的上升。

另外，发电成本也与焦油和灰分处理量、设备维修、润滑油用量、职工工资等因素有关。

## 11.4　应用案例——北京蟹岛生态度假村沼气工程

蟹岛生态度假村位于北京首都机场辅路，占地 2700 亩。其中，80%左右的土地用于有机农业生产，20%左右的土地用于发展旅游业。几年来，蟹岛生态度假村始终坚持可持续发展，以有机农业为依托，以生态链为载体，以休闲度假为手段，开创了“前店后园”的乡村特色和“农游合一”的发展模式，是集种植、养殖、旅游、度假和休闲为一体的环保型产业以及综合性农业产业化基地。

在农业种植系统中，蟹岛生态度假村有近 2000 亩种植土地，包括稻田、玉米、小麦、棉花、高粱、红薯以及 150 栋蔬菜大棚，施用有机沼气肥，生产的大米、蔬菜、瓜果等有机食品，供游人采摘及度假区游客食用。稻田进行稻蟹混养，以驱除害虫，是农科院的中级试验基地；养殖区占地 100 余亩，饲养猪、牛、羊、马、驴、鸡、鸭等家禽家畜，以及可观赏宠物珍禽，生产也严格按照有机生产标准进行，并且采取平养、放养的农家传统饲养方法，生产的产品供度假区游客食用。

### 11.4.1 以沼气为纽带的物质资源多级利用模式

沼气工程是蟹岛生态度假村进行内部物质循环，实现可持续发展的核心。该模式以沼气为纽带，联动粮食、蔬菜、果业、渔业等产业，在吸收传统农业精华和现代农业先进技术的基础上，广泛开展农业生物综合利用。它以度假村养殖场畜禽粪便、农作物秸秆、度假区人粪尿以及可利用的垃圾等为原料，产出的沼气供应餐厅作燃料，为旅游业提供清洁能源；沼渣与沼液作为优质有机肥，其所富含的氨基酸、维生素及钙、锌、铁等微量元素得到了充分的利用，为种植业提供肥源和杀虫、杀菌剂。同时，以农产品发展养殖业和渔业，从而达到物质资源多级利用和开发的目的，是集能源、生态、环保及农业生产为一体的综合性利用形式，实现产气积肥同步、种植养殖并举，建立起生物种群较多、食物链结构较长、能流物流循环较快的生态系统，基本上达到了生产过程清洁化和农产品有机化，提高了经济效益，保护和改善了生态环境。以沼气为纽带的物质资源多级利用模式如图11－25所示。

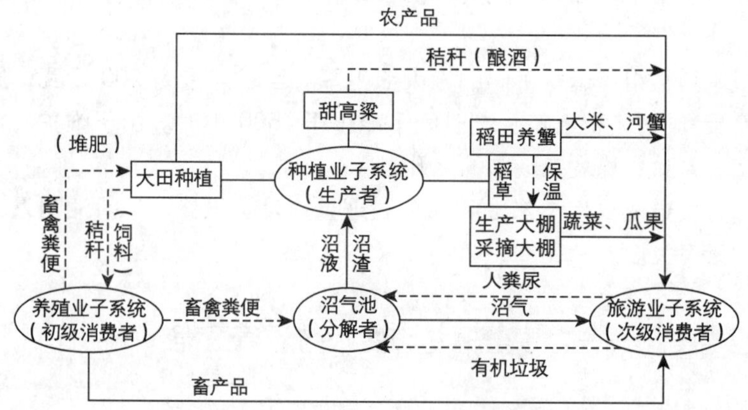


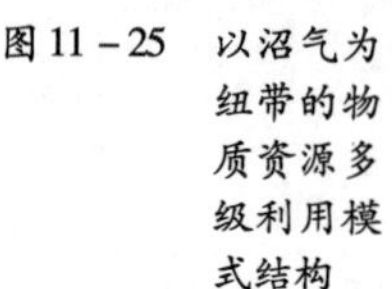
图11－25 以沼气为纽带的物质资源多级利用模式结构

### 11.4.2 饲养规模

养殖品种有奶牛、猪、羊、马、驴、鸡、鸭、鱼和一些观赏动物，每日提供沼气发酵原料8吨左右，其中包括度假村以及附近约1万人的粪便处理，其他畜禽粪便作为有机肥料生产原料。

### 11.4.3 沼气池进水水质

每日可收集到的粪污基本为固体形式，加之少量圈舍冲洗水，进沼气池前需调浆，控制浓度为6%左右，日处理粪污水近30立方米。沼气池进水水质指标见表11－4。

沼气池进水水质　　　　表 11-4

| 水质指标 | pH 值 | $COD_{Cr}$/（毫克/升） | $BOD_5$/（毫克/升） | SS/（毫克/升） |
|---|---|---|---|---|
| | 6.8~7.0 | 9800~15000 | 5000~7000 | 10000~12000 |

蟹岛沼气工程设计的厌氧发酵罐为升流式固体反应器，罐体容积为 300 立方米，150 立方米湿式储气柜一座，发酵温度 35℃，地热水预热加温，沼气工程配套设备有热水循环加热系统、沼气凝水器 2 台、脱硫塔 1 台、阻火器 1 台、沼气发电机 1 台和输配气管道系统，还配有电气和消防设备等。

### 11.4.4　沼气工程与综合利用

该粪污处理工程包括粪便的前处理、沼气生产、沼气利用、沼气发电和沼渣、沼液的综合利用。具体工艺流程见图 11-26。

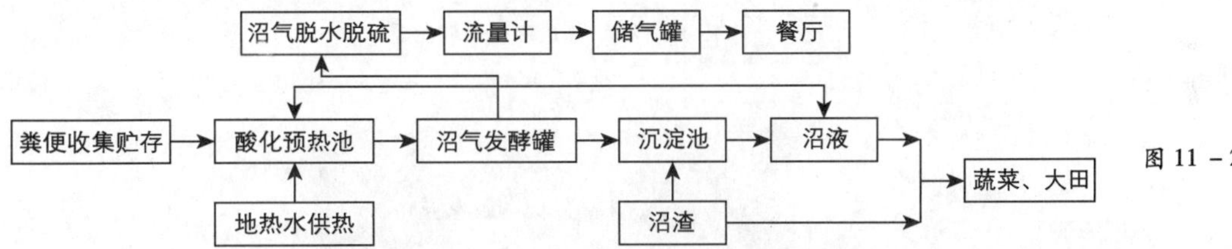


图 11-26　沼气系统工艺流程

收集到的粪便通过度假村已有的地热水调节到 6% 浓度左右进入发酵系统，经过中温厌氧发酵，制取沼气，利用辅助的料液加热循环系统，保证常年维持发酵温度基本恒定，产气率一般能维持在 0.7~1，所产沼气为园区内餐饮供气，多余沼气进行发电，以供应度假村内污水处理厂的能源消耗。由于目前所建沼气规模和产气量不足以满足发电的需要，利用沼气发电尚不能完全正常运行，将准备在沼气二期工程建设中解决这一问题。厌氧发酵后所产生的沼肥通过自有近 2000 亩大田、蔬菜、花卉、果树等种植基地消纳，包括已经认定的 150 亩有机蔬菜种植温室大棚和果园、经济作物种植等有机食品基地。蟹岛沼气工程是利用沼气将种植业、养殖业和废弃物处理有机结合的沼气综合利用能源生态模式。经过厌氧发酵后的沼渣沼液是很好的有机肥料，其营养成分见表 11-5。

沼渣沼液营养成分含量表　　　　表 11-5

| 项目 | 全 N（%） | 全 P（$P_2O_5$）（%） | 全 K（$K_2O$）（%） | 速效 N（毫克/升） |
|---|---|---|---|---|
| 沼液 | 0.257 | 0.0549 | 0.137 | 2047.50 |
| 沼渣 | 3.874 | 2.389 | 1.106 | 16714.29 |
| 项目 | 速效 P（$P_2O_5$）（毫克/升） | 速效 K（$K_2O$）（毫克/升） | 有机质（%） | 腐殖酸（%） |
| 沼液 | 54.24 | 1160.00 | 3.23 | 0.187 |
| 沼渣 | 13904.29 | 7536.29 | 30.43 | 20.325 |

自从沼气池2002年建成投入使用以来，用沼肥灌溉的蔬菜经长期跟踪检测发现，符合有机食品生产的要求，也吸引了众多的消费者前来购买，优质农产品所带来的经济效益已远远高于沼气工程本身的效益。

蟹岛沼气工程全景如图11－27所示，蟹岛沼气工程发酵罐如图11－28所示。

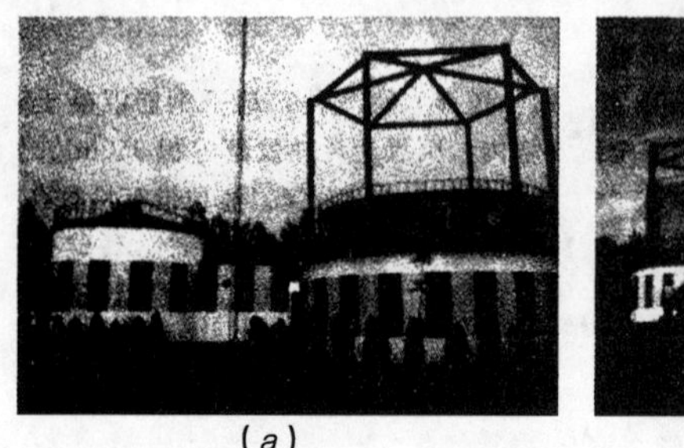

(*a*)

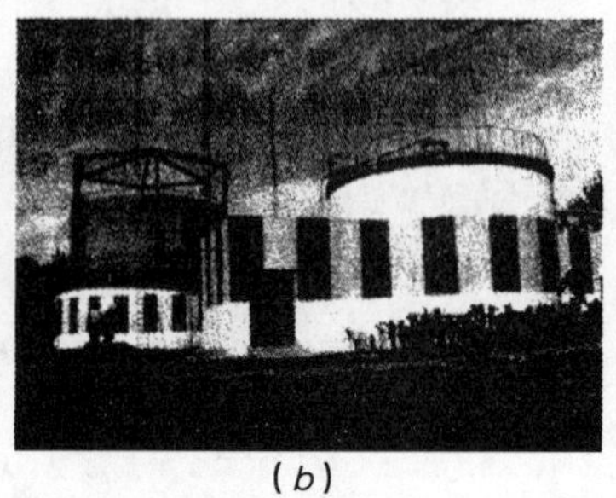

(*b*)

图11－27　蟹岛沼气工程全景

图11－28　蟹岛沼气工程发酵罐

# 参考文献


[1] 石定环．可再生能源与可持续发展．中国科技产业（在北京大学三井创新论坛上的讲话）.

[2] 李俊峰，时璟丽．可再生能源：07 回顾与 08 展望［J］．中国科技投资，2008（3）.

[3] 付祥钊，张慧玲，王子云．建筑自然冷热资源的评价与利用［J］．建设科技，2008（10）：123.

[4] 编辑部．什么是可再生能源．农村电气化，2006（3）.

[5] 陈加宝，周晋，张国强．可再生能源在建筑中的应用．大众用电，2007（5）.

[6] 刘富铀，赵世明等．我国海洋能研究与开发现状分析［J］．海洋技术，2007. 26.

[7] 刘涛．利用海水作为城市空调冷热源技术及其应用［J］．制冷与空调，2007（1）.

[8] 伍培，付祥钊，林真国等．重庆地区污水源热泵系统的可行性分析与方案设想［J］．给水排水，2007（5）：33.

[9] 可再生能源发展“十一五”规划.

[10] 刘文合，李桂文．可再生能源在农村建筑中的应用研究［J］．低温建筑技术，2007（4）：118.

[11] 王长贵，郑瑞澄．新能源在建筑中的应用［M］．北京：中国电力出版社，2003.

[12] 付祥钊，肖益民．建筑节能原理与技术［M］．重庆：重庆大学出版社，2008.

[13] 罗运俊，何梓年，王长贵等．太阳能利用技术［M］．北京：化学工业出版社，2005.

[14] 王如竹，代彦军．太阳能制冷［M］．北京：化学工业出版社，2007.

[15] 薛德千．太阳能制冷技术［M］．北京：化学工业出版社，2006.

[16] 王崇杰，薛一冰．太阳能建筑设计［M］．北京：中国建筑工业出版社，2007.

[17] 丁国华．太阳能建筑一体化研究、应用及实例［M］．北京：中国建筑工业出版社，2007.

[18] 田琦．太阳能喷射式制冷［M］．北京：科学出版社，2007.

[19] 刘长滨，唐永忠，张丽，辛萍等．太阳能建筑应用的政策与市场运行模式［M］．北京：中国建筑工业出版社，2007.

[20] 陈君燕．冷热联供系统的能耗估算．暖通空调，2001.

[21] 王光荣，沈天行．可再生能源利用与建筑节能［M］．北京：中国建筑工业出版社，2004.

[22] 戴永庆，耿慧彬，蔡小容．溴化锂吸收式制冷技术的回顾与展望．制冷技术，2001（1）.

[23] 基于太阳能利用的固体吸附式制冷循环研究：［上海交通大学博士学位论文］，1999.

[24] 赵云，施明恒．太阳能液体除湿空调系统中除湿器型式的选择．太阳能学报，2002（1）：23.

[25] 李锐，张建国，俞坚，王志峰，高瑞恒．太阳能热泵系统．可再生能源［J］，2004.

[26] 薛彩霞．山东太阳能采暖技术发展历程及实例分析［D］．济南：山东建筑大学硕士论文，2006.

[27] 清华大学建筑节能研究中心．中国建筑节能年度发展研究报告2007［M］．北京：中国建筑工业出版社，2007.

[28] 崔容强，喜文华，魏一康，张兰英．太阳光伏发电．中国建设动态，2004.

[29] 时璟丽．我国和世界光伏发电技术、产业、市场发展情况比较．能源研究所可再生能源发展中心，2004.

[30] 李俊峰，王斯成．2007中国光伏发展报告．中国环境科学出版社.

[31] 国家发展和改革委员会．中长期节能规划［R］．2004.

[32] 胡学浩．我国能源中长发展战略研究专题报告［R］．2004.

[33] 王长贵．新能源在建筑的应用．中国电力出版社.

[34] 王斯成，王长贵．西藏措勤20kW光伏电站．太阳能，1999（2）.

[35] 赵军，戴传山．地源热泵技术与建筑节能应用．北京：中国建筑工业出版社，2007.

[36] 鱼剑琳，王沣浩．建筑节能应用新技术．北京：化学工业出版社、能源环境出版中心，2006.

[37] 肖兰生，张瑞芝．空调热泵概论．2005年全国空调与热泵节能技术交流会论文集．2005：34～43.

[38] Geothermal Energy. In：ASHRAE Handbook：1999 HVAC Applications. ASHRAE，Atlanta，GA，1999.

[39] 匡跃辉．中国水资源与可持续发展［M］．北京：气象出版社，2001.

[40] 王子云，付祥钊，王勇等．重庆市发展长江水源热泵的水源概况分析［J］．重庆建筑大学学报．2008（2）：92～94，104.

[41] 中华人民共和国建设部．采暖通风与空气调节设计规范（GB50019－

2003）[M]. 中国计划出版社，2004.

[42] 中华人民共和国建设部. 地源热泵系统工程技术规范（GB50366-2005）[M]. 中国建筑工业出版社，2005.

[43] 网址：国家海洋局外网站.

[44] 网址：海洋科学数据共享网站.

[45] 1992年中国海洋环境年报.

[46] 1997年中国海洋环境年报.

[47] 战秀文. 中国近海的环境质量. 海洋信息，2002（1）：12~13.

[48] 汤东升. 海水循环冷却水处理方案的选择. 电力建设，2003（24）：12~14.

[49] 徐明. 海水用于电厂循环冷却系统的探讨. 电力建设，2002（23）：12~13.

[50] 刘广建. 海水循环水泵泵轴腐蚀问题及处理. 江苏电机工程，2006（25）：12~13.

[51] 张莉，胡松涛. 海水作为热泵系统冷热源的研究. 建筑热能通风空调，2006（25）：34~38.

[52] 杜乐乐，马捷，王俊雄. 水上和水下提取次表层海水冷量的对比和分析. 节能技术，2007（25）：384~390.

[53] 祁俊山，薛越霞. 海水源热泵空调工程应用实例. 工程建设与设计，2005（9）：16~19.

[54] 钱玉龙. 城市污水供热制冷分析. 科学技术与工程，2005（5）.

[55] 吕锚，玛彦刚. 城市污水低位热能回收利用的研究. 工业用水与废水，第33卷，第1期.

[56] 尹军，王宏哲，韦新东. 城市污水热能利用技术及展望. 吉林建筑工程学院学报，2001（2）.

[57] 李建兴，涂光备，周文忠. 城市污水热泵在住宅供热中的应用. 流体机械，2004（9）.

[58] 王宏哲，尹军. 城市污水热能回收与利用评价指标体系的探讨. 长春科技大学学报，2001（4）.

[59] 尹军，王宏哲，韦新东. 城市污水热能回收与利用系统工作原理的探讨. 中国资源综合利用，2003.

[60] 吴荣华，林福军，孙德兴. 城市原生污水冷热源应用的关键因素研究. 哈尔滨商业大学学报（自然科学版），2004（6）.

[61] 王宏哲，尹军. 城市水热能回收与利用发展状况、评价和意义. 中国环境管理，2001（5）.

[62] 尹军. 城市污水中的热能回收与利用. 中国给水排水，1998（2）.

[63] Funamizu N, Iida M, Sakakura Y, Takakuwa T.（2001）Reuse of heat energy in wastewater: implementation examples in Japan. Water Science and

Technology, Vol. 43, No. 10, 277 – 286.
[64] First DHC system in Japan using untreated sewage as a heat source, CADDET (the Centre for the Analysis and Dissemination of Demonstrated Energy Technologies), Result 290, 1997.
[65] 马最良，刘永红．热泵站的现状及在我国应用的前景［J］．暖通空调，1994（5）：6 – 10.
[66] 尹军，韦新东．我国主要城市污水中可利用热能状况初探．中国给水排水，2001（17）.
[67] 国家发改委．建设项目经济评价方法与参数（第三版）.
[68] 国家节能中长期专项规划.
[69] 中华人民共和国．节约能源法.
[70] 中华人民共和国建设部．民用建筑节能管理规定（第 143 号部令）.
[71] 公共建筑节能设计标准（GB50189 – 2005）.
[72] 地源热泵系统工程技术规范（GB50366 – 2005）.
[73] 建筑中水设计规范（GB50336 – 2002）.
[74] 建筑给水排水设计规范（GB50115 – 2003）.
[75] 建筑与小区雨水利用工程技术规范.
[76] 地表水环境质量标准（GB3838 – 2002）.
[77] 污水可再生利用工程设计规范（GB50335 – 2002）.
[78] 网址：中国地质调查局网站.
[79] 韩再生，冉伟彦．城市地区浅层地温能评价方法探讨．城市地质，2007（4）：9 ~ 14.
[80] 王曦，徐辉雄．旋挖钻机施工中常见问题分析及对策．探矿工程，2008（4）：58 ~ 59.
[81] 王向岩，马伟斌，黄远峰等．超强吸水树脂与原土混合作为地源热泵回填材料的实验研究．暖通空调，2006（6）：108 ~ 111.
[82] 郑秀华，司刚平，周复宗．地源热泵换热孔灌浆材料导热性能实验研究．水文地质工程地质，2006（6）：101 ~ 103.
[83] 仲智，唐志伟．桩埋管地源热泵系统及其应用．可再生能源，2007（4）.
[84] 杨卫波，董华，胡军．浅议混合地源热泵系统．能源研究与利用，2003（5）：32 ~ 35.
[85] 王勇．动态负荷下地源热泵性能研究．2006.
[86] 陈凤君，冯婷婷．九华山庄二期地埋管地源热泵工程．暖通空调，2007（3）：91 ~ 95.
[87] 余其铮主编．辐射换热原理．哈尔滨工业大学出版社，2000.
[88] 李戬洪，江晴．辐射致冷的实验研究．太阳能学报，2000（3）.
[89] 李戬洪，黄轶等．一种被动式降温的新方法——辐射致冷．1997（2）.

[90] 刘晓国，陈非力．红外辐射致冷原理及空调应用可行性探讨．红外技术,1994（3）：17.

[91] 郭兵，杜晖等．南宁日本友好太阳房设计和夏季热性能分析．广西科学院学报，1999（2）：15.

[92] 钟水库，胡东南．夏季降温的太阳房实验分析．可再生能源，2003.

[93] 何江，王明真等．高温高湿地区环保节能住宅的设计与模拟计算．广西科学，1997（3）：4.

[94] Auttapol Golaka. RHBExell. An investigation into the use of a windshield to reduce the convective heat flux to a nocturnal radiative cooling surface. Renewable Energy, 2007, 32: 593 -608.

[95] EERELL and YETZION. Analysis and Experimental Verification of An Improved Cooling Radiator. Renewable Energy, 1999, 16: 700 -703.

[96] AHAMZA, HALI etal. Cooling of Water Flowing through A Night Sky Radiator. Solar Energy, 1995, 55 (4): 235 - 253.

[97] AHMED HAMZA H, ALI etal. Effect of Aging, Thickness and Color on both the Radiative Properties of Polyethylene Films and Performance of the Nocturnal Cooling Unit. Energv Convers. Mgmt, 1998, 39 (2): 87 -93.

[98] Tang Runsheng, YEtzion. Experimental studies on a novel roof pond Configuration for the cooling of buildings. Renewable Energy, 2003, 28: 1513 -1522.

[99] HSBagiorgas, GMihalakakou. Experimental and theoretical investigation of a nocturnal radiator for space cooling. Renewable Energy, 2008, 33: 1220 -1227.

[100] Hamida Ben Cheikh, Ammar Bouchair. Passive cooling by evapo-reflective roof for hot dry climates. Renewable Energy, 2004, 29: 1877 -1886.

[101] Ahmed HamzaHAli. Passive cooling of water at night in uninsulated open tank in hot arid areas. Energy Conversionand Management, 2007, 48: 93 -100.

[102] Torborn MJNilsson, Gunnar ANiklasson. Radiative cooling during the day: simulations and experiments on pigmented polyethylene cover foils. Solar Energy Materials and Solar Cells, 1995, 37: 93 -118.

[103] EvyatarErell, YairEtzion. Radiative cooling of buildings with a flat - plate solar collectors. Building and Environment, 2000, 35: 297 -305.

[104] GMihalakakou. The cooling potential of a metallic nocturnal radiator. Energy and Buildings, 1998, 28: 251 -256.

[105] A Dimoudi, A. Androutsopoulos. The cooling performance of a radiator based roof component. Solar Energy, 2006, 80: 1039 -1047.

[106] Daniel Beysens, Marc Muselli etal. Application of passive radiative cooling for dew condensation. Energy, 2006, 31: 2303 -2315.

[107] P Gandhidasan, H I Abualhamayel. Modeling and testing of a dew collection system. Desalination, 2005, 180: 47 -51.

[108] Daniel Beysens, Irina Milimouk. Using radiative cooling to condense atmospheric vapor: a study to improve water yield. Journal of Hydrology, 2003, 276: 1 - 11.

[109] MAAL - NIMR and OHADDAD. Water Distiller/Condenser by Radiative Cooling of Ambient Air. Renewable Energy, 1998, 13 (3): 323 - 331.

[110] M Al-Nimr, M Tahat, M Al-Rashdan. A night cold storage system enhanced by radiative cooling a modified Australian cooling system. Applied Thermal Engineering, 1999, 19: 1013 - 1026.

[111] T S Saitoh. A highly-advanced solar house with solar thermal and sky radiation cooling. Applied Energy, 1999, 64: 215 - 228.

[112] MGMEIR, JBREKSTAD. A Study of A Polymer-based Radiative Cooling System. Solar Energy, 2002, 73 (6): 403 - 417.

[113] BOrel, MKGunde, and AKrainer. Letter to the Editor-Comments on Radiative Cooling Efficiency of White Pigmented Paints. Solar Energy, 199 , 54 (3): 203 - 204.

[114] TMouhib, AMouhsen etal. Stainless steel/tin/glass coating as spectrally selective material for passive radiative cooling applications. Optical Materials, 2008.

[115] Runsheng Tang, YEtzion, IAMeir. Estimates of clear night sky emissivity in the Negev Highlands, Israel. Energy Conversion and Management, 2004, 45: 1831 - 1843.

[116] Clark E and Berdahl P. Radiative cooling: resource and application. In: Miller, H (Ed), Proceeding of the Passive Cooling Workshop. Massachusetts, Amherst, 1980, 177 - 212.

[117] 韩宝琦．制冷空调基础知识．科学出版社, 2001.

[118] Yuangao Wen, Zhiwei Lian. Influence of air conditioners utilization on urban thermal environment. Applied Thermal Engineering, March 2008.

[119] 陈大宏等．多层住宅建筑空调室外机散热对上层设备的影响．暖通空调, 2003.

[120] TTChow, ZLin. Prediction of on-coil temperature of condensers installed at tall building re-entrant. Applied Thermal Engineering, Volume 19, Issue 2, February 1999.

[121] 江亿．住宅节能．中国建筑工业出版社, 2006.

[122] 段双平, 张国强, 彭建国等．自然通风技术研究进展．暖通空调, 2004 (3).

[123] 龚延风．住宅空调模式的选择研究．流体机械, 2003.

[124] 热泵蓄能网.

[125] 马最良, 杨自强, 姚杨等．空气源热泵冷热水机组在寒冷地区应用的

分析．暖通空调，2001（3）．
[126] 饶荣水，谷波，周泽等．寒冷地区用空气源热泵技术进展．建筑热能通风空调，2005（4）．
[127] 田长青，石文星，王森．用于寒冷地区双级压缩变频空气源热泵的研究．太阳能学报，2004（3）．
[128] 郭宪民，陈轶光，汪伟华等．室外环境参数对空气源热泵翅片管蒸发器动态结霜特性的影响．制冷学报，2006（6）．
[129] 韩慧秋，董威．空气源热泵机组除霜问题分析．长春工程学院学报（自然科学版），2003（1）．
[130] 张哲，田津津．空气源热泵蒸发器结霜及换热性能的研究．流体机械，2007（9）．
[131] 吴清前，龙惟定，王长庆等．风冷热泵冬季运行模拟与理论计算．能源技术，2001（5）．
[132] 黄东，袁秀玲．风冷热泵冷热水机组热气旁通除霜与逆循环除霜性能对比．西安交通大学学报，2006（5）．
[133] 石文星，李先庭，邵双全．房间空调器热气旁通法除霜分析及实验研究．制冷学报，2000（2）．
[134] 梁彩华，张小松，巢龙兆等．显热除霜方式与逆向除霜方式的对比试验研究．制冷学报，2005（4）．
[135] 张旭等．热泵技术，化学工业出版社，2007（2）．
[136] 刘卫东，谷波．风冷热泵机组的应用及节能技术．制冷空调与电力机械，2007（4）．
[137] 杨剑，侯普秀，蔡亮等．疏水性表面抑制结霜的实验研究．全国暖通空调制冷2006年学术年会文集，2006．
[138] 雷江杭，丁小江．热泵空调器除霜分析．制冷，1999（4）．
[139] 王铁军，刘向农，吴昊等．风源热泵模糊自修正除霜技术应用研究．制冷学报，2005（1）．
[140] 陈汝东，许东晟．风冷热泵空调器除霜控制的研究．流体机械，1999（2）．
[141] 韩志涛，姚杨，姜益强等．空气源热泵热气除霜问题研究现状与进展．流体机械，2007（7）．
[142] 徐京辉，庄表中，张杏华．分体空调器室外机减振降噪技术研究．环境技术，1992（5）．
[143] 计育根，夏源龙，胡仰耆．常用风冷式热泵机组和冷水机组的噪声测量和分析．暖通空调，1999（3）．
[144] 王庭佛．多台热泵机组的噪声治理．暖通空调，2000（6）．
[145] 肖益民，付祥钊，杨李宁等．重庆市商场类建筑空调工程设计能效比统计分析．暖通空调，2007（8）．

[146] 余晓平，付祥钊，杨李宁等．重庆市办公建筑空调工程设计能效比统计分析．暖通空调，2007（12）．

[147] 刘轶．对建筑空调系统设计能效比的初步计算分析．暖通空调，2006（8）．

[148] 李兆坚，江亿．暖通空调设计方案美观性评价分析．暖通空调，2006（4）．

[149] 高胜跃．住宅空调室外机搁板设计．住宅科技，2005（3）．

[150] 王国辉．空调与建筑风格．家用电器．消费，2003（8）．

[151] 金月梅，刘福智．自然通风在适宜地域建筑设计中的运用．2007 全国建筑环境与建筑节能学术会议论文集，2007．

[152] 长江流域住宅节能与热环境示范工程研究报告集．

[153] 空气－水热泵冬季运行工况的判定．筑龙网．

[154] 姜益强，姚杨，马最良．空气源热泵结霜除霜损失系数的计算．暖通空调，2000（5）．

[155] 柴沁虎，马国远．空气源热泵低温适应性研究的现状及进展．能源工程，2002（5）．

[156] 庞卫科，马国远，李准等．寒冷地区用空气源热泵机组的运行特性研究．中国制冷学会 2007 学术年会论文集，2007．

[157] 连之伟，张欧．风冷热泵机组在西安地区运行效果测定．暖通空调，1998（6）．

[158] 甄华斌，范新，冀冠华．秦皇岛市百信图书广场低温空气源热泵空调系统设计．全国暖通空调制冷 2004 年学术年会，2004．

[159] 张三明，武茜．热泵降噪措施研究与实践．噪声与振动控制，2005（8）．

[160] 日本能源学会编，史仲平，华兆哲译．生物质和生物能源手册．化学工业出版社，2007．

[161] 蒋剑春．生物质能源转化技术与应用（I）．生物质化学工程，2007，5，3（41）．

[162] 董天峰，李君兴，张蕾蕾等．生物质能源应用研究现状与发展前景．农业与技术，2008（2）．

[163] 孙永明，袁振宏，孙振钧．中国生物质能源与生物质利用现状与展望．可再生能源，2006（2）．

[164] 北京土木建筑学会、北京科智成市政设计咨询有限公司 主编．新农村建设 生物质能利用．中国电力出版社，2008．

[165] 惠晶主编．新能源转换与控制技术．机械工业出版社，2008．

[166] [美] 保罗·克留格尔著，朱红译，郑琼林校．可再生能源开发技术 [M]．科学出版社，2007．

[167] 张军，李小春等编著．国际能源战略与新能源技术进展 [M]．科学出

版社，2008（1）.
[168] 林聪，主编．沼气技术理论与工程．化学工业出版社，2007.
[169] 中华人民共和国农业部，农业和农村节能减排十大技术．中国农业出版社，2007.
[170] 李长生主编．农家沼气实用技术［M］．金盾出版社，2004.
[171] 周成．生物质固化成型燃料的开发与应用．现代化农业，2005（12）.
[172] 王斌瑞．浅谈生物质能固化原理与意义．清洁能源，2007（11）.
[173] 蒋剑春．生物质能源转化技术与应用（IV）——生物质热解气化技术研究和应用．生物质化学工程，2007，11，6（41）.
[174] 米铁，唐汝江，陈汉平等．生物质气化技术比较及其气化发电技术研究进展．能源工程，2004（5）.
[175] 陈冠益，高文学，颜蓓蓓等．生物质气化技术研究现状与发展．煤气与热力，2006（7）.
[176] 董玉平，邓波，景元琢等．中国生物质气化技术的研究和发展现状．山东大学学报（工学版），2007（2）.
[177] 吴创之．小型生物质气化发电系统应用实例分析．可再生能源，2003（6）.

尊敬的读者：

感谢您选购我社图书！建工版图书按图书销售分类在卖场上架，共设22个一级分类及43个二级分类，根据图书销售分类选购建筑类图书会节省您的大量时间。现将建工版图书销售分类及与我社联系方式介绍给您，欢迎随时与我们联系。

★建工版图书销售分类表（见下表）。

★欢迎登陆中国建筑工业出版社网站www.cabp.com.cn，本网站为您提供建工版图书信息查询，网上留言、购书服务，并邀请您加入网上读者俱乐部。

★中国建筑工业出版社总编室　电　话：010—58934845　传　真：010—68321361

★中国建筑工业出版社发行部　电　话：010—58933865　传　真：010—68325420
E-mail：hbw@cabp.com.cn

# 建工版图书销售分类表

| 一级分类名称（代码） | 二级分类名称（代码） | 一级分类名称（代码） | 二级分类名称（代码） |
|---|---|---|---|
| 建筑学（A） | 建筑历史与理论（A10） | 园林景观（G） | 园林史与园林景观理论（G10） |
| | 建筑设计（A20） | | 园林景观规划与设计（G20） |
| | 建筑技术（A30） | | 环境艺术设计（G30） |
| | 建筑表现・建筑制图（A40） | | 园林景观施工（G40） |
| | 建筑艺术（A50） | | 园林植物与应用（G50） |
| 建筑设备・建筑材料（F） | 暖通空调（F10） | 城乡建设・市政工程・环境工程（B） | 城镇与乡（村）建设（B10） |
| | 建筑给水排水（F20） | | 道路桥梁工程（B20） |
| | 建筑电气与建筑智能化技术（F30） | | 市政给水排水工程（B30） |
| | 建筑节能・建筑防火（F40） | | 市政供热、供燃气工程（B40） |
| | 建筑材料（F50） | | 环境工程（B50） |
| 城市规划・城市设计（P） | 城市史与城市规划理论（P10） | 建筑结构与岩土工程（S） | 建筑结构（S10） |
| | 城市规划与城市设计（P20） | | 岩土工程（S20） |
| 室内设计・装饰装修（D） | 室内设计与表现（D10） | 建筑施工・设备安装技术（C） | 施工技术（C10） |
| | 家具与装饰（D20） | | 设备安装技术（C20） |
| | 装修材料与施工（D30） | | 工程质量与安全（C30） |
| 建筑工程经济与管理（M） | 施工管理（M10） | 房地产开发管理（E） | 房地产开发与经营（E10） |
| | 工程管理（M20） | | 物业管理（E20） |
| | 工程监理（M30） | 辞典・连续出版物（Z） | 辞典（Z10） |
| | 工程经济与造价（M40） | | 连续出版物（Z20） |
| 艺术・设计（K） | 艺术（K10） | 旅游・其他（Q） | 旅游（Q10） |
| | 工业设计（K20） | | 其他（Q20） |
| | 平面设计（K30） | 土木建筑计算机应用系列（J） | |
| 执业资格考试用书（R） | | 法律法规与标准规范单行本（T） | |
| 高校教材（V） | | 法律法规与标准规范汇编/大全（U） | |
| 高职高专教材（X） | | 培训教材（Y） | |
| 中职中专教材（W） | | 电子出版物（H） | |

注：建工版图书销售分类已标注于图书封底。